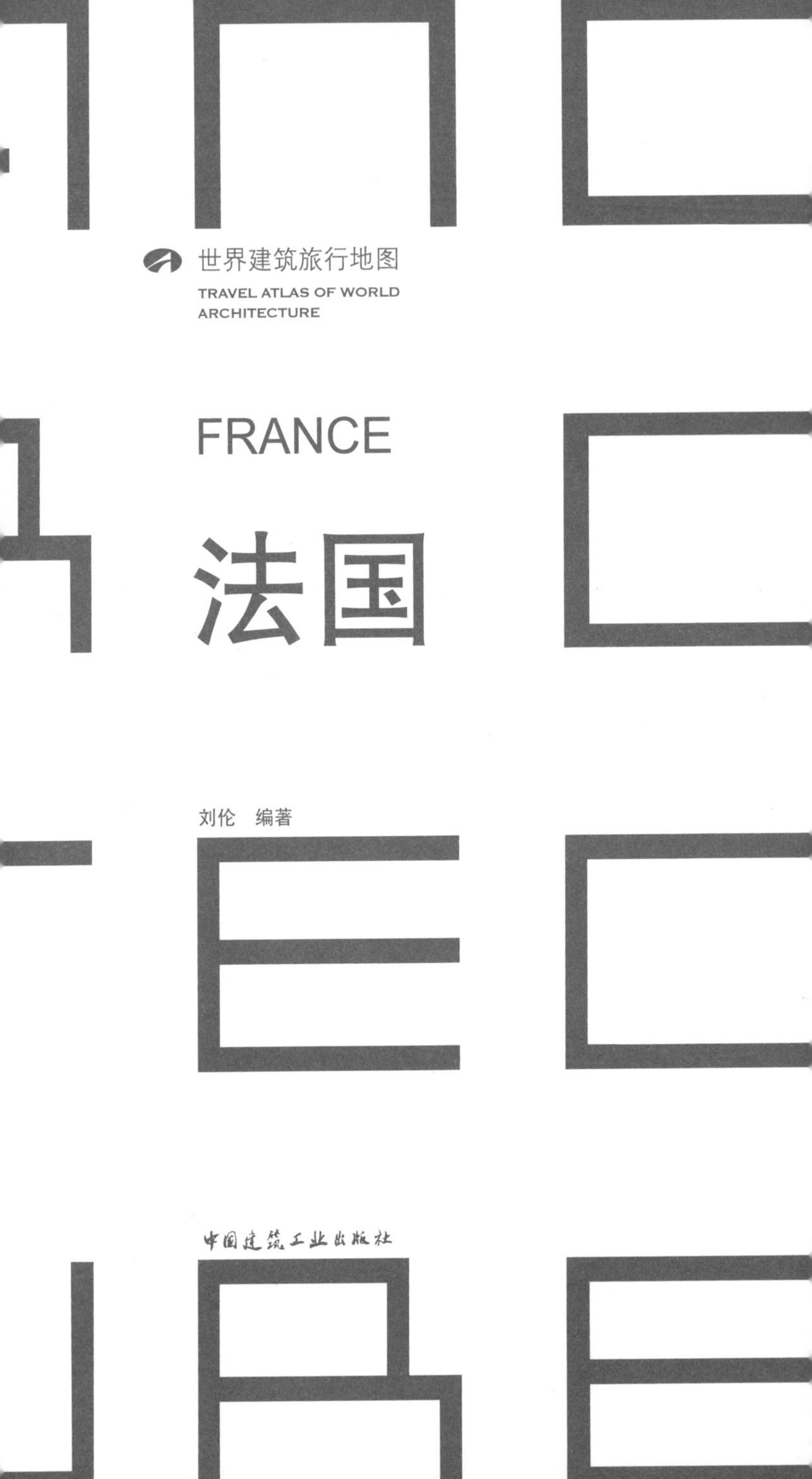

世界建筑旅行地图

TRAVEL ATLAS OF WORLD ARCHITECTURE

FRANCE

法国

刘伦　编著

中国建筑工业出版社

图书在版编目（CIP）数据

法国／刘伦编著．—北京：中国建筑工业出版社，2016.6
（世界建筑旅行地图）
ISBN 978-7-112-19434-6

Ⅰ．①法… Ⅱ．①刘… Ⅲ．①建筑艺术－介绍－法国
Ⅳ．①TU-865.65

中国版本图书馆CIP数据核字（2016）第098465号

总体策划：刘丹
责任编辑：刘丹　张明
书籍设计：晓笛设计工作室　刘清霞　贺伟
责任校对：王宇枢　张颖

世界建筑旅行地图

法国

刘伦　编著

出版发行：中国建筑工业出版社（北京海淀三里河路9号）
经销：各地新华书店、建筑书店

制版：北京新思维艺林设计中心
印刷：北京顺诚彩色印刷有限公司
开本：850×1168毫米　1/32
印张：11¼
字数：785千字
版次：2017年4月第一版
印次：2017年4月第一次印刷

书号：ISBN 978-7-112-19434-6（28648）
定价：68.00元

目录 Contents

特别注意 / Special Attention 6
前言 / Preface 7
本书的使用方法 / Using Guide 8
所选各省的位置及编号
Location and Sequence in Map 10

01 加来海峡省 / Pas-de-Calais 12
02 北部省 / Nord 16
03 索姆省 / Somme 24
04 滨海塞纳省 / Seine-Maritime 28
05 芒什省 / Manche 34
06 卡尔瓦多斯省 / Calvados 38
07 马恩省 / Marne 44
08 默尔特 - 摩泽尔省
Meurthe-et-Moselle 48
09 摩泽尔省 / Moselle 52
10 瓦勒德瓦兹省 / Val-d'Oise 55
11 伊夫林省 / Yvelines 58
12 上塞纳省 / Haute-de-Seine 70
13 巴黎 / Paris 84
14 塞纳 - 圣但尼省 / Seine-Saint-Denis 154
15 瓦勒德马恩省 / Val-de-Marne 162
16 厄尔 - 卢瓦省 / Eure-et-Loir 168
17 埃松省 / Essonne 172
18 塞纳 - 马恩省 / Seine-et-Marne 174
19 下莱茵省 / Bas-Rhin 182
20 伊勒 - 维莱讷省 / Ille-et-Vilaine 186
21 卢瓦雷省 / Loiret 192
22 约讷省 / Yonne 196
23 上莱茵省 / Haut-Rhin 202
24 大西洋岸卢瓦尔省 / Loire-Atlantique 204
25 曼恩 - 卢瓦尔省 / Maine-et-Loire 210
26 安德尔 - 卢瓦尔省 / Indre-et-Loire 216
27 卢瓦 - 谢尔省 / Loir-et-Cher 222
28 科多尔省 / Côte-d'Or 226
29 上索恩省 / Haute-Saône 230
30 安德尔省 / Indre 234
31 谢尔省 / Cher 236
32 杜省 / Doubs 238
33 维埃纳省 / Vienne 242
34 滨海夏朗德省 / Charente-Maritime 244
35 罗讷省 / Rhône 248
36 吉伦特省 / Gironde 256
37 上卢瓦尔省 / Haute-Loire 264
38 上阿尔卑斯省 / Hautes-Alpes 268
39 加尔省 / Gard 272
40 沃克吕兹省 / Vaucluse 278
41 滨海阿尔卑斯省 / Alpes-Maritimes 282
42 塔恩省 / Tarn 288
43 埃罗省 / Hérault 292
44 罗讷河口省 / Bouches-du-Rhône 300
45 瓦尔省 / Var 310
46 大西洋岸比利牛斯省
Pyrénées-Atlantiques 312
47 上加龙省 / Haute-Garonne 316
48 奥德省 / Aude 320
49 东比利牛斯省
Pyrénées-Orientales 324

索引 · 附录 329
Index / Appendix

按建筑师索引 / Index by Architects 330
按建筑功能索引 / Index by Function 340
图片出处 / Picture Resource 346
巴黎地铁路线图 / Traffic Map 356

后记 / Postscript 359

特别注意 Special Attention

本书登载了一定数量的个人住宅与集合住宅。在参观建筑时请尊重他人隐私、保持安静，不要影响居住者的生活，更不要在未经允许的情况下进入住宅领域。

谢谢合作！

本书登载的地图信息均以 Mapbox 地图为基础制作完成。

前言 Preface

从1888年刺穿巴黎天际线的埃菲尔铁塔，到1977年以嬉皮工业的形象挤入巴黎历史街区的蓬皮杜艺术中心，再到1989年出现在卢浮宫广场的玻璃金字塔，法国建筑与城市在一次次自我挑战与冲突中不断寻求并引领着未来的方向。法国是欧洲大陆上一个独特的国家，文艺复兴至今它一直是西方文明的重要中心，法国文化与思想也始终被西方其他国家乃至世界所追随学习。人文精神与浪漫情怀的高涨并未减少法国建筑对高技术手段的敏感和对社会变革的关切，从奥古斯特·佩雷对钢筋混凝土技术的运用与发展，到勒·柯布西耶对现代主义功能与精神的诠释，再到密特朗工程对新与旧、抽象与具象、技术与文化、哲学与设计等议题的探讨，法国建筑始终饱含着对所处时代的复杂情感与回应，体现着每个时代人文与科技、记忆与创新、主流与个性等的对峙与融合。在城市建设方面，法国也堪称西方乃至世界的典范，相比于欧洲另一座主要城市——伦敦在跨越巴洛克与高技派的建筑风格间不断切换的精致繁杂，以巴黎、勒阿弗尔重建之城等为代表的法国城市则体现出高度的协调性和完整性，成为城市规划与设计的范本。

法国不仅培养了奥古斯特·佩雷（August Perret）、多米尼克·佩罗（Dominique Perrault）、克利斯蒂安·德·鲍赞巴克（Christian de Portzamparc）、让·努韦尔（Jean Nouvel）、弗雷德里克·博雷尔（Frédéric Borel）等灿若星辰的本土建筑师，也为大量国外建筑师提供了试验场，欧洲建筑师如勒·柯布西耶（Le Corbusier）、伦佐·皮亚诺（Renzo Piano）、诺曼·福斯特（Norman Forster），美国建筑师如理查德·迈耶（Richard Meier）、弗兰克·盖里（Frank Gehry），亚洲建筑师如丹下健三、坂茂等人都曾在法国留下作品，甚至深远地影响了法国建筑和城市的发展。

由于优秀建筑作品为数众多，从中如何取舍是本书编纂的一项主要考虑。我在欧洲旅行期间也曾使用一些国外建筑地图网站查找各地建筑作品，但很快发现这类网站的收录方式大多先锋性较强而经典性较弱，新兴事务所的近期作品收录较多而对建筑大师的经典作品收录不全。因此，本书在建筑作品选取方面尽量借鉴权威标准，历史建筑以入选世界文化遗产、法国列级保护历史建筑名录等为依据，近现代建筑以普利茨克奖、密斯·凡·德·罗奖、英国皇家建筑师学会（RIBA）奖等重要国际建筑奖项及法国建筑学院金奖（Prix de l'Académie d'Architecture de France）、法国国家建筑大奖（Grand Prix national de l'architecture）、法国建筑银角尺奖（Prix de l'Équerre d'Argent）等法国本土重要奖项，以及Le Moniteur等法国主流建筑媒体出版物收录为依据，并兼顾地理位置的相对集中性与可达性。本书最终选取来自180余位建筑师的362件作品，其中包括世界文化遗产41件、普利茨克奖得主作品50件，有168件位于巴黎及周边、另有60余件集中于马赛等十座法国主要城市。

这362件作品作为法国建筑与城市发展的见证，愿它们能引领读者从巴黎世博会旧址穿过埃菲尔铁塔向战神广场的回望中感受到巴黎城市轴线的壮丽，也能引领读者在波尔多月亮湾的水边体会到人本城市的自在与欢愉。

本书编写工作量庞杂，如有欠准确之处，敬请诸位读者见谅，如能反馈于我们做进一步改进，更将感激不尽。

本书的使用方法 Using Guide

注：使用本书前请仔细阅读。

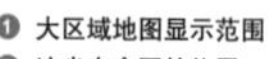

❶ **大区域地图显示范围**
❷ **该省在全国的位置**
❸ **省名**
❹ **特别推荐**
❺ **入选建筑及建筑师**
❻ **大区域地图**
显示了入选建筑在该省的位置，所有地图方向均为上北下南，一些地图由于版面需要被横向布置。
❼ **建筑编号**
各个地区都是从01开始编排建筑序号。
❽ **铁路、地铁线名称**
请配合当地铁路、地铁交通路线图使用本书，名称用法文表示。
❾ **小区域地图**
本书收录的每个建筑都有对应的小区域地图，***在参观建筑前，请参照小地图比例尺所示的距离选择恰当的交通方式。对于离车站较远的建筑，请参照网站所示的交通方式到达，或查询相关网络信息。***
❿ **建筑名称**
⓫ **车站名称**
一般为离建筑最近的车站名称，***但不是所有的建筑都是从标出的车站到达***，请根据网络信息及距离选择理想的交通方式，名称用法文表示。
⓬ **比例尺**
根据建筑位置的不同，每张图有自己的比例，使用时请参照比例距离来确定交通方式。
⓭ **笔记区域**
⓮ **建筑名称及编号**
⓯ **推荐标志**
⓰ **建筑名称（中／法文）**
⓱ **建筑师**
⓲ **建筑实景照片**
⓳ **所在地址（法文）**
⓴ **建筑所属类型**
㉑ **年代**
㉒ **备注**
作为辅助信息，标出了有官方网站的建筑的网址。参观建筑之前，请参照备注网站上的具体信息来确认休馆日、开放时间、是否需要预约等。团体参观一般需要提前预约。
㉓ **建筑名称**
㉔ **建筑简介**

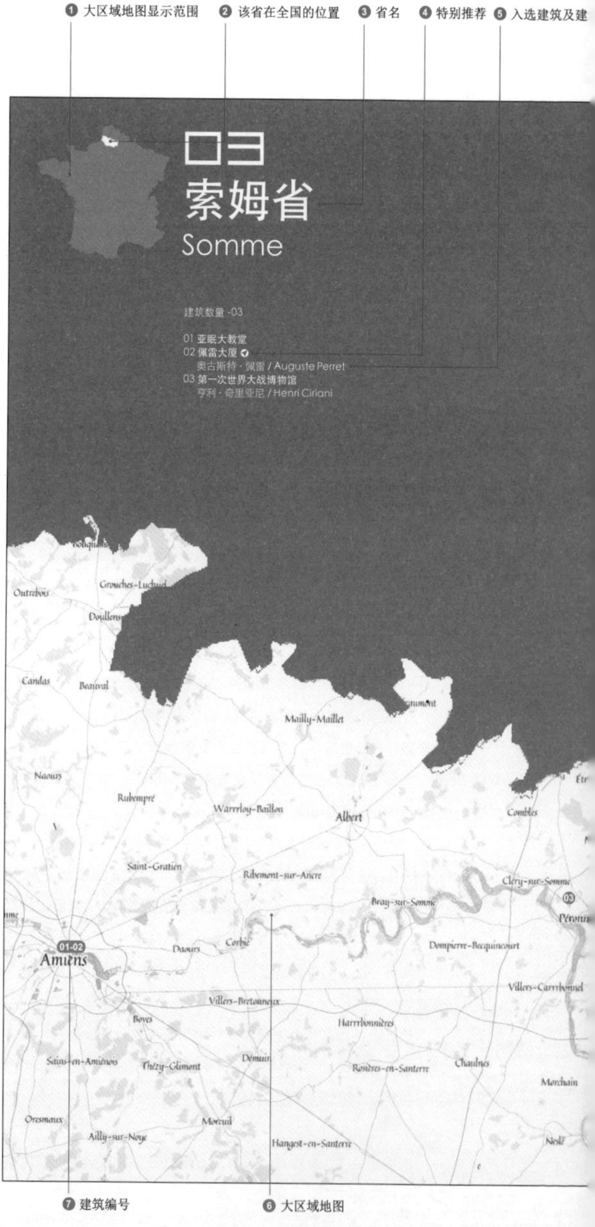

❶ 大区域地图显示范围 ❷ 该省在全国的位置 ❸ 省名 ❹ 特别推荐 ❺ 入选建筑及建

03
索姆省
Somme

建筑数量 -03

01 亚眠大教堂
02 佩雷大厦
奥古斯特・佩雷 / Auguste Perret
03 第一次世界大战博物馆
亨利・奇里亚尼 / Henri Ciriani

01-02 Amiens
03 Péronne

❼ 建筑编号 ❻ 大区域地图

⑨ 小区域地图
⑩ 建筑名称
ravel Atlas of World Architecture · France
31
Somme · 索姆省
ote Zone
Espace Mac Orlan
Museum of the Great War / Château de Péronne
Historial de la Grande Guerre
03 第一次世界大战博物馆
Péronne
Étang du CAM
Gare de Loos-en-Gohelle
100m
⑧ 铁路、地铁线名称
⑪ 车站名称
⑬ 笔记区域
⑫ 比例尺
⑭ 建筑名称及编号
⑮ 推荐标志
⑯ 建筑名称（法文）
⑰ 建筑师
⑱ 建筑实景照片
02 佩雷大厦
Tour Perret
建筑师：奥古斯特·佩雷 / Auguste Perret
地址：13 Place Alphonse Fiquet, 80000 Amiens
建筑类型：办公建筑
建筑年代：1948-1956
03 第一次世界大战博物馆
Historial de la Grande Guerre
建筑师：亨利·奇里亚尼 / Henri Ciriani
地址：Place André Audinot, 80200 Péronne
建筑类型：文化建筑
建筑年代：1987-1992
开放时间：4 月至 9 月 9:30-18:00，10 月至次年 3 月 9:30-17:00，关闭前 45 分钟停止售票，其中 12 月 16 日至次年 2 月 28 日及每周三关闭。
票价：全价 7.5 欧元，6 至 18 岁、教师、学生 4 欧元。
⑲ 所在地址（法文）
㉑ 建筑所属类型
⑳ 年代
㉒ 备注
佩雷大厦
第一次世界大战博物馆
建筑名称
㉔ 建筑简介

所选各省的位置及编号 Location and Sequence in Map

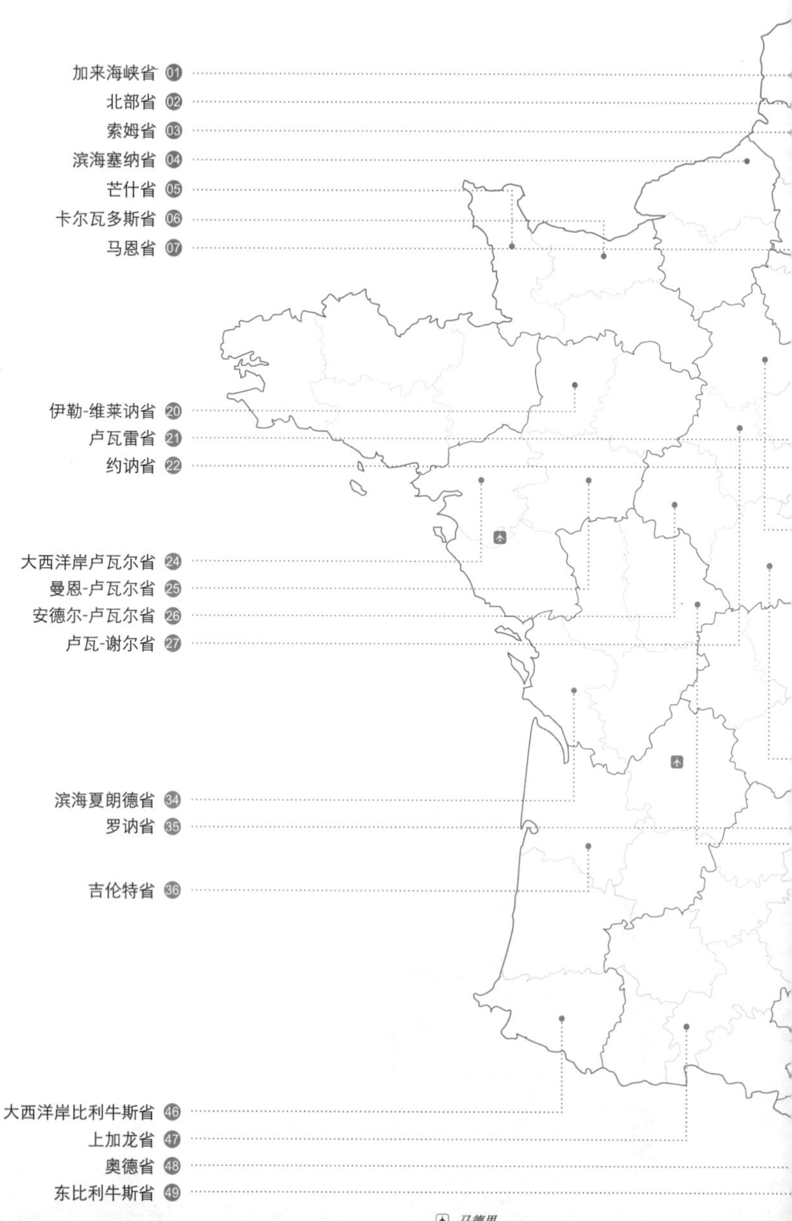

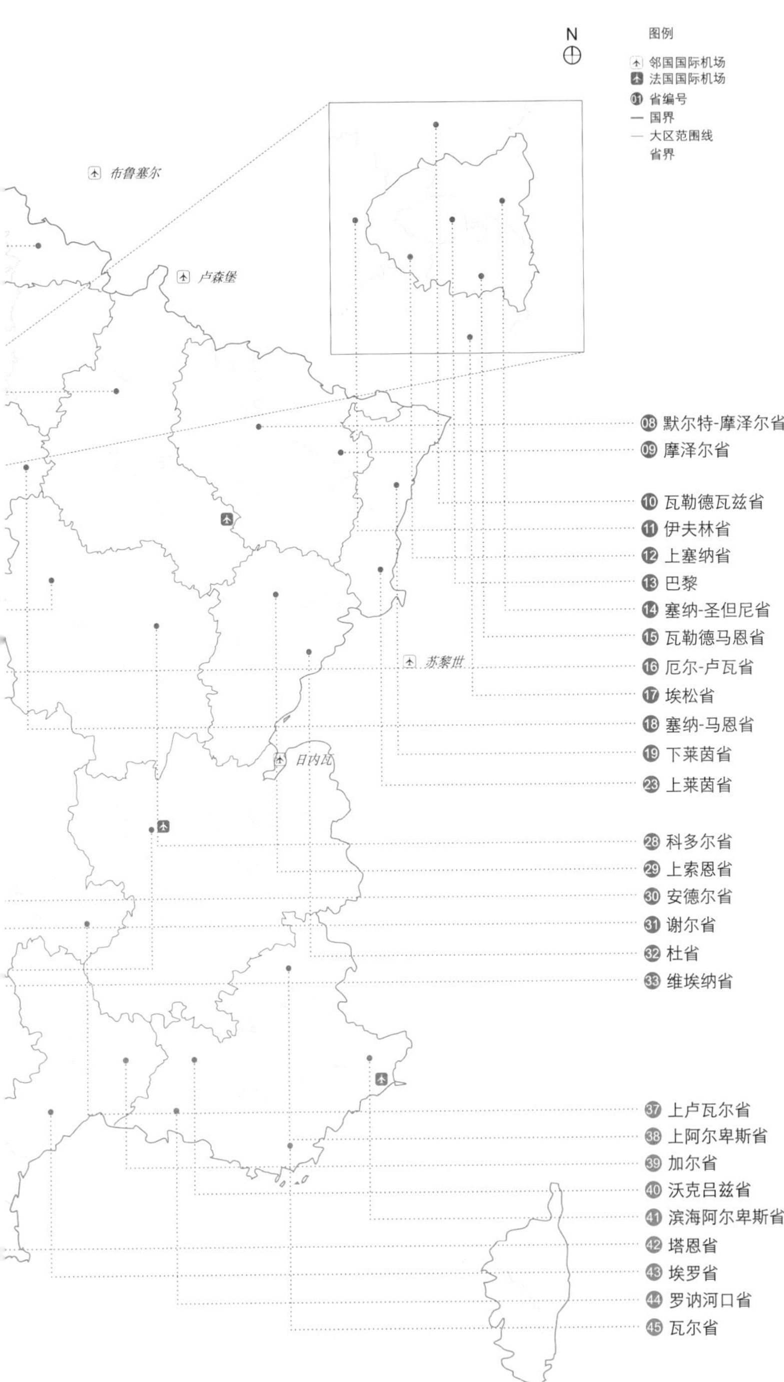
N
图例
邻国国际机场
法国国际机场
01 省编号
国界
大区范围线
省界
布鲁塞尔
卢森堡
苏黎世
日内瓦
08 默尔特-摩泽尔省
09 摩泽尔省
10 瓦勒德瓦兹省
11 伊夫林省
12 上塞纳省
13 巴黎
14 塞纳-圣但尼省
15 瓦勒德马恩省
16 厄尔-卢瓦省
17 埃松省
18 塞纳-马恩省
19 下莱茵省
23 上莱茵省
28 科多尔省
29 上索恩省
30 安德尔省
31 谢尔省
32 杜省
33 维埃纳省
37 上卢瓦尔省
38 上阿尔卑斯省
39 加尔省
40 沃克吕兹省
41 滨海阿尔卑斯省
42 塔恩省
43 埃罗省
44 罗讷河口省
45 瓦尔省

levert
Guînes
Audruicq
Arrrdres
Ruminghem
Louches
Bouquehault
rrquise
Éperlecques
Tournehem-sur-la-Hem
Réty
Licques
Parc naturel
régional des
caps et marais
d'Opale
Moulle
Colembert
Saint-Omer
Alquines
Blendecques
Crémarrrest
Coulomby
Lumbres
Lottir
Nielles-lès-Bléquin
Desvres
Cléty
Samer
Aire-sur
Doudeauville
Bourthes
Fauquembergues
Enquin-les-Mines
Verchocq
Ligny-lès-Aire
Beussent
Laires
Clenleu
Fruges
Lisbourg
Fiefs
Sempy
Créquy
Montreuil
Lebiez
Azincourt
Fressin
Anvin
Beaurainville
Blangy-sur-Ternoise
illy-Beaucamp
Hernicourt
Lépine
Buire-le-Sec
Hesdin
Saint-Pol-sur-Ternoise
Willeman
Croisette
Capelle-lès-Hesdin
Fillièvres
Authie
Nuncq-Hautecôte
Frévent
Bonnières
Auxi-le-Château

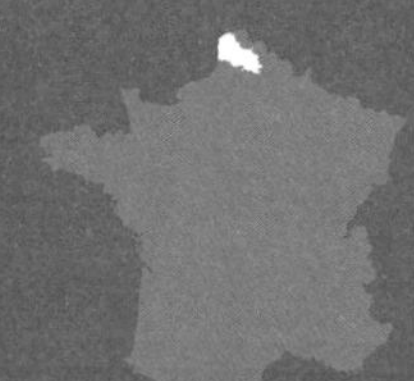

01 加来海峡省

Pas-de-Calais

建筑数量 -02

01 卢浮宫朗斯分馆
SANAA + Imrey Culbert

02 “自然之城” 博物馆
让·努韦尔 / Jean Nouvel

Richebourg
La Bassée
Béthune
Bruay-la-Buissière
Wingles
Carrrvin
Oignies
Houdain
Barrrlin
Bully-les-Mines
01 Lens
Liévin
Hénin-Beaumont
Méricourt
Ablain-Saint-Nazaire
Vimy
Aubigny-en-Arrrtois
Brebières
Marrrœuil
Izel-lès-Hameau
02 Arrras
Rœux
Avesnes-le-Comte
Vis-en-Arrrtois
Écourt-Saint-Quentin
Saulty
Boisleux-au-Mont
Croisilles
Quéant
Bourlon
Bienvillers-au-Bois
Vaulx-Vraucourt
Bucquoy
Hermies

Gare de Loos-en-Gohelle

Église Saint-Théodore

École Marie Curie

01 卢浮宫朗斯分馆

100m

01 卢浮宫朗斯分馆
Louvre Lens

建筑师:SANAA + Imrey Culbert
地址:99 Rue Paul Bert, 62300 Lens
建筑类型:文化建筑
建筑年代:2012
开放时间:除周二外 8:00-18:00，17:15 停止售票，9 月至次年 6 月每月第一个周五晚开放至 22:00，5 月 1 日关闭。
票价:随展览变化。

02 "自然之城"博物馆
Cité Nature

建筑师:让·努韦尔 /Jean Nouvel
地址:25 Bd Robert Schuman,62000 Arras
建筑类型:文化建筑
建筑年代:2005
开放时间:周二至周五 9:00-17:00，周六、日 14:00-18:00，周一及公共假日关闭。
票价: 全价 7 欧元，儿童 3 欧元，成人团体 5 欧元 (10 人以上)。

卢浮宫朗斯分馆

博物馆位于一处 1960 年代关闭的煤矿场地上，由一连串长方形体量组成，长为 360 米。玻璃及拉丝铝立面虽然看起来是平直的，但实际上则是轻微的弧形，既避免了与场地相冲突的严格的长方形外形，又不对馆内设施造成太大限制。

"自然之城"博物馆

努韦尔认为建筑设计的过程更多的是适用外部自然、城市、社会条件的结果。他擅长使用钢、玻璃以及光创造新颖的、符合建筑基地环境、文脉要求的建筑形象。

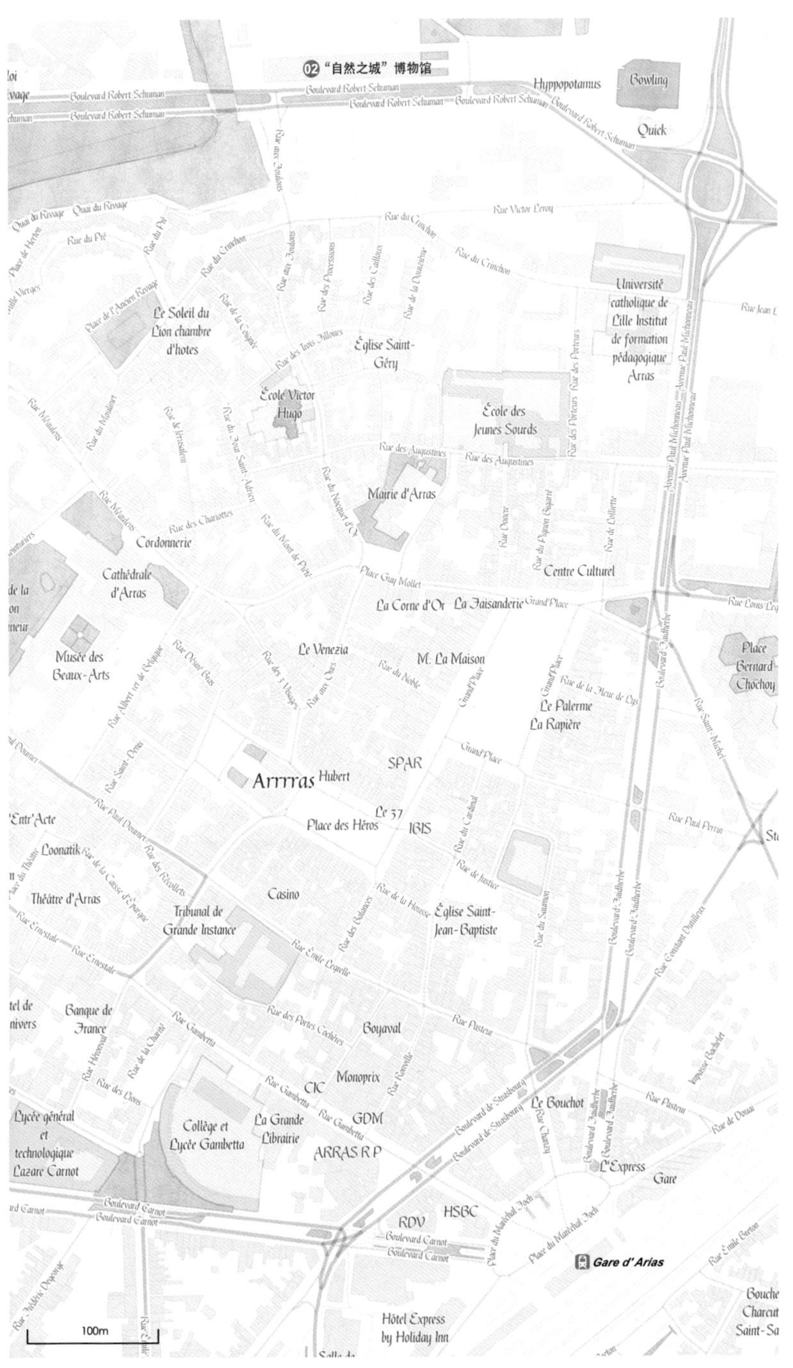
02 "自然之城"博物馆
Hyppopotamus
Bowling
Quick
Boulevard Robert Schuman
Rue du Crinchon
Rue Victor Leroy
Université catholique de Lille Institut de formation pédagogique Arras
Le Soleil du Lion chambre d'hotes
Église Saint-Géry
École Victor Hugo
École des Jeunes Sourds
Rue des Augustines
Mairie d'Arras
Cordonnerie
Cathédrale d'Arras
Centre Culturel
La Corne d'Or
La Faisanderie
Grand'Place
Musée des Beaux-Arts
Le Venezia
M. La Maison
Place Bernard Chochoy
Le Palerme
La Rapière
SPAR
Arrrras
Hubert
Le 37
Place des Héros
IBIS
Loonatik
Théâtre d'Arras
Tribunal de Grande Instance
Casino
Église Saint-Jean-Baptiste
Banque de France
Boyaval
Monoprix
CIC
GDM
Lycée général et technologique Lazare Carnot
Collège et Lycée Gambetta
La Grande Librairie
ARRAS R P
Le Bouchot
L'Express
Gare
RDV
HSBC
Boulevard Carnot
Gare d'Arias
Hôtel Express by Holiday Inn
100m

Bergues
Brouckerque
Quaëdypre
Rexpoëde
Wormhout
Bollezeele
Cassel
Steenvoorde
Hondeghem
Caëstre
Bailleul
Hazebrouck
Vieux-Berquin
Steenwerck
Merville
Wambrechies
Lomme
02-10
Lille
Loos
Ronchin
Sainghin-en-Weppes
Seclin
Annœullin
Auby
Douai

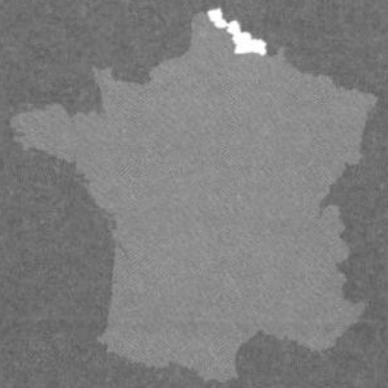

02
北部省
Nord

建筑数量 -11

01 **国立当代艺术工作室**
伯纳德 · 屈米 / Bernard Tschumi
02 **里尔法院**
Jean Willerval
03 **皮拉内西空间**
OMA
04 **里昂信贷银行**
克利斯蒂安 · 德 · 鲍赞巴克 / Christian de Portzamparc
05 **里尔综合体**
多米尼克 · 佩罗 / Dominique Perrault
06 **里尔购物中心**
让 · 努韦尔 /Jean Nouvel
07 **欧尼士办公楼**
多米尼克 · 佩罗 / Dominique Perrault
08 **里尔旧城**
09 **里尔美术馆扩建**
Jean-Marc Ibos + Myrto Vitart
10 **里尔文化中心**
OMA
11 **北部省现代艺术馆**
Roland Simounet

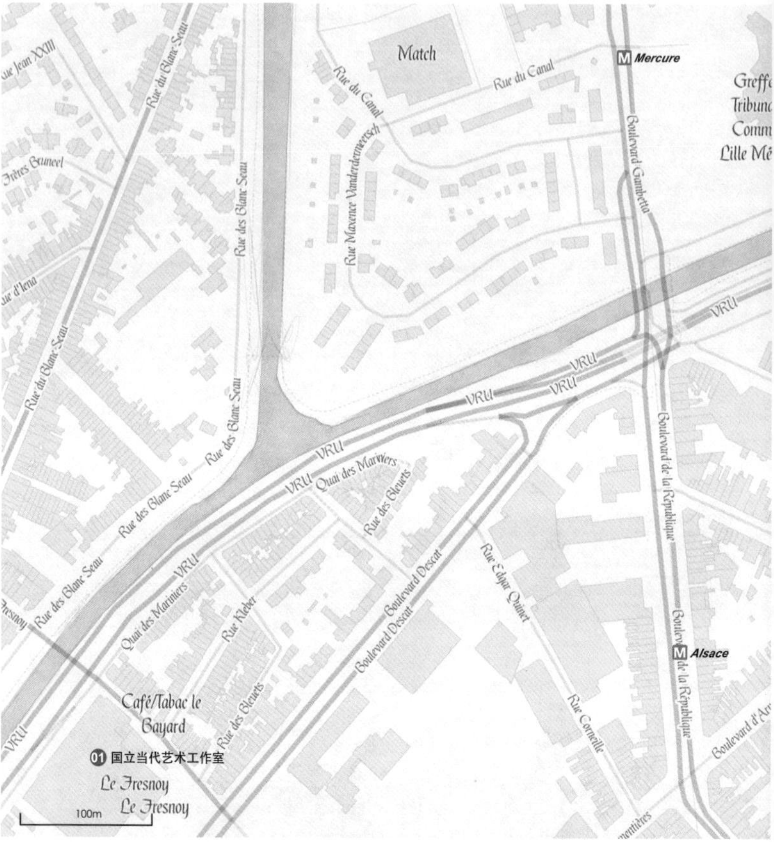

Match
Mercure
Rue du Canal
Rue du Canal
Greff
Tribun
Comm
Lille Mé
Rue Jean XXIII
Rue du Blanc Seau
Frères Bauneel
Rue Maxence Vanderdemeersch
Rue des Blanc Seau
Boulevard Gambetta
Rue d'Iena
Rue du Blanc Seau
Rue des Blanc Seau
VRU
Boulevard de la République
Quai des Mariniers
Rue des Bleuets
Rue des Blanc Seau
Rue des Blanc Seau
Rue Edgar Quinet
Boulevard Descat
Quai des Mariniers
Rue Kleber
Boulevard Descat
Alsace
Fresnoy
Café/Tabac le Bayard
Rue des Bleuets
Rue Corneille
Boulevard de la République
Boulevard d'Ar
01 国立当代艺术工作室
Le Fresnoy
Le Fresnoy
100m

01 国立当代艺术工作室

Le Fresnoy, Studio National des Arts Contemporains

建筑师：伯纳德·屈米 / Bernard Tschum
地址：22 Rue du Fresnoy,59200 Tourcoing
建筑类型：文化建筑
建筑年代：1991-1997
开放时间：周一至周五 9:30-12:30、14:00-18:00，展览开放时间为周三、四、日 14:00-19:00，周五、六 14:00-21:00。
票价：全价 4 欧元，学生及老人 3 欧元，18 岁以下免费，周日免费。

国立当代艺术工作室

该项目位于一座废弃工业厂房的场地上，建筑群占地 16000 平方米，其中包含一个音乐厅，一个展览中心，两个电影院，三个摄影棚，多个图书馆以及声音、影像研究室、艺术家工作室和电影后期机房。

02 里尔法院
Gare de Lille-Europe
皮拉内西空间 03
里昂信贷银行 04
Gare Lille Flandres
05 里尔综合体
06 里尔购物中心
Gare de Lille-Flandres
欧尼士办公楼 07
100m

02 里尔法院
Palais de Justice de Lille

建筑师：Jean Willerval
地址：13 Avenue du Peuple Belge,59800 Lille
建筑类型：办公建筑
建筑年代：1965-1968

03 皮拉内西空间
Espace Piranesien

建筑师：OMA
地址：Boulevard de Turin
建筑类型：交通建筑
建筑年代：1995

里尔法院

Jean Willerval 首先在里尔的城市中心区实现了自己许多作品，之后他的建筑实践才延伸到法国全国和国际上。他曾经在密特朗总统在任时，起草建设巴黎新凯旋门，并曾于 1972 年获得法国建筑银质奖章。
法院位于旧里尔的心脏，由广阔的 3 层主楼和 12 层塔构成，立面采用混凝土板材，在荷兰加工制造。

皮拉内西空间

该项目是里尔都市规划中 OMA 负责设计的一部分，位于里尔欧洲车站，包含建筑师和画家受到皮拉内西作品的启发而创造的一幅大型壁画。在这个城市交通枢纽中，艺术家 Jean Pattou 在 3 块 50 米长、18 米高的墙上呈现了伦敦、布鲁塞尔、雅典、纽约等城市的图景。

⓪④ 里昂信贷银行
Tour Crédit Lyonnais

建筑师：克利斯蒂安·德·鲍赞巴克 /Christian de Portzamparc
地址：140 Boulevard de Turin,59800 Lille
建筑类型：办公建筑
建筑年代：1991-1995

里昂信贷银行

建筑位于由库哈斯主持设计的里尔都市规划片区，是该片区的一座重要建筑，建筑底部采用超过 70 米的大跨度结构，横跨里尔火车站。上部的塔楼和底部裙房构成"L"形，塔楼没有任何两边平行，呈现出一种神秘的形状。

⓪⑤ 里尔综合体
ZAC Euralille 2

建筑师：多米尼克·佩罗 / Dominique Perrault
地址：EURALILLE 2
建筑类型：商业建筑
建筑年代：2012

里尔综合体

项目位于里尔的东南部，包含居住、办公、商业等功能，玻璃立面上有花和植物的图案，试图在人工环境中营造自然的氛围。

⓪⑥ 里尔购物中心
Euralille

建筑师：让·努韦尔 /Jean Nouvel
地址：Avenue Willy Brandt, 59800 Lille
建筑类型：商业建筑
建筑年代：1994
开放时间：8:30-22:00

里尔购物中心

建筑均质简洁的外观中容纳了复杂的内部功能。随着建筑核心与表皮距离的加大，建筑功能与立面的关系逐渐弱化。倾斜的群房具有相同的立面，其中却布置了音乐厅、商业学校和办公等复杂功能，只有独立在外的走廊和扶梯暗示了内部功能。建筑的倾斜屋面采用铝网格材质，随时间变化呈现出丰富的反射光。

⓪⑦ 欧尼士办公楼
Immeuble de Bureaux ONIX

建筑师：多米尼克·佩罗 / Dominique Perrault
地址：Euralille 2
建筑类型：办公建筑
建筑年代：2009

欧尼士办公楼

建筑位于 Euralille 区的区位优势使其非常醒目与易达。建筑场地为三角形，建筑体量在延伸中形成不同的厚度、交叠、放大与缩小，尽最大可能利用场地。建筑立面由四种不同宽度的组件拼接组织，包括固定遮光板、可开遮光板、固定玻璃和滑动玻璃。滑动玻璃更多的用于上部高层，越接近地面使用越少。

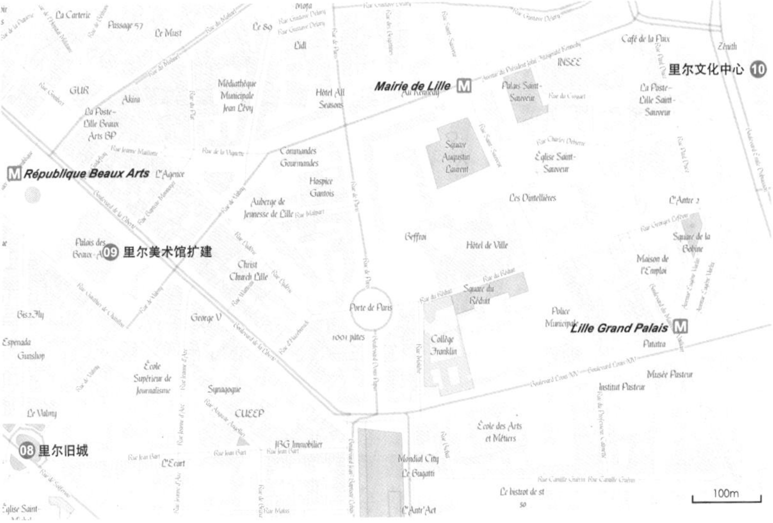

Mairie de Lille
République Beaux Arts
Lille Grand Palais
里尔文化中心 10
09 里尔美术馆扩建
08 里尔旧城
Médiathèque Municipale Jean Lévy
Hôtel All Seasons
Square Augustin Laurent
Palais Saint-Sauveur
Église Saint-Sauveur
Les Dentellières
Beffroi
Hôtel de Ville
Christ Church Lille
Porte de Paris
Square du Réduit
Collège Franklin
Police Municipale
Musée Pasteur
Institut Pasteur
École des Arts et Métiers
Synagogue
École Supérieur de Journalisme
Square de la Bobine
Maison de l'Emploi
Café de la Paix
Zénith
INSEE
100m

08 里尔旧城
Vieille Ville de Lille

地址:Lille
建筑类型:特色片区
建筑年代:11 世纪 -
票价:11.5 欧元
备注:提供讲解，每周六 10:15 从游客中心出发，时长 2 小时。

09 里尔美术馆扩建
Palais des Beaux Arts de Lille

建筑师:Jean-Marc Ibos + Myrto Vitart
地址:18 Rue de Valmy,59000 Lille
建筑类型:文化建筑
建筑年代:1991-1997
开放时间:周一 14:00-18:00，周三至周日 10:00-18:00，每周二及 1 月 1 日、5 月 1 日、7 月 14 日、9 月第一个周末、11 月 1 日、12 月 25 日关闭。
票价:全价 6.5 欧元，12 岁至 25 岁、团体 4 欧元，12 岁以下免费。

10 里尔文化中心
Lille Grand Palais

建筑师:OMA
地址:Boulevard des Cités-Unies 1
建筑类型:文化建筑
建筑年代:1994
开放时间:周一至周五 9:00-19:00

里尔旧城

里尔的老城是欧洲最美的老城之一，被称为“欧洲建筑的活化石”。

里尔美术馆扩建

扩建部分为了尊重原有环境，将新建筑主体下沉，隐置于已有环境，并遵循城市肌理中自北向南穿过宫殿、广场和里尔美术馆的历史轴线，使建筑较好地融入场地的肌理与文脉中。

里尔文化中心

项目长 300 米，由三个主要部分组成：一个 5000 座的杰尼斯音乐厅 (Zénith Arena)，一个包含三个报告厅的会议中心和一个 2 万平方米的会展大厅。三个部分既可独立使用，也可通过打开各部分间的金属大门被当作一个整体使用。

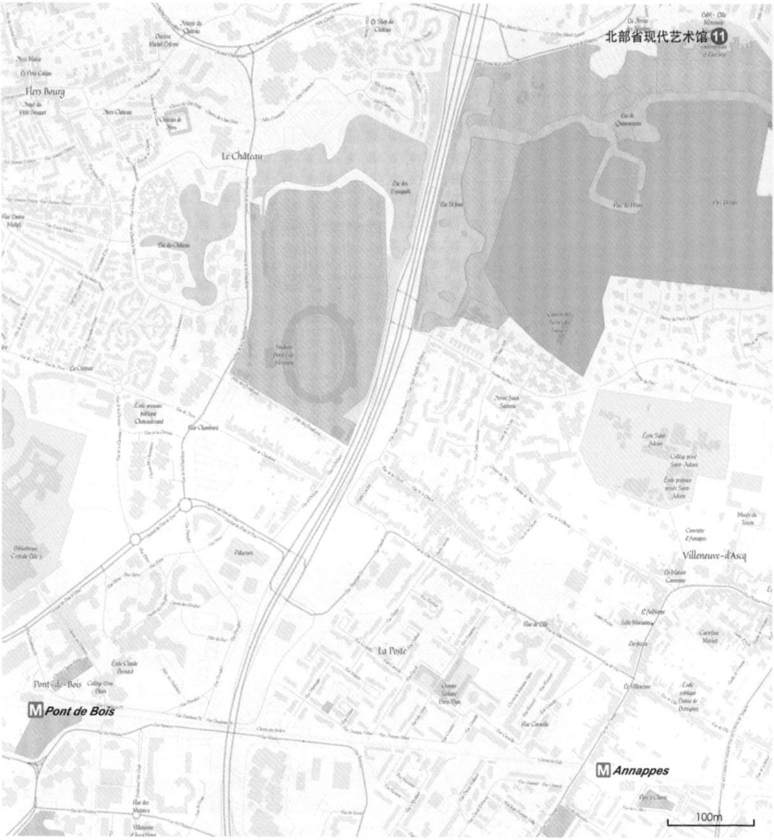

北部省现代艺术馆 ⑪

Le Château

La Poste

Villeneuve-d'Ascq

Pont de Bois

Annappes

100m

⑪ 北部省现代艺术馆
Musée d'Art Moderne du Nord

建筑师：Roland Simounet
地址：1 Allée du Musée, 59650 Villeneuve-d'Ascq
建筑类型：文化建筑
建筑年代：1978-1983
开放时间：周二至周日 10:00-18:00，关闭前 30 分钟停止售票，1月1日、5月1日、12月25日关闭。
票价：全价 10 欧元，折扣价 7 欧元，每月第一个周日免费。

北部省现代艺术馆

博物馆主要收藏原始艺术、近代艺术与现代艺术作品，展览主题以立体主义、野兽派、超现实主义等风格为主，在闭馆进行长达四年多的翻修及扩建工程之后于 2010 年重新开放。

里昂信贷银行／克利斯蒂安·德·鲍赞巴克

Vron
Vironchaux
Le Boiss
Crécy-en-Ponthieu
Forest-Montiers
Maison-Ponthieu
Domvast
Saint-Valery-sur-Somme
Yvrench
Hautvillers-Ouville
Pendé
Boismont
Cramont
Saint-Riquier
Bernaville
Domqueur
Abbeville
oy
lle-Escarrrbotin
Domarrrt-en-Ponthieu
Feuquières-en-Vimeu
Tœufles
Pont-Remy
Tours-en-Vimeu
Huppy
Flixecourt
Vignacourt
Hangest-sur-Somm
Airaines
oy-sur-Somme
Oisemont
Vergies
Warrrlus
Ailly-sur-Somme
Fourd:
Saint-Maulvis
Molliens-Dreuil
Beaucamps-le-Vieux
Hornoy-le-Bourg
Revelles
Quevauvillers
Bettembos
Poix-de-Picarrrdie
Conty
Hescamps
Belleuse

03
索姆省
Somme

建筑数量 -03

01 亚眠大教堂
02 佩雷大厦
　奥古斯特 · 佩雷 / Auguste Perret
03 第一次世界大战博物馆
　亨利 · 奇里亚尼 / Henri Ciriani

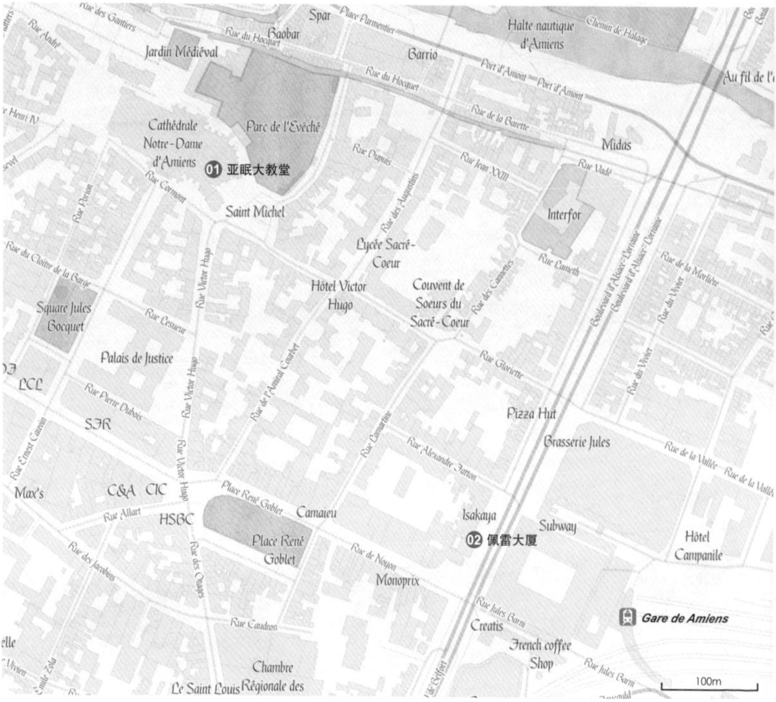

Rue des Gantiers
Spar
Place Parmentier
Halte nautique d'Amiens
Chemin de Halage
Rue André
Rue du Hocquet
Baobar
Jardin Médiéval
Barrio
Port d'Amont
Au fil de l'
Rue du Hocquet
Port d'Amont
Rue Henri IV
Rue de la Barette
Cathédrale Notre-Dame d'Amiens
Parc de l'Évêché
Midas
Rue Dupuis
Rue Jean XXIII
Rue Vadé
01 亚眠大教堂
Rue Cormont
Rue des Augustins
Rue Porion
Saint Michel
Interfor
Lycée Sacré-Coeur
Rue du Cloître de la Barge
Rue Victor Hugo
Rue Lameth
Rue des Cannettes
Boulevard d'Alsace-Lorraine
Rue de la Morlière
Hôtel Victor Hugo
Couvent de Soeurs du Sacré-Coeur
Square Jules Bocquet
Rue Lesueur
Rue du Vivier
Palais de Justice
Rue Gloriette
LCL
Rue de l'Amiral Courbet
Rue Pierre Dubois
Rue Victor Hugo
SFR
Pizza Hut
Rue Lamartine
Brasserie Jules
Rue Ernest Cauvin
Rue Alexandre Fatton
Rue de la Vallée
Max's
C&A
CIC
Place René Goblet
Rue Allart
HSBC
Camaieu
Isakaya
Subway
Place René Goblet
02 佩雷大厦
Hôtel Campanile
Rue des Jacobins
Rue de Noyon
Rue des Otages
Monoprix
Rue Jules Barni
Gare de Amiens
Rue Caudron
Creatis
French coffee Shop
Rue Émile Zola
Chambre Régionale des
Le Saint Louis
Rue Jules Barni
100m

01 亚眠大教堂
Cathédrale d'Amiens

地址:Tours de la cathédrale Notre-Dame d'Amiens,
30 Place Notre-Dame,80000 Amiens
建筑类型:宗教建筑
建筑年代:1220-1236
开放时间:4 月至 9 月 8:30-18:30,10 月至次年 3 月 8:30-17:30。
票价:全价 5.5 欧元，团体 4.5 欧元 (20 人以上)，家庭参观 18 岁以下者免费。

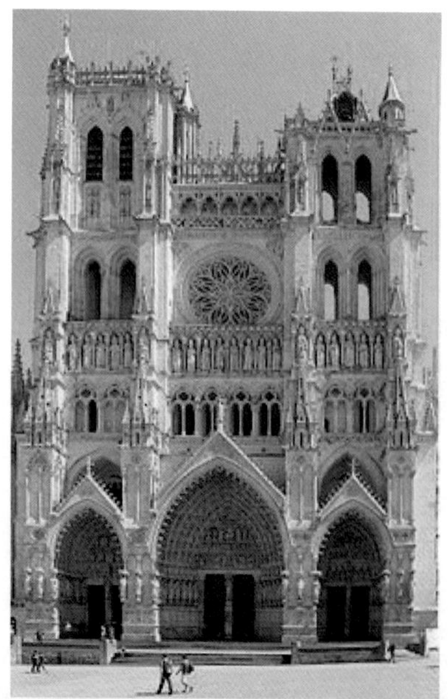

亚眠大教堂

亚眠大教堂是法国四大哥特式教堂之一（另三座分别为兰斯主教堂、沙特尔主教堂和博韦主教堂)，也是现存 13 世纪最大的古典哥特式教堂之一。教堂西立面的两座钟楼略不对称。教堂内部饰满极富古典美学的雕刻。

Note Zone

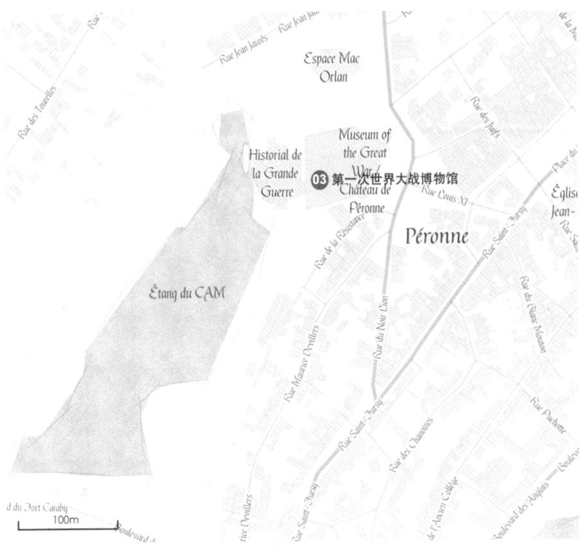

02 佩雷大厦
Tour Perret

建筑师：奥古斯特·佩雷 / Auguste Perret
地址：13 Place Alphonse Fiquet,80000 Amiens
建筑类型：办公建筑
建筑年代：1948-1956

03 第一次世界大战博物馆
Historial de la Grande Guerre

建筑师：亨利·奇里亚尼 / Henri Ciriani
地址：Place André Audinot, 80200 Péronne
建筑类型：文化建筑
建筑年代：1987-1992
开放时间：4 月至 9 月 9:30-18:00, 10 月至次年 3 月 9:30-17:00，关闭前 45 分钟停止售票，其中 12 月 16 日至次年 2 月 28 日及每周三关闭。
票价：全价 7.5 欧元，6 至 18 岁、教师、学生 4 欧元。

佩雷大厦

大厦以建筑师奥古斯特·佩雷命名，是法国“二战”后繁荣时期的产物，一度成为当时欧洲最高的建筑物。

第一次世界大战博物馆

项目场地内有一座经历过战火的古堡遗迹，为了呼应古堡，博物馆采用厚重粗糙的混凝土外墙，且在高度上与其保持一致。

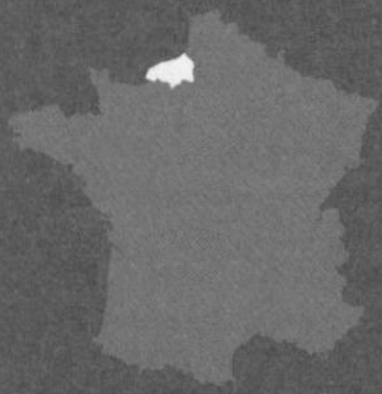

04
滨海塞纳省
Seine-Maritime

建筑数量 -09

01 **勒阿弗尔，奥古斯特·佩雷重建之城**
奥古斯特·佩雷 / Auguste Perret
02 **勒阿弗尔市政厅**
奥古斯特·佩雷 / Auguste Perret
03 **勒阿弗尔文化中心**
奥斯卡·尼迈耶 / Oscar Niemeyer
04 **圣约瑟夫教堂**
奥古斯特·佩雷 / Auguste Perret
05 **马尔罗博物馆**
Guy Lagneau + Jean Dimitrijevic + Michel Weill (Atelier LWD)
06 **莱班德码头水上运动中心**
让·努韦尔 / Jean Nouvel
07 **鲁昂体育馆**
多米尼克·佩罗 / Dominique Perrault
08 **鲁昂老城区**
09 **鲁昂主教座堂**

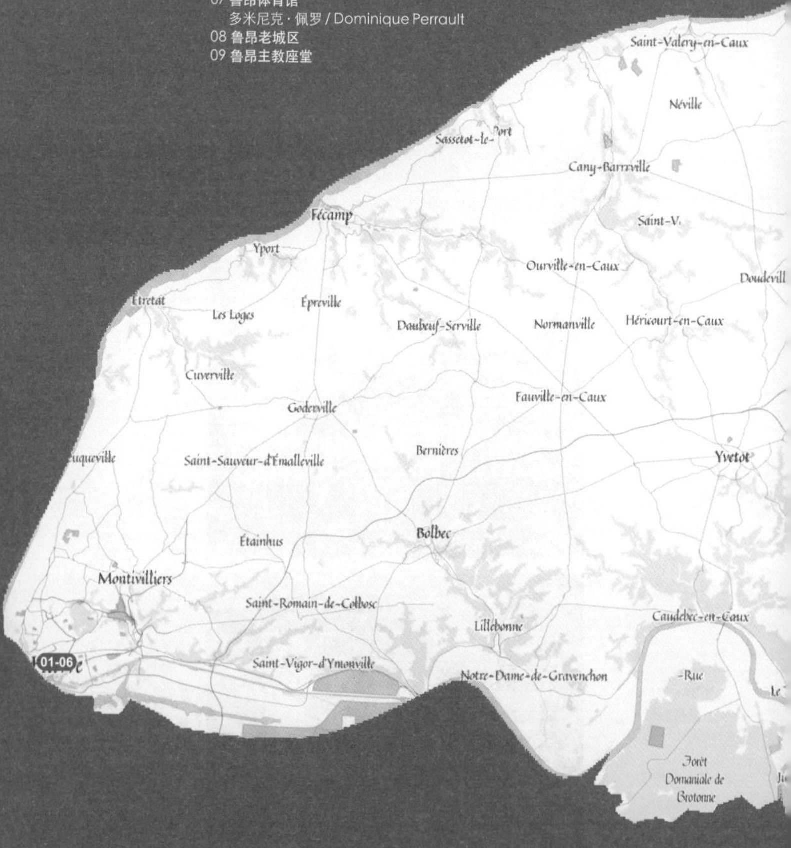

Eu
Criel-sur-Mer
Canehan
Le Mesnil-Réaume
Dieppe
Grèges
Bailly-en-Rivière
Grandcourt
Hautot-sur-Mer
Saint-Nicolas-d'Aliermont
Fresnoy-Folny
Offranville
Foucarrrmont
Londinières
Luneray
Freulleville
Clais
Bacqueville-en-Caux
Les Grandes-Ventes
Mesnières-en-Bray
Le Caule-Sainte-Beuve
Arrrdouval
Forêt
Domaniale
d'Eawy
Neufchâtel-en-Bray
Ronchois
Auffay
Val-de-Saâne
Bellencombre
Esclavelles
Beaussault
Saint-Saëns
Gaillefontaine
Hugleville-en-Caux
Bosc-le-Harrrd
Montérolier
Sommery
Forges-les-Eaux
Clères
Rocquemont
Buchy
Fontaine-le-Bourg
Barrrentin
Bois-Guilbert
Malaunay
Quincampoix
Hodeng-Hodenger
Blainville-Crevon
Bréi
Nolléval
Servaville-Salmonville
La Feuillie
07
Rouen
08-09
Sotteville-lès-Rouen
Grand-Couronne
Forêt
Oissel

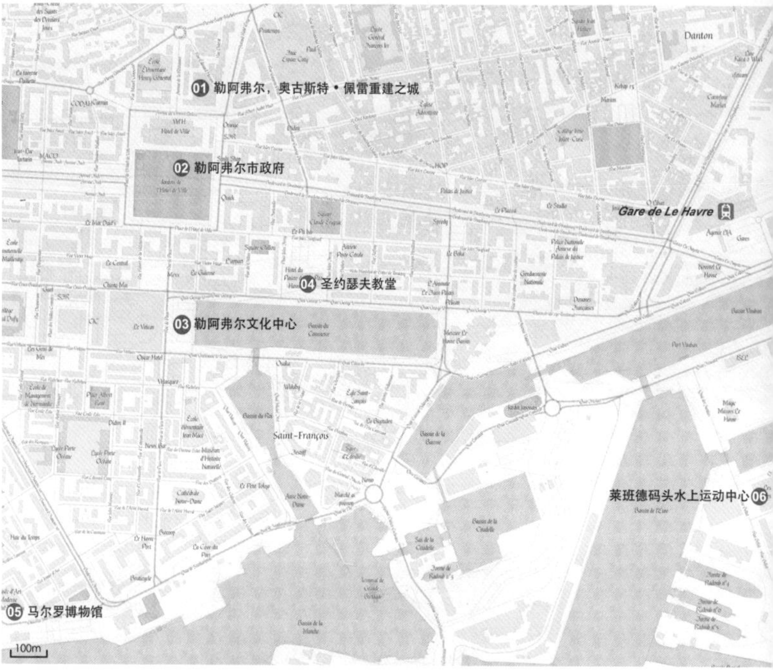

01 勒阿弗尔，奥古斯特 · 佩雷重建之城
02 勒阿弗尔市政府
03 勒阿弗尔文化中心
04 圣约瑟夫教堂
05 马尔罗博物馆
莱班德码头水上运动中心 06
Gare de Le Havre
Saint-François
Danton
100m

01 勒阿弗尔，奥古斯特 · 佩雷重建之城
Le Havre，la Ville Reconstruite par Auguste Perret

建筑师：奥古斯特 · 佩雷 / Auguste Perret
地址：Le Havre
建筑类型：特色片区
建筑年代：1945-1964

02 勒阿弗尔市政厅
Hôtel de Ville du Havre

建筑师：奥古斯特 · 佩雷 / Auguste Perret
地址：Place Hôtel de Ville,76600 Le Havre
建筑类型：办公建筑
建筑年代：1948-1958
开放时间：周一至周五 8:00-16:50，周六 9:00-11:50。

勒阿弗尔，奥古斯特 · 佩雷重建之城

勒阿弗尔市在第二次世界大战期间遭到了惨烈轰炸。奥古斯特 · 佩雷领导的规划师团队在 1945–1964 年期间对炸毁区域进行了规划与重建，使其成为如今的行政、商业和文化中心。预制构件和方格网络系统营造出的统一协调的风格使重建片区成为战后城市规划和建设的杰出典范，被列为世界文化遗产。

勒阿弗尔市政厅

市政厅所在位置与它在"二战"前的位置相近，位于一座大型广场之中。建筑群的各部分分别于不同年代开工建成，中央的一期建筑群于 1953 年开工，18 层塔楼和 90 米高的钟塔于 1954 年开工，毗邻的剧场于 1967 年建成。

03 勒阿弗尔文化中心
Maison de la Culture

建筑师：奥斯卡 · 尼迈耶 / Oscar Niemeyer
地址：Place du Général de Gaulle 1,76600 Le Havre
建筑类型：文化建筑
建筑年代：1978-1982

04 圣约瑟夫教堂
Église Saint-Joseph

建筑师：奥古斯特 · 佩雷 / Auguste Perret
地址：Boulevard François I, 76600 Le Havre
建筑类型：宗教建筑
建筑年代：1951-1956

05 马尔罗博物馆
Musée Malraux

建筑师：Guy Lagneau + Jean Dimitrijevic + Michel Weill (Atelier LWD)
地址：2 Boulevard Clemenceau, 76600 Le Havre
建筑类型：文化建筑
建筑年代：1955–1961
开放时间：周一、三、四、五 11：00-18：00，周六、日 11：00-19：00。

06 莱班德码头水上运动中心
Complexe Aquatique Les Bains des Docks

建筑师：让 · 努韦尔 /Jean Nouvel
地址：Rue Aviateur Guérin 与 Rue Bellot 交口，Bassin Vauban，76600 Le Havre
建筑类型：体育建筑
建筑年代：2008
开放时间：10:00-20:00，周五开放至 22:00。
票价：全价 4.9 欧元，3 岁至 12 岁 2 欧元。

勒阿弗尔文化中心

项目由尼迈耶和 Jean-Maur Lyonnet 合作完成，此前他们还合作了法国共产党总部的设计。建筑群采用“火山”造型，大的“火山”包含了一个 1200 人的剧场和一个 350 人的电影院，另一个小的“火山”包含了一个 500 人的报告厅和一个 80 人的礼堂。广场的大部分位于地下，给人以一种建筑从地形中浮现的感觉。

圣约瑟夫教堂

圣约瑟夫教堂是勒阿弗尔战后重建计划的重要部分，以其高达 107 米的八角形灯笼造型成为勒阿弗尔的地标之一，是市中心的灯塔。教堂的 6500 块彩色玻璃随太阳位置的变化，为教堂内部提供了瞬息变幻的光照效果。

马尔罗博物馆

马尔罗博物馆是收藏法国印象派绘画作品最多的博物馆之一。建筑以玻璃和钢铁为主要材质，有宽大的玻璃门窗面向大海。

莱班德码头水上运动中心

建筑外立面采用深灰色金属壳包裹，内部完全采用白色，简约的体量上随机分布着大小不一的窗口。努韦尔试图通过延伸的水体和自然光创造一种类似于天然岩石潭的安定舒缓的气氛，并使用不同的水温、水幕、喷雾、投射灯等来分隔不同功能和主题的区域。建筑内部完全是裸足区域，游客必须涉水穿过足浴池以到达更衣室。

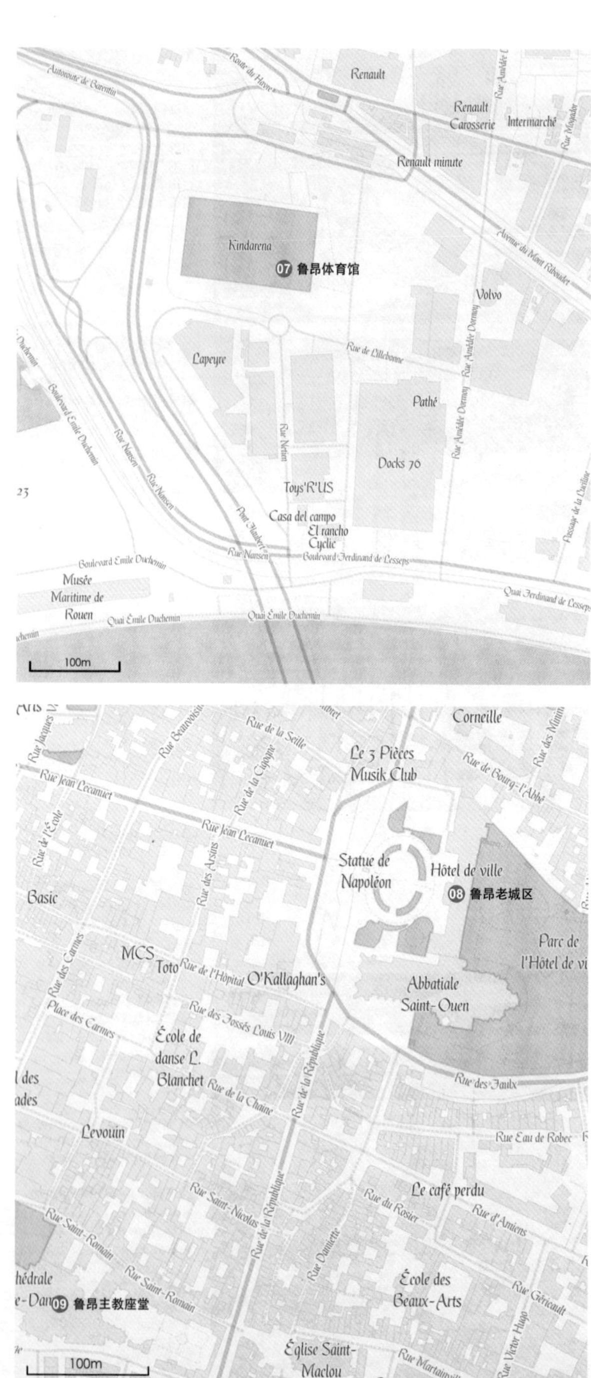
Autoroute de Carentin
Route du Havre
Renault
Renault Carosserie
Intermarché
Rue Mogador
Renault minute
Avenue du Mont Riboudet
Kindarena
07 鲁昂体育馆
Volvo
Rue de Lillebonne
Rue Amédée Dormoy
Lapeyre
Pathé
Boulevard Émile Duchemin
Rue Nansen
Rue Netien
Docks 76
Toys'R'US
Casa del campo
El rancho
Cyclic
Pont Flaubert
Passage de la Luciline
Boulevard Ferdinand de Lesseps
Musée Maritime de Rouen
Quai Émile Duchemin
Quai Ferdinand de Lesseps
100m
Corneille
Rue de la Seille
Rue Beauvoisine
Le 3 Pièces Musik Club
Rue de Bourg-l'Abbé
Rue des Minimes
Rue Jean Lecanuet
Rue de la Cigogne
Rue de l'École
Rue des Arsins
Statue de Napoléon
Hôtel de ville
08 鲁昂老城区
Basic
Parc de l'Hôtel de vi
MCS
Toto
Rue de l'Hôpital
O'Kallaghan's
Abbatiale Saint-Ouen
Rue des Carmes
Place des Carmes
Rue des Fossés Louis VIII
École de danse L. Blanchet
Rue de la Chaîne
Rue de la République
Rue des Faulx
Levouin
Rue Eau de Robec
Le café perdu
Rue Saint-Nicolas
Rue du Rosier
Rue d'Amiens
Rue Saint-Romain
Rue Damiette
École des Beaux-Arts
Rue Géricault
09 鲁昂主教座堂
Rue Victor Hugo
Église Saint-Maclou
Rue Martainville
Bertran
100m

Note Zone

Note Zone

07 鲁昂体育馆
Palais des Sports

建筑师：多米尼克 · 佩罗 / Dominique Perrault
地址：Kindarena,Rue de Lillebone,76000 Rouen
建筑类型：体育建筑
建筑年代：2012

08 鲁昂老城区
Centre Historique de Rouen

地址：Rouen
建筑类型：特色片区
建筑年代：13 世纪 -
票价：全价 6.5 欧元，学生及 12 岁至 18 岁 4.5 欧元，12 岁以下免费。
备注：提供讲解，每周六 15:00 从游客中心出发，时长 2 小时，需预约，电话 0232083240。

09 鲁昂主教座堂
Cathédrale Notre-Dame de Rouen

地址：Cathédrale Notre-Dame de Rouen,76000 Rouen
建筑类型：历史建筑
建筑年代：1030-1506
开放时间：周一 14:00-18:00，周二至周六 9:00-19:00，周日 8:00-18:00，其中 11 月至次年 3 月周二至周六 12:00-14:00 关闭。

鲁昂体育馆

体育馆所在的场地处于持续的更新之中，需要通过适当的设计策略融入塞纳河西侧即将形成的城市环境中。体育场入口的大台阶强调了公众可达性，并为城市创造了一个新的地标。

鲁昂老城区

鲁昂是一个具有千年历史的古城，名人辈出，大作家福楼拜就诞生在这里。鲁昂也坐落于塞纳河畔，河右岸为旧城，保存有丰富的古建筑，且有“博物馆城”之称，河左岸在第二次世界大战中惨遭毁损，重建后的大部分建筑保留了法国传统风格，古朴而秀丽。

鲁昂主教座堂

鲁昂主教座堂是天主教鲁昂总教区的主教座堂，修建时期长达数百年，因此体现了哥特早期、哥特鼎盛期和哥特晚期火焰式等多种风格。教堂钟楼尖塔高达 151 米，现在仍然是法国最高的教堂尖塔。莫奈曾为它画过三十多幅印象派画作。

05 芒什省 Manche

建筑数量 -01

01 圣米歇尔山及其海湾

Réville
Tollevast
Saussemesnil
Brix
Rauville-la-Bigot
Valognes
Montebourg
Bricquebec
Lieusaint
Le Vrétot
Orglandes
Saint-Jacques-de-Néhou
Sainte-Mère-Eglise
Saint-Sauveur-le-Vicomte
Picauville
Varrenguebec
Saint-Côme-du-Mont
Auvers
Carentan
La Haye-du-Puits
Gorges
Sainteny
Graignes-Mesnil-Angot
Saint
Créances
Le Dézert
Périers
Marchésieux
Pont-Hébert
Bérigny
Saint-Sauveur-Lendelin
Saint-Lô
Marigny
Cambernon
Carantilly
Condé-sur-Vire
Coutances
Cerisy-la-Salle
Orval
Soulles
Moyon
Roncey
Tessy-sur-Vire
Quettreville-sur-Sienne
Villebaudon
Hambye
Percy
Gavray
Bréhal
La Bloutière
Villedieu-les-Poêles
Saint-Jean-des-Champs
Bourguenolles
La Haye-Pesnel
La Rochelle-Normande
Saint-Nicolas-des-Bois
Brécey
Sourdeval
Bacilly
La Gohannière
Avranches
Le Grand-Celland
Juvigny-le-Tertre
Mortain
Ducey
Isigny-le-Buat
Milly
Beauvoir
Tanis
Saint-Laurent-de-Terregatte
Saint-Hilaire-du-Harcouët
Husson
Pontorson
Saint-Martin-de-Landelles
Le Teilleul
Saint-James
Buais
01

01 圣米歇尔山及其海湾
Le Mont-Saint-Michel
100m

01 **圣米歇尔山及其海湾**
Mont-Saint-Michel et sa Baie

地址：Mont Saint-Michel,50170 Le Mont-Saint-Michel
建筑类型：宗教建筑
建筑年代：11 世纪至 15 世纪
开放时间：5 月 2 日至 8 月 31 日 9:00-19:00，9 月 1 日至 4 月 30 日 9:30-18:00，关闭前 1 小时停止售票，1 月 1 日、12 月 25 日关闭。
票价：全价 9 欧元，18 岁至 25 岁 5.5 欧元，全价团体（20 人以上）7 欧元。

圣米歇尔山是基督教圣地，山上最早的建筑是公元 969 年在山顶建造的本笃会隐修院，13 世纪在岛北部又修建了具有中古加洛林王朝和古罗马风格的梅韦勒修道院。岛上现还存有 11 世纪罗马式中殿、15 世纪哥特式唱诗班席、13 至 15 世纪的部分城墙和哥特式修道院围墙等。

06
卡尔瓦多斯省
Calvados

建筑数量 -03

01 翁夫勒
02 Esplanade 中心
让·努韦尔 /Jean Nouvel+ Philippe Roux + Dominique Alba
03 法莱斯城堡

Pont-l'Évêque
Dives-sur-Mer
Saint-Hymer
Dozulé
Le Breuil-en-Auge
Bonnebosq
Moyaux
Ouilly-le-Vicomte
Hotot-en-Auge
Cambremer
Le Pré-d'Auge
Lisieux
Marrolles
Arrrgences
Glos
Saint-Marrrtin-de-Mailloc
Mézidon-Canon
Le Mesnil-Durand
Cernay
Orbec
Maizières
Saint-Pierre-sur-Dives
Livarrot
Notre-Dame-de-Courson
L'Oudon
Épaney
Crocy
Vignats

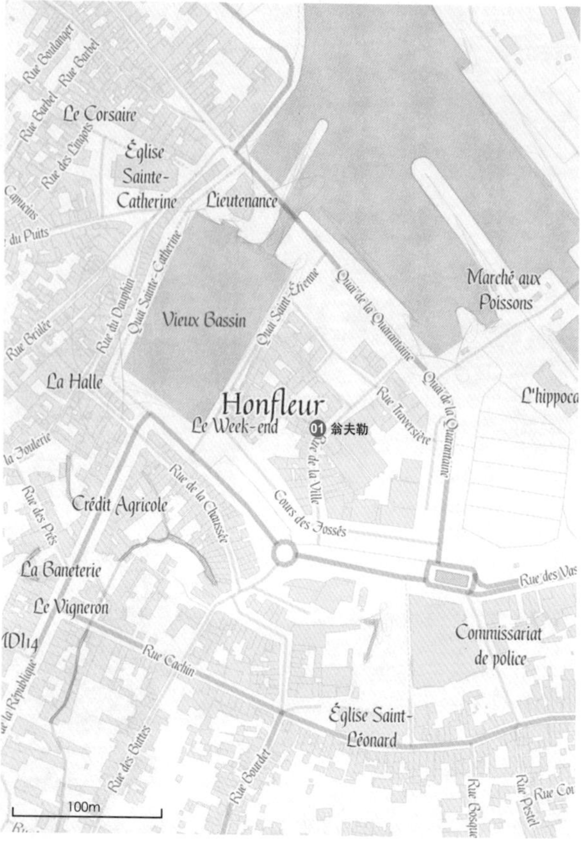

Note Zone

Rue Boulanger
Rue Barbel
Rue Barbel
Le Corsaire
Rue des Lingots
Église Sainte-Catherine
Capucins
Lieutenance
du Puits
Quai Sainte-Catherine
Rue du Dauphin
Quai Saint-Étienne
Quai de la Quarantaine
Marché aux Poissons
Vieux Bassin
Rue Brûlée
La Halle
Quai de la Quarantaine
Rue Traversière
L'hippoca
Honfleur
Le Week-end
01 翁夫勒
la Foulerie
Rue de la Ville
Rue de la Chaussée
Rue des Prés
Crédit Agricole
Cours des Fossés
Rue des Vas
La Baneterie
Le Vigneron
Commissariat de police
Rue Cachin
Rue de la République
Église Saint-Léonard
Rue des Buttes
Rue Bourdet
Rue Bosque
Rue Pestel
Rue Co
100m

01 **翁夫勒**
Honfleur

地址：Honfleur
建筑类型：特色片区
建筑年代：11 世纪 -

翁夫勒以风景优美的老港口而闻名，19 世纪时，莫奈等印象派画家经常到此写生。石板饰面的房屋是小镇的一大特色，镇里的圣凯瑟琳教堂是法国最大的木构教堂。

Flunch
Commissariat Hérouville-Saint-Clair
02 Esplanade 中心
Avenue de la Valeuse
Avenue de la Valeuse
Boulevard du Val
Rue de la Mairie
Théâtre d'Hérouville
ville-Saint-Clair
Église Saint-François
Avenue de la Grande Cavée
Avenue de la Grande Cavée
Avenue de la Grande Cavée
la Grande Cavée
Avenue de la Grande Cavée
Rue de Strasbourg
Rue de Strasbourg
Rue Tikhvine
Rue de Rome
Rue de Rome
Pôle Animation Jeunesse MJC
Avenue de Bruxelles
Boulevard des Belles Portes Porte 5
100m

02 Esplanade 中心
Centre Social et Bâtiment de l'Esplanade

建筑师：让 · 努韦尔 /Jean Nouvel+ Philippe Roux + Dominique Alba
地址：Avenue de la Grande Cavée,Hérouville Saint Clair
建筑类型：办公建筑
建筑年代：1992-1994

让 · 努韦尔建筑设计的一个突出之处就是现代与传统的良好融合，他的作品往往对传统元素进行现代转换，从而体现出兼具传统文化底蕴和时代精神的特点。

Note Zone

Voie Panoramique
Rue du Val d'Ante
Venelle de la F
Passage
Camping municipal du Château
Rue Porte Philippe Jean
Flashbike
Rue Rollon
Rue de la Roche
Venelle de la Brasserie
Église Sainte-Trinité
Fontaine d'Arlette
Police municipale
Rue Blacher
03 法莱斯城堡
Hôtel de Ville
Le triangle
Boulevard de la Libération
Rue de la Roche
Les remparts
Voie Panoramique
Hôpital de Falaise
Rue du Docteur Turgis
Maison de retraite
Rue de l'Ormeau
100m
Champ Foire
Rue du

03 法莱斯城堡
Château de Falaise

地址:Place Guillaume le Conquérant, Boulevard des Bercagnes, 14700 Falaise
建筑类型:其他建筑
建筑年代:12-13 世纪
开放时间:每天 10:00-18:00,关闭前 1 小时停止售票，12 月 24 日、12 月 31 日 17:00 关闭，12 月 25 日、1 月 1 日关闭，1 月 6 日至 2 月 14 日关闭。
票价:全价 7.5 欧元，学生 6 欧元,6 岁至 16 岁 3.5 欧元，6 岁以下免费。

法莱斯城堡始建于中世纪，修建在一处悬崖边上，在这里可以俯瞰安提河峡谷。

翁夫勒

07 马恩省 Marne

建筑数量 -03

01 兰斯圣母大教堂
02 塔乌宫
Jules Hardouin-Mansart + Robert de Cotte
03 兰斯圣雷米修道院

Cormicy
Loivre
Bourgogne
Warrrmeriville
Selles
Bétheniville
Muizon
Reims
01-03
Gueux
Nogent-l'Abbesse
Camp
militaire de
Moronvilliers
Dontrien
Sommepy-Tahure
Cormontreuil
Ville-Dommange
Sillery
Prosnes
Camp
militaire de
Suippes
-Hurlus
Saint-Hilaire-le-Grand
Villers-Allerand
Verzenay
Sept-Saulx
Mourmelon-le-Grand
Suippes
Germaine
Vaudemange
Bouy
Bouzy
Tours-sur-Marrrne
Saint-Remy-sur-Bussy
Épernay
Oiry
Saint-Étienne-au-Temple
Juvigny
Jâlons
Recy
Courtisols
Morangis
Avize
Champigneul-Champagne
Châlons-en-Champagne
Poix
Vouzy
Sarrry
Marrrson
Moivre
Vertus
Écury-sur-Coole
Cheniers
Germinon
Breuvery-sur-Coole
Pogny
Val-des-Marrais
Soudron
Clamanges
Saint-Amand-sur-Fion
Bussy-Lettrée
Lenharrrrée
Faux-Vésigneul
Loisy-sur-Marrrne
Fère-Champenoise
Sommesous
Soudé
Vitry-le-François
Connantre
Euvy
Sompuis
Bignicourt-Louvent
Le Meix-Tiercelin
Saint-Remy-en-Bouzemont-Sain

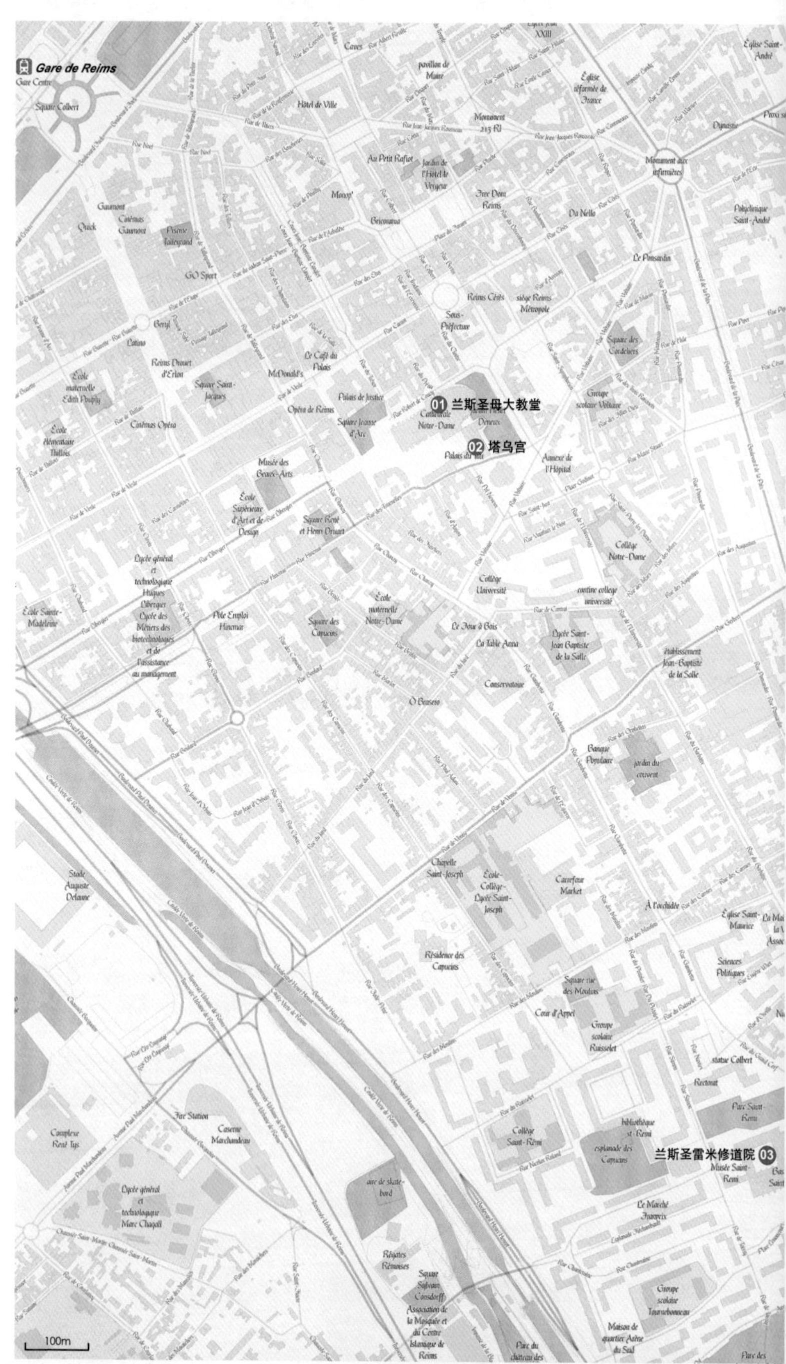
Gare de Reims
01 兰斯圣母大教堂
02 塔乌宫
兰斯圣雷米修道院 03
Hôtel de Ville
Cathédrale Notre-Dame
Palais du Tau
Musée des Beaux-Arts
Musée Saint-Remi
100m

Note Zone

01 兰斯圣母大教堂
Cathédrale Notre-Dame de Reims

地址 :Place du Cardinal Luçon,51100 Reims
建筑类型 :宗教建筑
建筑年代 :13-14 世纪
开放时间 :每天 7:30-19:30，11 月 1 日至次年 3 月 14 日关闭，5 月 1 日关闭。
票价 :全价 7.5 欧元，18 岁至 25 岁 4.5 欧元，团体 6 欧元(20 人以上)，家庭参观 18 岁以下者免票。

02 塔乌宫
Palais du Tau à Reims

建筑师 : Jules Hardouin-Mansart + Robert de Cotte
地址 :2 Place du Cardinal Luçon,51100 Reims
建筑类型 :其他建筑
建筑年代 :两次主要重建时间为 1498-1509，1671-1710
开放时间 :5 月 6 日至 9 月 8 日 9:30-18:30，9 月 9 日至次年 5 月 5 日 9:30-12:30、14:00-17:30，关闭前 30 分钟停止售票，每周一及 1 月 1 日、5 月 1 日、11 月 1-11 日、12 月 25 日关闭。
票价 :全价 7.5 欧元，18 岁至 25 岁 4.5 欧元，团体 6 欧元 (20 人以上)，家庭参观 18 岁以下者免票。可购买塔乌宫 + 兰斯圣母大教堂通票，全价 11 欧元，18 岁至 25 岁 7 欧元，团体 8 欧元 (20 人以上)。

03 兰斯圣雷米修道院
Basilique Saint-Rémi de Reims

地址 :Place du Chanoine Ladame, 51100 Reims
建筑类型 :宗教建筑
建筑年代 :11-12 世纪
开放时间 :8:00-19:00。
票价 :免费。

兰斯圣母大教堂

教堂大部分完成于 13 世纪末，但西立面推迟了一个世纪，直至 14 世纪方才完成。教堂内部充满了大大小小的雕塑，雕塑与建筑的结合使兰斯圣母大教堂成为哥特建筑的杰作之一，被列为世界文化遗产。

塔乌宫

塔乌宫曾是兰斯总主教的宫殿，与兰斯圣母大教堂相邻，被列为世界文化遗产。历史上，法国国王在大教堂加冕，而在塔乌宫下榻、换装，并在加冕仪式后在此举行宴会。宫殿的名称来源于希腊字母“T”，意指其“T”形平面。

兰斯圣雷米修道院

修道院以开启了法国国王受洗仪式的圣雷米主教 (440–533) 命名，并供奉着主教遗体。修道院内部狭长幽深，墙面由大块岩石垒砌而成，产生洞穴般的空间效果。修道院在“一战”中曾遭到严重破坏，几乎坍塌为废墟，后经过艰苦重建才恢复了昔日景象，现被列为世界文化遗产。

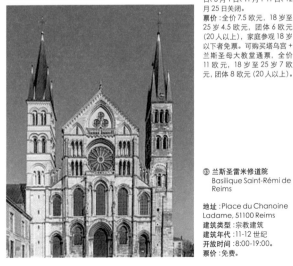

Viller
Longuyon
Pierrepont
Mercy-le-Bas
Audun-le-Romai
ivry-Circourt
Mdres
Tucquegnieux
Gondrecourt-Aix
Briey
Sainte-Ma
Jeandelize
Jarrrny
Marrs-la-Tour
Chambley-Bussières
Onville
-Woëvre
Pagny-sur-Moselle
court-Regniéville
Norroy-lès-Pont-à-Mousson
Essey-et-Maizerais
Pont-à-Mousson
Nomeny
Seicheprey
Mamey
Blénod-lès-Pont-à-Mousson
Dieulouarrrd
Belleau
Domèvre-en-Haye
Royaumeix
Bouxières-aux-Chênes
Jaillon
Frouarrrd
Champenoux
Trondes
Bruley
Seichamps
Gondreville
01-03
Toul
Vand 04 re-lès-Nancy
Bicqueley
Neuves-Maisons
Dombasle-sur-Meurthe
Blénod-lès-Toul
Maizières
Blainville-sur-l'Eau
s-le-Châtel
Thélod
Pulligny
Colombey-les-Belles
Benney
Goviller
Vézelise
Einvaux
Bayon
Favières
Rozelieures

默尔特-摩泽尔省

Meurthe-et-Moselle

建筑数量 -04

01 斯坦尼斯拉斯广场
Emmanuel Héré de Corny

02 卡里埃勒广场
Emmanuel Héré de Corny

03 阿莱昂斯广场
Emmanuel Héré de Corny

04 国家科学与信息技术研究院
让·努韦尔 /Jean Nouvel

02 卡里埃勒广场
Porte Héré
Opéra National de Lorraine
Musée des Beaux-Arts
01 斯坦尼斯拉斯广场
03 阿莱昂斯广场
Muséum-Aquarium de Nancy
Hôtel de Ville
Faculté de Droit, Sciences Économiques et de Gestion
Parc Blondlot
Lycée Henri Poincaré
Salle Poirel
FNAC
Gare De Nancy
Cathédrale
Marché Central
Église Saint-Nicolas
Lycée Paul Louis Cyfflé
Maison Hospitalière Saint-Charles
Unité de Soins de Longue Durée Saint-Stanislas
Rue Hermite
Cours Léopold
Rue Jacquard
Grande Rue
Rue Callot
Rue Gustave Simon
Rue Lyautey
Rue Lepois
Place Carnot
Rue Stanislas
Rue Gambetta
Rue des Dominicains
Rue Bailly
Rue Saint-Georges
Rue de Serre
Rue Isabey
Rue Blondlot
Rue Saint-Jean
Rue Chanzy
Rue Clodion
Rue Saint-Dizier
Rue Saint-Julien
Rue Montesquieu
Rue Mably
Rue Sainte-Anne
Rue Jeanmot
Boulevard Joffre
Viaduc J.F. Kennedy
Rue Pierre Chalnot
Rue Charles III
Rue Gabriel Mouilleron
100m

01 **斯坦尼斯拉斯广场**
Places Stanislas

建筑师：Emmanuel Héré de Corny
地址：Place Stanislas,54000 Nancy
建筑类型：特色片区
建筑年代：1752-1756

南锡的斯坦尼斯拉斯广场、卡里埃勒广场和阿莱昂斯广场是18世纪城市建设的杰出代表，被列为世界文化遗产。原先被护城河、要塞等分割的中世纪老城和17世纪查理三世开辟的新城在三座广场的连接下成为了一个整体。广场周围的建筑采用了统一的巨大柱式，广场中则是多样的城市空间。

Note Zone

02 卡里埃勒广场
Place de la Carrière

建筑师 :Emmanuel Héré de Corny
地址 :Place de la Carrière 54000 Nancy
建筑类型 :特色片区
建筑年代 :1752-1756

03 阿莱昂斯广场
Place d'Alliance

建筑师 :Emmanuel Héré de Corny
地址 :Place d'Alliance 54000 Nancy
建筑类型 :特色片区
建筑年代 :1752-1756

04 国家科学与信息技术研究院
INIST (Institut National de l'Information Scientifique et Technique)

建筑师 :让 · 努韦尔 /Jean Nouvel
地址 :2 Allée du Parc de Brabois,54500 Vandœuvre-lès-Nancy
建筑类型 :办公建筑
建筑年代 :1985-1989

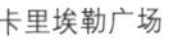

卡里埃勒广场

卡里埃勒广场是斯坦尼斯拉斯广场的延伸，两者共计 500 米长，之间以凯旋门分隔，非常壮观。

阿莱昂斯广场

阿莱昂斯广场在三个广场中修建的时间最晚，广场中央为雕塑家 Paul-Louis Cyfflé 设计的喷泉，四周的建筑如今已成为饭店和旅馆。

国家科学与信息技术研究院

INIST 是法国的主要研究机构之一，作为去中心化战略的一部分从巴黎搬迁至南锡。项目包括了商店、数据中心、信息发布等功能。

09
摩泽尔省
Moselle

建筑数量 -01

01 蓬皮杜中心梅斯分馆
坂茂 / Shigeru Ban + Jean de Gastines

Manderen
Kerling-lès-Sierck
Forêt de Sierck
Waldweistroff
Veckring
Bouzonville
Piblange
Téterchen
Creutzwald
Boulay-Moselle
Forbach
Freyming-Merlebach
Varrize
Zimming
Farrrebersviller
Courcelles-Chaussy
Saint-Avold
Woustviller
Wiesviller
Servigny-lès-Raville
Folschviller
Faulquemont
Lixing-lès-Saint-Avold
Rémering-lès-Puttelange
Forêt de Rémilly
Rémilly
Herny
Hellimer
Francaltroff
Thimonville
Lucy
Albestroff
Morhange
Bénestroff
Haboudange
Delme
Château-Voué
Bidestroff
Fénétrange
Jallaucourt
Château-Salins
Dieuze
Belles-Forêts
Gosselming
Vic-sur-Seille
Gelucourt
Sarrrebourg
Diane-Capelle
Maizières-lès-Vic

Note Zone

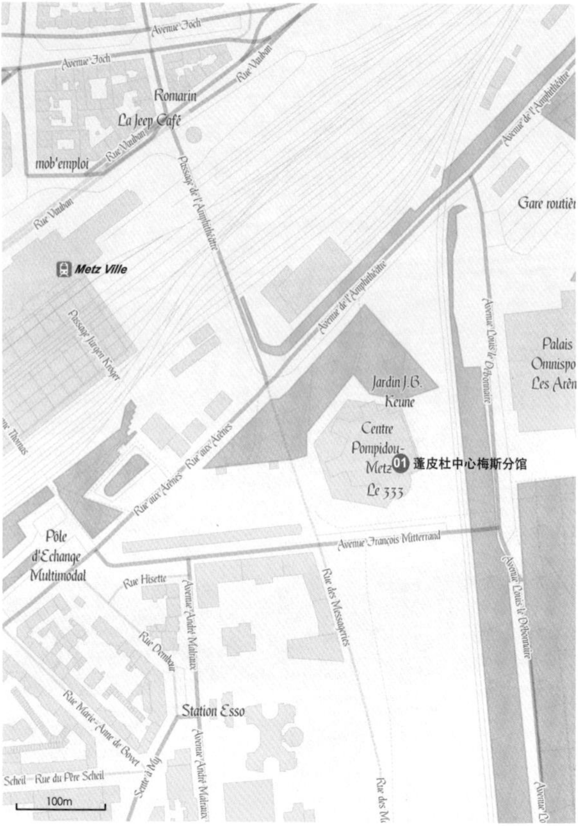

Avenue Foch
Avenue Foch
Rue Vauban
Romarin
La Jeep Café
Rue Vauban
mob'emploi
Passage de l'Amphithéâtre
Avenue de l'Amphithéâtre
Gare routièr
Rue Vauban
Metz Ville
Avenue de l'Amphithéâtre
Avenue Louis le Débonnaire
Palais
Omnispo
Les Arèn
Passage Jurgen Kröger
Jardin J.B.
Keune
Centre
Pompidou-
Metz
01 蓬皮杜中心梅斯分馆
Le 333
Rue aux Arènes
Rue aux Arènes
Pôle
d'Echange
Multimodal
Avenue François Mitterrand
Rue Hisette
Avenue André Malraux
Rue des Messageries
Avenue Louis le Débonnaire
Rue Dembour
Station Esso
Rue Marie-Anne de Bovet
Avenue André Malraux
Scheil
Rue du Père Scheil
Sente à My
100m
Rue des M
Avenue Lo

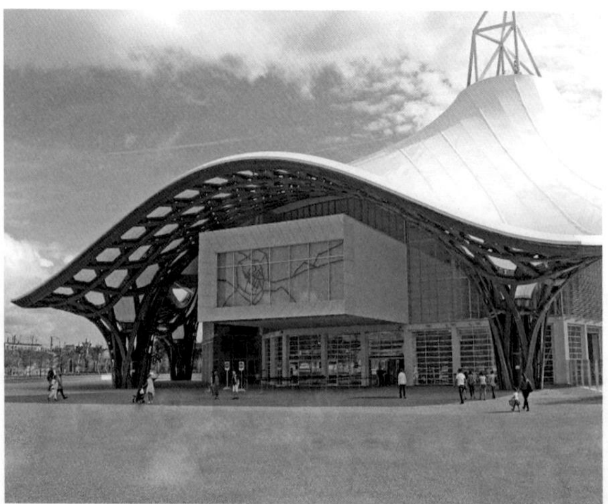

01 蓬皮杜中心梅斯分馆
Centre Pompidou Metz

建筑师：坂茂 / Shigeru Ban + Jean de Gastines
地址：1 Parvis des Droits de l'Homme,57020 Metz
建筑类型：文化建筑
建筑年代：2010
开放时间：周一、三、四、五 11:00-18:00，周六、日 10:00-20:00，关闭前 45 分钟停止售票，5 月 1 日关闭。
票价：根据展览不同，7 欧元、10 欧元、12 欧元不等，26 岁以下免费。

建筑体量为六角形，被面积达 8000 平方米的弯曲屋顶所遮盖。屋顶的设计灵感来自于中国草帽，主要材质为涂有特氟纶涂层的白色纤维玻璃薄膜，结构为复杂的六边形网状结构。

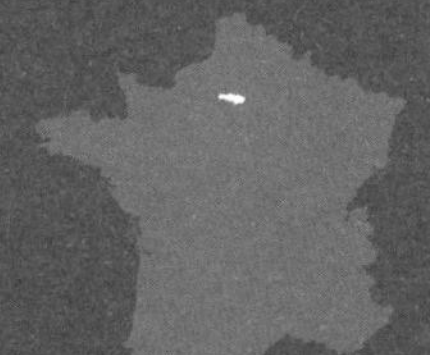

10 瓦勒德瓦兹省

Val-d'Oise

建筑数量 -01

01 戴高乐机场
保罗 · 安德鲁 /Paul Andreu

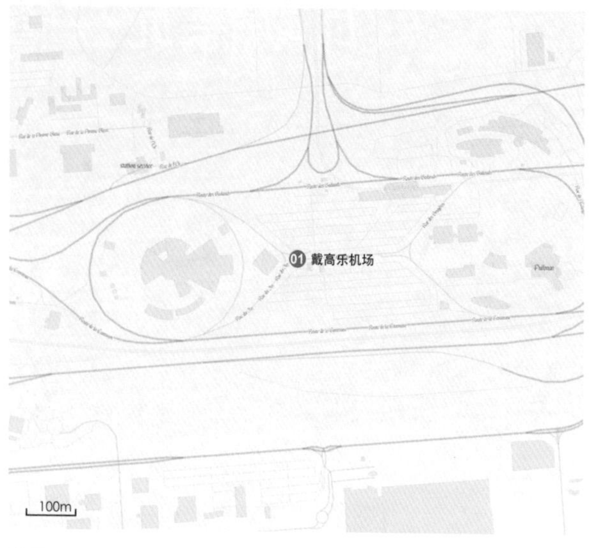

Note Zone

戴高乐机场 / 保罗・安德鲁

01 戴高乐机场
Aéroport Paris-Charles-de-Gaulle

建筑师:保罗·安德鲁 / Paul Andreu
地址:95700 Roissy-en-France
建筑类型:交通建筑
建筑年代:1964-1974

戴高乐机场有两座候机楼，分别为供国际航线使用的一号候机楼，和主要供法国国内航线使用的二号候机楼。一号候机楼的运输量大，因此共配有七座卫星登机楼。建筑材质主要为钢筋混凝土，室内也采用清水混凝土墙面。

11
伊夫林省
Yvelines

建筑数量 -11

01 萨伏依别墅
勒·柯布西耶 / Le Corbusier
02 北方钢铁联合公司会议中心
多米尼克·佩罗 / Dominique Perrault
03 圣库鲁的周末住宅
勒·柯布西耶 / Le Corbusier
04 Druch 住宅
Claude Parent
05 法国国际香料香精化妆品高等学院扩建
Philippe Ameller + Jacques Dubois
06 凡尔赛宫及其园林
André Le Nôtre + Louis Le Vau + Jules Hardouin-Mansart
07 凡尔赛宫杜福尔馆改建
多米尼克·佩罗 / Dominique Perrault
08 布依格集团总部
凯文·罗奇 / Kevin Roche
09 巴黎高等商业研修学院扩建
戴维·齐普菲尔德 / David Chipperfield + Martin Duplantier
10 路易斯·卢米埃尔住宅
多米尼克·佩罗 / Dominique Perrault
11 汤姆森光电子工厂
伦佐·皮亚诺 / Renzo Piano (Renzo Piano Building Workshop)

Les Mureaux
Conflans-Sainte-
antes-la-Jolie
Triel-sur-Seine
Forêt
Domaniale de
Saint-
Germain-en-
Laye
Aubergenville
01
Poissy
Orgeval
Maule
Saint-Germain-en-Laye
02
Thoiry
Beynes
03
Le Chesn
04
05
Garrancières
Plaisir
06
07
Versailles
10
08
Montfort-l'Amaury
Montigny-le-Bretonneux
09
11
Magny-les-Hameaux
Le Perray-en-Yvelines
Cernay-la-Ville
Rambouillet
Bullion
Orphin
Sonchamp
Ablis
Orsonville

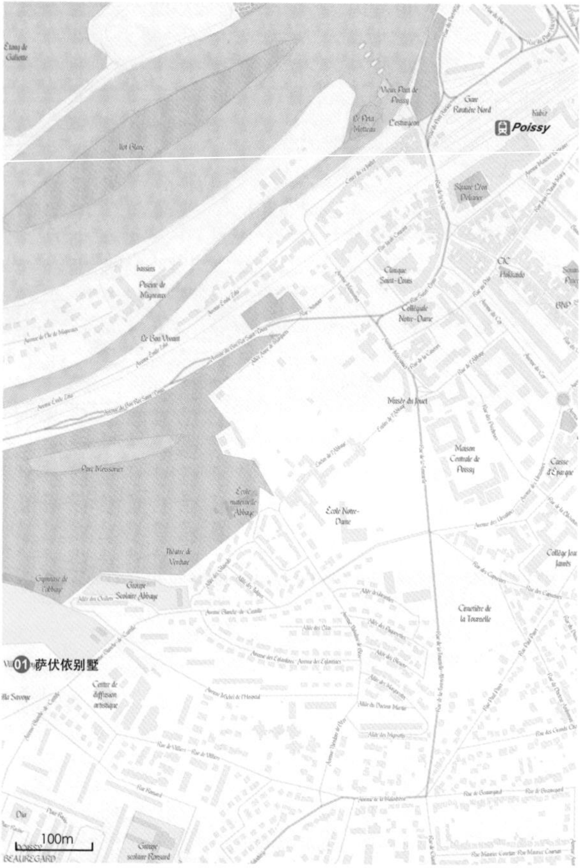

Note Zone

01 萨伏依别墅
Villa Savoye

建筑师：勒 · 柯布西耶 / Le Corbusier
地址：82 Rue de Villiers,78300 Poissy
建筑类型：居住建筑
建筑年代：1928
开放时间：3、4、9、10 月 10:00-17:00，5 月至 8 月 10:00-18:00，11 月至次年 2 月 10:00-13:00、14:00-17:00，每周一关闭，5 月 1 日、11 月 1 日、11 月 11 日、12 月 25 日至次年 1 月 1 日关闭。
票价：全价 7.5 欧元，折扣价 4.5 欧元，团体 6 欧元（20 人以上），家庭参观 18 岁以下者免费。

萨伏依别墅是柯布在 1920 年代所取得的成果之集大成，位于巴黎近郊的普瓦西（Poissy），是勒 · 柯布西耶纯粹主义的杰作，深刻地体现了现代主义建筑所提倡的新的建筑美学原则。它的表现手法和建造手段相统一，建筑形体和内部功能相配合，建筑形象合乎逻辑性，构图上灵活均衡而非对称，处理手法简洁，体型纯净，在建筑艺术中吸取视觉艺术的新成果，这些建筑设计理念启发和影响着无数建筑师。

Note Zone

Route de la Mare d'Ayen
Centre Hippique de la Jonction
Route des Princesses
Saint-Germain-en-Laye
Rue Jeanne d'Arc
Rue Franklin
Nouveau Cimetière
Rue du Président Roosevelt
Rue Turgot
Rue Pereire
Rue Bernard Palissy
Rue Albert Priolet
École Primaire Frédéric Passy
Rue Pasteur
Rue Stéphane Mony
Allée des Tilleuls
Ford France
02 北方钢铁联合公司会议中心
Rue de la Croix de Fer
Rue de Bouffiers
École élémentaire Marie Curie
Rue Saint-Léger
Lycée International de Saint-Germain-en-Laye
Rue du Bas Huet
Centre des Finances Publiques
Rue des Lavandières
École Maternelle Frontenac
Saint-Germain-en-Laye Principal
Boulevard de la
Rue Saint-Léger
Bois Saint-Léger
Mail de l'Aurore
Rue Franz Schubert
Rue Saint-Vincent
Rue des Gaudines
École maternelle Beethoven
Gymnase COSOM de la Colline
Boulevard Franz Liszt
Boulevard Hector Berlioz
Rue du Val Fleuri
Square Bouvet
Rue René Géon
Collège Les Hauts Grillets
100m

02 北方钢铁联合公司会议中心
Usinor-Sacilor Centre de Conférences

建筑师：多米尼克·佩罗 / Dominique Perrault
地址：Château de Saint-Léger,78105 Saint-Germain-en-Laye
建筑类型：办公建筑
建筑年代：1991

该建筑是对一个建于1900年的城堡的改造，新建部分位于城堡下部，成为了城堡的反射镜像。在地面上围绕城堡有一个玻璃圆盘，白天时玻璃圆盘透过自然光线反射出城堡和周围公园，犹如城堡置于池水中间，在晚上，来自下方新建部分的光线又使建筑熠熠生辉。

萨伏依别墅／勒·柯布西耶／摄影：金秋野

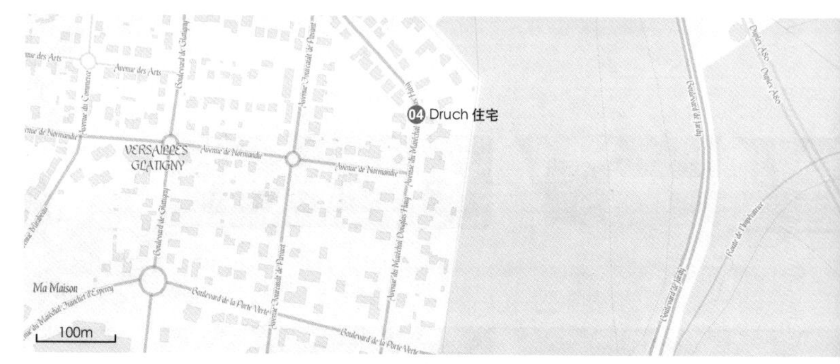

03 圣库鲁的周末住宅
Maison de Week-end (Henfel)

建筑师：勒·柯布西耶 /Le Corbusier
地址：49 Avenue du Chesnay,78170 La Celle-Saint-Cloud
建筑类型：居住建筑
建筑年代：1934

04 Drusch 住宅
Maison Drusch

建筑师：Claude Parent
地址：38 Avenue du Maréchal Douglas Haig,78000 Versailles
建筑类型：居住建筑
建筑年代：1961-1963

圣库鲁的周末住宅

这是一栋被树木掩蔽的巴黎郊外住宅，设计的原则就在于使建筑尽可能不被看见。因此建筑高度被控制在2.6米以内，位置选在基地一隅，以裸露的粗砂岩砌筑，并在屋顶覆土植草。

Drusch 住宅

建筑师Claude Parent于1923年出生于巴黎，以后现代主义而闻名，他思想激进，认为建筑和城市应该具有大胆的形式，并将这一思想落实于实践，创造出大量新奇、大胆的建筑作品。
这个设计清楚阐释了建筑师在实践中想要表达的运动和不平衡。倾斜的空心立方体一边触地，水平切面贯穿其中，这从根本上改变了对水平空间的感知和使用。建筑内部则提供了尺度和开放度可变的空间。

05 法国国际香料香精化妆品高等学院扩建

Versailles-Rive Droite

Montreuil

100m

05 法国国际香料香精化妆品高等学院扩建 Institute Supérieur de Parfum

建筑师：Philippe Ameller + Jacques Dubois
地址：34/36 Rue du Parc de Clagny,78000 Versailles
建筑类型：科教建筑
建筑年代：2004-2012

建筑体量为简单的几何形，立面采用陶土材质。门厅处于两个相互垂直体量的相交处，门厅一侧为教学部分，另一侧为公共空间，包括拥有整面落地窗的餐厅、图书馆和会议室。

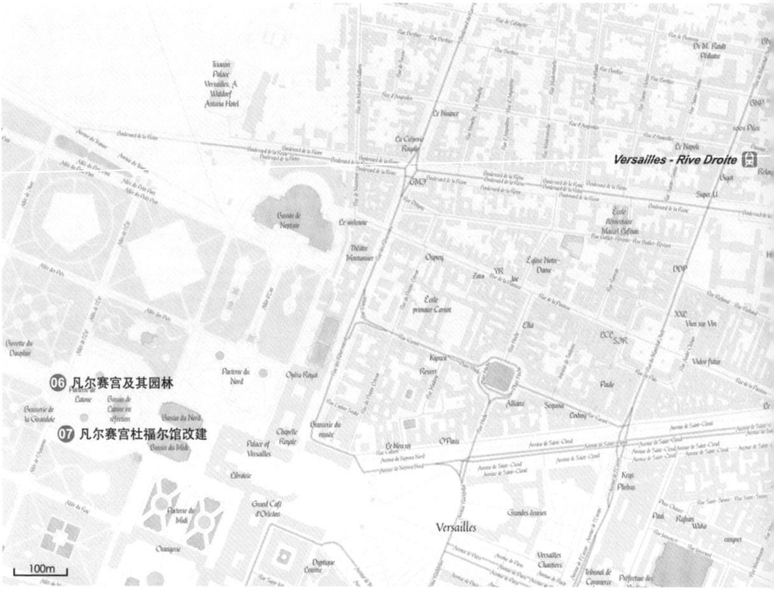

06 凡尔赛宫及其园林

07 凡尔赛宫杜福尔馆改建

Versailles - Rive Droite

Versailles

100m

⑥ **凡尔赛宫及其园林**
Palais et Parc de Versailles

建筑师：André Le Nôtre+ Louis Le Vau + Jules Hardouin-Mansart
地址：Château de Versailles,Place d'Armes,78000 Versailles
建筑类型：其他建筑
建筑年代：1624-1710
开放时间：4 月至 10 月周二至周日 9:00-18:30，18:00 停止售票；11 月至次年 3 月周二至周日 9:30-17:30，17:00 停止售票。
票价：凡尔赛宫 15 欧元，通票 18 欧元，2 日通票 25 欧元。

⑦ **凡尔赛宫杜福尔馆改建**
Pavillon Dufour, Château de Versailles

建筑师：多米尼克・佩罗 / Dominique Perrault
地址：Château de Versailles, Place d'Armes, 78000 Versailles
建筑类型：文化建筑
建筑年代：2011-2015

凡尔赛宫及其园林

凡尔赛宫立面采用标准的古典主义三段式处理；内部装饰则以巴洛克风格为主，少数厅堂为洛可可风格。建筑群总长 580 米，包括皇宫城堡、花园、特里阿农宫等。凡尔赛宫花园是古典园林的杰出代表，强烈的几何形态体现出君主政权的秩序和规范。

凡尔赛宫杜福尔馆改建

项目的主要功能是作为凡尔赛宫的入口，建筑师力图实现流畅的动线和高辨识度，采用明显的标识符号来引导人流进入不同的建筑序列和服务设施。

Saint-Quentin-en-Yvelines

布依格集团总部 08

100m

⑧ **布依格集团总部**
Siège de Bouygues

建筑师：凯文 · 罗奇 /Kevin Roche
地址：Avenue Eugène Freyssinet,78280 Guyancourt
建筑类型：办公建筑
建筑年代：1988

项目位于巴黎城外，场地两侧分别为一片森林保护区和一条通往巴黎的高速路。项目占地 3 万平方米，可容纳 2900 名员工并提供 2600 个停车位。建筑群沿中轴对称，体现出法国传统大尺度建筑的平面特点，建筑立面统一采用白色的预制混凝土板和反射玻璃。

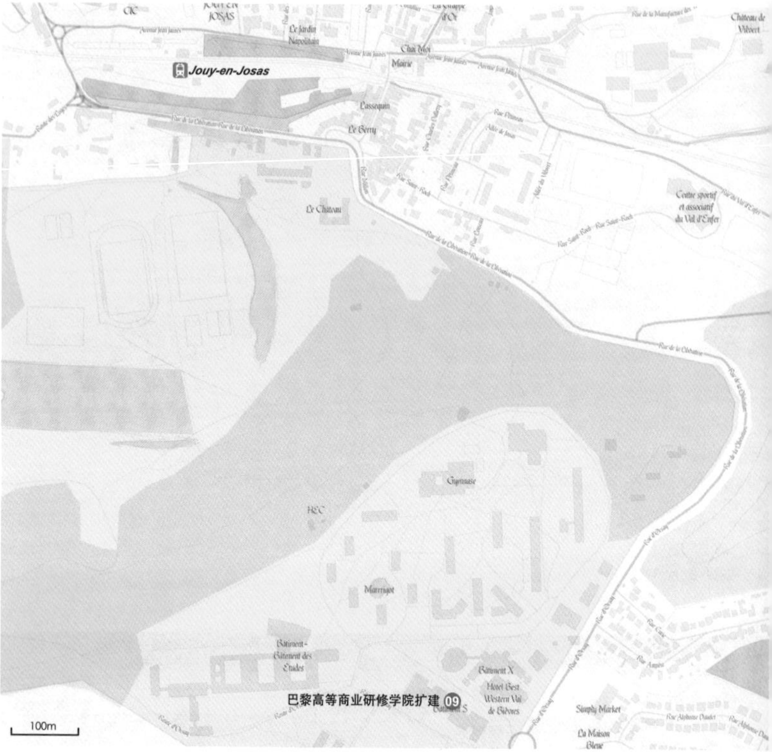

Jouy-en-Josas

巴黎高等商业研修学院扩建 09

100m

⑨ 巴黎高等商业研修学院扩建
École des Hautes Études Commerciales

建筑师：戴维・齐普菲尔德 /David Chipperfield + Martin Duplantier
地址：1 Rue de la Libération,78350 Jouy-en-Josas
建筑类型：科教建筑
建筑年代：2012

建筑立面采用香槟色的铝阳极氧化膜，在环境中凸显出学校的存在。项目功能包含接待室、管理空间、礼堂和 MBA 教室等。

Note Zone

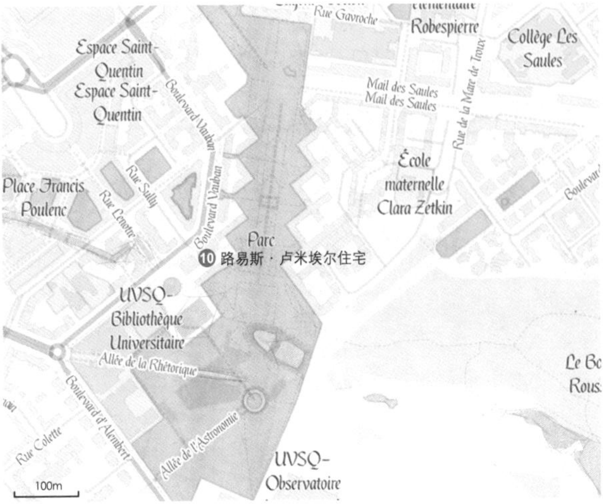

Espace Saint-Quentin
Espace Saint-Quentin
Rue Gavroche
Robespierre
Collège Les Saules
Mail des Saules
Mail des Saules
Rue de la Mare de Troux
Boulevard Vauban
Boulevard Vauban
Rue Sully
Rue Lenotre
Place Francis Poulenc
École maternelle Clara Zetkin
Parc
⑩ 路易斯 · 卢米埃尔住宅
UVSQ-Bibliothèque Universitaire
Allée de la Rhétorique
Boulevard d'Alembert
Rue Colette
Allée de l'Astronomie
UVSQ-Observatoire
100m

Avenue Léon Blum
Avenue Léon Blum
Rue Jacqueline Auriol
Rue René Caudron
汤姆森光电子工厂 ⑪
100m

⑩ 路易斯 · 卢米埃尔住宅
Logement "Le Louis Lumière"

建筑师：多米尼克 · 佩罗 / Dominique Perrault
地址：Boulevard Vauban, Saint-Quentin-en-Yvelines
建筑类型：居住建筑
建筑年代：1991

⑪ 汤姆森光学仪器厂
Usine Thomson Optronic

建筑师：佐伦 · 皮亚诺 / Renzo Piano (Renzo Piano Building Workshop)
地址：Rue Georges Guynemer 与 Avenue de l'Europe 之间，78280 Guyancourt
建筑类型：工业建筑
建筑年代：1988-1990

路易斯 · 卢米埃尔住宅

项目包括36座独立住宅，兼具办公和居住功能，形成一片邻里区域。住宅全部为复式，整面的玻璃幕墙提供了面向景观的开阔视野。建筑材料全部是自然、较少经过加工的。

汤姆森光学仪器厂

项目以曲线屋顶构成的新的景观取代了原先毫无特色的郊区景象。为减小跨度并使屋檐外挑，提供遮阳，所有拱形椽的北端都由一对从一个立柱分叉出的两个倾斜支柱支撑。工厂平面采用模数系统，可以随需要而改变。

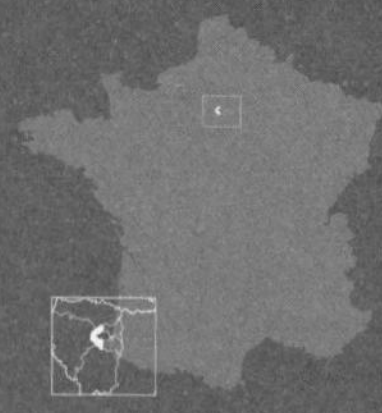

12 上塞纳省

Haute-de-Seine

建筑数量 -26

01 人民之家商场
Eugène Beaudouin + Marcel Lods
02 巴黎歌剧院舞蹈学院
克利斯蒂安·德·鲍赞巴克 / Christian de Portzamparc
03 拉德方斯新凯旋门
Johann Otto von Spreckelsen + 保罗·安德鲁 / Paul Andreu
04 阿海珐大厦
Roger Saubot + François Jullien + W.Z.M.H.
05 法国兴业银行大厦
Michel Andrault + Pierre Parat
06 太平洋大厦
黑川纪章 / Kisho Kurokawa
07 日本桥
黑川纪章 / Kisho Kurokawa
08 “北山”办公楼
Jean-Pierre Marianne Buffi
09 国家工业与技术中心
Bernard Zehrfuss + Robert Camelot + Jean de Mailly
10 五旬节圣母教堂
Franck Hammoutène
11 道达尔大厦
Roger Saubot + François Jullien + W.Z.M.H.
12 乔尔乌住宅
勒·柯布西耶 / Le Corbusier
13 创新大厦
Jean de Mailly + Jacques Depussé
14 皮托市政府
Édouard-Jean Niermans
15 斯坦恩·杜蒙齐住宅（加歇别墅）
勒·柯布西耶 / Le Corbusier
16 贝司纽住宅
勒·柯布西耶 / Le Corbusier
17 达尔雅瓦别墅
OMA
18 库克住宅
勒·柯布西耶 / Le Corbusier
19 里普希茨·米斯查尼诺夫住宅
勒·柯布西耶 / Le Corbusier
20 办公楼
多米尼克·佩罗 / Dominique Perrault
21 地平线大厦
让·努韦尔 / Jean Nouvel
22 Canal+ 电视台总部
克利斯蒂安·德·鲍赞巴克 / Christian de Portzamparc
23 布依格地产公司总部
克利斯蒂安·德·鲍赞巴克 / Christian de Portzamparc
24 达尔凯办公楼
让·努韦尔 / Jean Nouvel
25 斯伦贝谢厂区改造
伦佐·皮亚诺 / Renzo Piano Building Workshop
26 圆形小图书馆
Atelier de Montrouge

Villeneuve-la-G
Gennevilliers
Colombes
Bois-Colombes
Asnières-sur-Seine
La Garrenne-Colombes
Clichy
Courbevoie
Levallois-Perret
Nanterre
Neuilly-sur-Seine
Suresnes
Malmaison
Buzenval
Saint-Cloud
Boulogne-Billancourt
Issy-les-Moulineaux
Vanves
Malakoff
Montrouge
Sèvres
Meudon
Chaville
Les Bruyères
Châtillon
Bagneux
Fontenay-aux-Roses
Meudon-la-Forêt
Le Plessis-Robinson
Bourg-la-Reine
Sceaux
La Butte Rouge
Châtenay-Malabry
Antony
Parc de Saint-Cloud
Parc de Sceaux
01
02
03
04
05-07
08-11
12
13
14
15
17
18
19
20
21
22
23
24
25
26

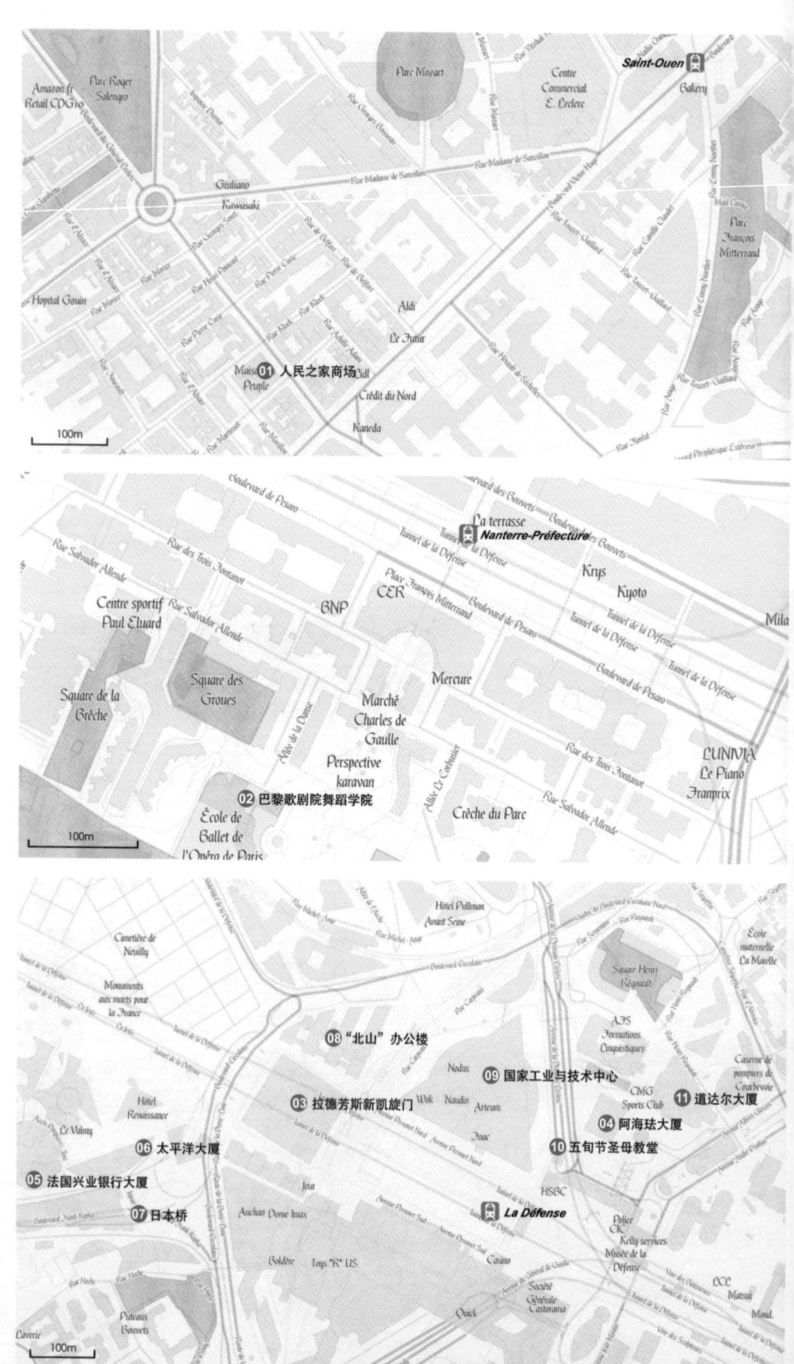
Parc Roger Salengro
Amazon.fr Retail CDG10
Parc Mozart
Centre Commercial E. Leclerc
Saint-Ouen
Bakery
Rue Madame de Sanzillon
Giuliano
Kawasaki
Parc François Mitterrand
Hopital Gouin
Aldi
Le Futur
01 人民之家商场
Crédit du Nord
Kaneda
100m
Boulevard de Pesaro
La terrasse
Nanterre-Préfecture
Tunnel de la Défense
Rue Salvador Allende
Rue des Trois Fontanot
Centre sportif Paul Eluard
BNP
CER
Place François Mitterrand
Krys
Kyoto
Square de la Brèche
Square des Groues
Mercure
Marché Charles de Gaulle
Perspective karavan
Allée de la Danse
Allée Le Corbusier
LUNIVIA
Le Piano
Franprix
02 巴黎歌剧院舞蹈学院
École de Ballet de l'Opéra de Paris
Crèche du Parc
100m
Hôtel Pullman
Avant Seine
Cimetière de Neuilly
Monuments aux morts pour la France
Square Henri Regnault
École maternelle La Marelle
08 “北山”办公楼
Nodus
09 国家工业与技术中心
Caserne de pompiers de Courbevoie
Hôtel Renaissance
03 拉德芳斯新凯旋门
Wok
Naudin
Arteum
CMG Sports Club
11 道达尔大厦
04 阿海珐大厦
Le Valmy
06 太平洋大厦
Fnac
10 五旬节圣母教堂
05 法国兴业银行大厦
HSBC
07 日本桥
Auchan
Dome Imax
La Défense
Police
Kelly services
Musée de la Défense
Boldère
Toys "R" US
Casino
Société Générale
Castorama
Quick
LCL
Matsui
Puteaux Bouvets
100m

Note Zone

01 人民之家商场
Marché Couvert
Maison du Peuple

建筑师：Eugène Beaudouin + Marcel Lods
地址：39 Boulevard du Général-Leclerc,92110 Clichy
建筑类型：商业建筑
建筑年代：1935-1939

02 巴黎歌剧院舞蹈学院
École de Danse de L'Opéra de Paris

建筑师：克利斯蒂安 · 德 · 鲍赞巴克 /Christian de Portzamparc
地址：20 Allée de la Danse,92000 Nanterre
建筑类型：科教建筑
建筑年代：1983-1987

03 拉德方斯新凯旋门
Grande Arche

建筑师：Johann Otto von Spreckelsen + 保罗 · 安德鲁 / Paul Andreu
地址：1 Parvis de la Defense, 92044 Puteaux
建筑类型：办公建筑
建筑年代：1990
开放时间：4 月 1 日至 8 月 31 日 10:00-20:00，9 月 1 日至次年 3 月 31 日 10:00-19:00。
票价：全价 10 欧元，学生及儿童 8.5 欧元，6 岁以下免费，生日当天免费。

04 阿海珐大厦
Tour Areva

建筑师：Roger Saubot + François Jullien + W.Z.M.H.
地址：1 Place Jean Millier,92400 Courbevoie
建筑类型：办公建筑
建筑年代：1971-1974

人民之家商场

这是法国第一座使用预制幕墙和金属框架的建筑，在规则的长方形体量中容纳了市场、办公、会议、影院等多种功能。它在 1983 年被列为法国历史建筑时已严重破损，修复工作一直在进行中，至今尚未完工。

巴黎歌剧院舞蹈学院

1983 年巴黎歌剧院舞蹈学院决定迁至楠泰尔，鲍赞巴克赢得了这次竞赛，他的方案通过三个独立的体块呼应并强调了学院学生的每日作息：清晨习舞（剧院体块），午后听课（教学与管理体块），晚上回家（宿舍体块）。

拉德方斯新凯旋门

新凯旋门是对巴黎传统轴线的延伸，长宽与卢浮宫正中的方形广场接近，遥相呼应，深度也与长宽接近（高 110 米、宽 108 米、深 112 米），形成一个几乎完美的立方体体量。建筑立面材质为玻璃和来自意大利的卡拉拉大理石。在这位丹麦非著名建筑师的方案被选中之前，他只设计建成了三个小教堂和自宅。

阿海珐大厦

大厦高 184 米，通体黑色，外立面由黑色花岗石和深色窗户构成，据说建筑师是受到了电影《2001 太空漫游》中黑色巨石的启发。原本在现在道达尔大厦的位置还规划有一座同样的建筑与之构成双子大厦，但该计划因 1974 年的石油危机而被取消。

Note Zone

⑤ 法国兴业银行大厦
Tour de la Société Générale

建筑师：Michel Andrault + Pierre Parat
地址：17 Cours Valmy, 92800 Puteaux
建筑类型：办公建筑
建筑年代：1991-1995

⑥ 太平洋大厦
Tour Pacific

建筑师：黑川纪章 /Kisho Kurokawa
地址：11 Cours Valmy,92800 Puteaux
建筑类型：办公建筑
建筑年代：1992

⑦ 日本桥
Le Japan Bridge

建筑师：黑川纪章 /Kisho Kurokawa
地址：18 Rue Hoche,92800 Puteaux
建筑类型：交通建筑
建筑年代：1993

法国兴业银行大厦

大厦高约 170 米，北塔采用来自西班牙阿利坎特的红色大理石为内部装饰材料，南塔则采用奥弗涅省的白色石材。两塔共享一个平台，相距约 40 米，采用倾斜屋顶相互呼应。

太平洋大厦

该项目是步行进入拉德方斯区的桥梁和大门，它和新凯旋门的关系以及它的轴线与城市景观的关系都经过了仔细考量。障子（shoji）式幕墙、日式拱桥和预制石材垒砌的弯曲立面分别体现了日本和西方的文化特征。此外，屋顶的日式花园还为拉德方斯区提供了一处举行室外活动的休闲场所。

日本桥

这座步行桥长 103 米，由一个拱和一个玻璃廊道组成。玻璃廊道被一系列绳索支撑，好像悬浮在路口之间。由于周边建筑的布局使步行桥极易受到文丘里效应的影响，因此空气动力学是该项目的一个重要考虑因素。步行桥具有日本传统太鼓拱桥（Taiko Bashi）的特质，为拉德方斯区带来日本与西方文化的混合。

Note Zone

08 “北山”办公楼
Collines Nord

建筑师：Jean-Pierre Marianne Buffi
地址：Parvis de la Defense,92800 Puteaux
建筑类型：办公建筑
建筑年代：1988-1990

09 国家工业与技术中心
CNIT (Centre National des Industries et Techniques)

建筑师：Bernard Zehrfuss+ Robert Camelot + Jean de Mailly
地址：2 Place de la Défense,92053 La Défense
建筑类型：办公建筑
建筑年代：1953-1958

10 五旬节圣母教堂
Notre-Dame de Pentecôte

建筑师：Franck Hammoutène
地址：1 Avenue de la Division Leclerc,92800 Puteaux
建筑类型：宗教建筑
建筑年代：1987-1991

11 道达尔大厦
Tour Total

建筑师：Roger Saubot + François Jullien + W.Z.M.H.
地址：Tour Total,92400 Courbevoie
建筑类型：办公建筑
建筑年代：1981-1985

“北山”办公楼

建筑由四个锋利的体块构成，一个玻璃体块穿插其中，玻璃体块长100米、高30米，朝向日落的方向，提供了一处综合购物、餐饮等功能的城市公共空间，以及联系国家工业与技术中心及新凯旋门的通道。

国家工业与技术中心

这是拉德方斯新区最早建造的一座建筑，建筑形体类似一个倒扣着的贝壳，主体为一个50米高的等边三角形穹顶，边长约218米，是当时世界上跨度最大的壳体结构建筑。整个壳体由类似细胞的单元构成，每个单元均有孔洞，用以通风调温。

五旬节圣母教堂

教堂的设计充满了现代气息，大量使用了混凝土材料，采用厚度达到80厘米的混凝土材料以抵抗风力。教堂立面升高至35米，部分和建筑脱开，呈现出传统教堂中钟塔的形象。

道达尔大厦

大厦现为世界六大石油公司之一的道达尔公司总部，高190米，属于拉德方斯区的第三代摩天楼，与阿海珐大厦等前几代摩天楼相比更加节能。

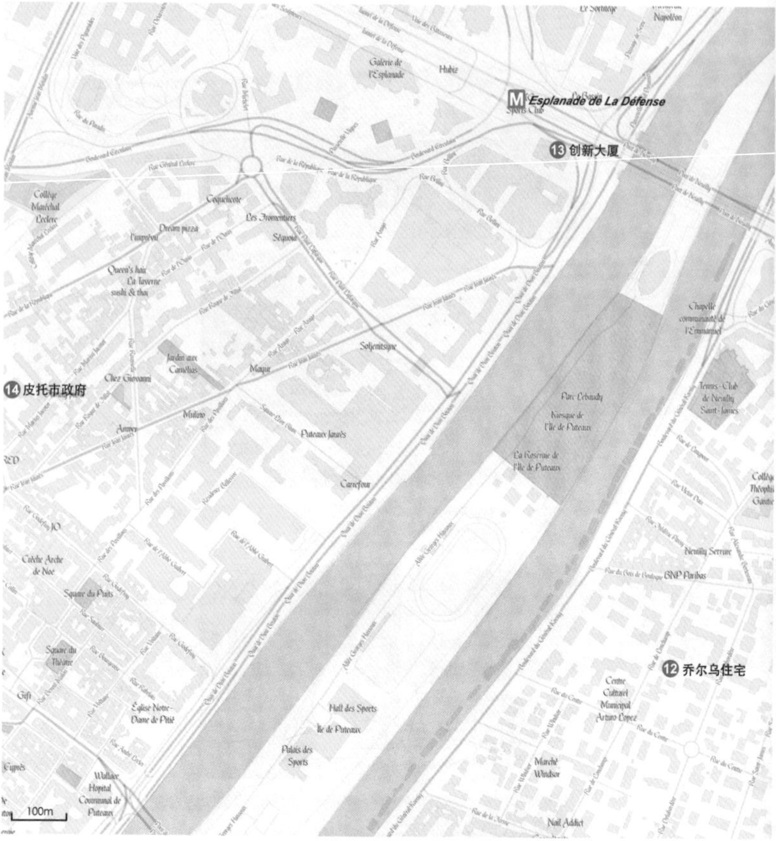

⑫ 乔尔乌住宅
Maisons Jaoul

建筑师：勒·柯布西耶 /Le Corbusier
地址：81 Rue de Longchamp,92200 Neuilly-sur-Seine
建筑类型：居住建筑
建筑年代：1951

乔尔乌住宅

项目业主为一个三口之家，柯布西耶设计了相同规模的两栋住宅，采用最基本的建筑形态，尺寸采用模数制，建筑材料为普通的砖和瓦，有屋顶绿化。

Note Zone

⑬ 创新大厦
Tour Initiale

建筑师：Jean de Mailly + Jacques Depussé
地址：Tour Initiale,92800 Puteaux
建筑类型：办公建筑
建筑年代：1966-1967

⑭ 皮托市政府
Hôtel de ville

建筑师：Édouard-Jean Niermans
地址：133 Rue de la République,92800 Puteaux
建筑类型：办公建筑
建筑年代：1930-1934

⑮ 斯坦恩·杜蒙齐住宅（加歇别墅）
Villa Stein-de-Monzie ("Les Terrasses")

建筑师：勒·柯布西耶 /Le Corbusier
地址：17 Rue de professeur Victor Pauchet,92420 Vaucresson
建筑类型：居住建筑
建筑年代：1926

创新大厦

大厦高105米，是拉德方斯区的第一座办公楼，建筑转角处使用的曲面玻璃当时在法国还是新奇的材料，需由美国进口。1988年，大厦已进行了一次内部整修，在2006年至2013年拉德方斯区的大规模翻新中大厦再次被修缮。

皮托市政府

Édouard-Jean Niermans生于荷兰，是法国“美好时代”的著名建筑师，他的设计风格融合了历史上的诸多建筑风格和现代生活对舒适性与功能的要求。

斯坦恩·杜蒙齐住宅（加歇别墅）

项目业主是画商麦克·斯坦恩和他的画家太太。别墅的体型是简单的立方体，但被中间的椭圆形体量打破，它的灵感来自于那些横跨大西洋的豪华游船的烟囱。

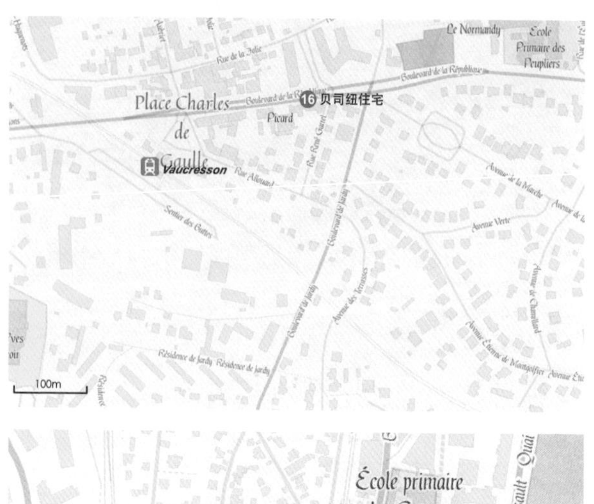

Note Zone

⑯ 贝司纽住宅
Villa Besnus

建筑师:勒・柯布西耶 /Le Corbusier
地址:85 Boulevard de la République,94420 Vaucresson
建筑类型:居住建筑
建筑年代:1922

⑰ 达尔雅瓦别墅
Villa Dall'Ava

建筑师:OMA
地址:9 Avenue Clodoald,92210 Saint-Cloud
建筑类型:居住建筑
建筑年代:1991

贝司纽住宅

项目业主约翰・贝司纽夫妇在《新精神》杂志上看到雪铁龙住宅后，委托柯布西耶设计了这座建筑，是柯布西耶白色时期最初的建成作品。

达尔雅瓦别墅

建筑场地被绿植、院墙和山坡围合，整个项目由三部分组成：倾斜的花园、别墅主体和凹进的车库。主体建筑首层是一个玻璃盒子，包含起居和就餐功能，二层的两个朝向不同方向的卧室。

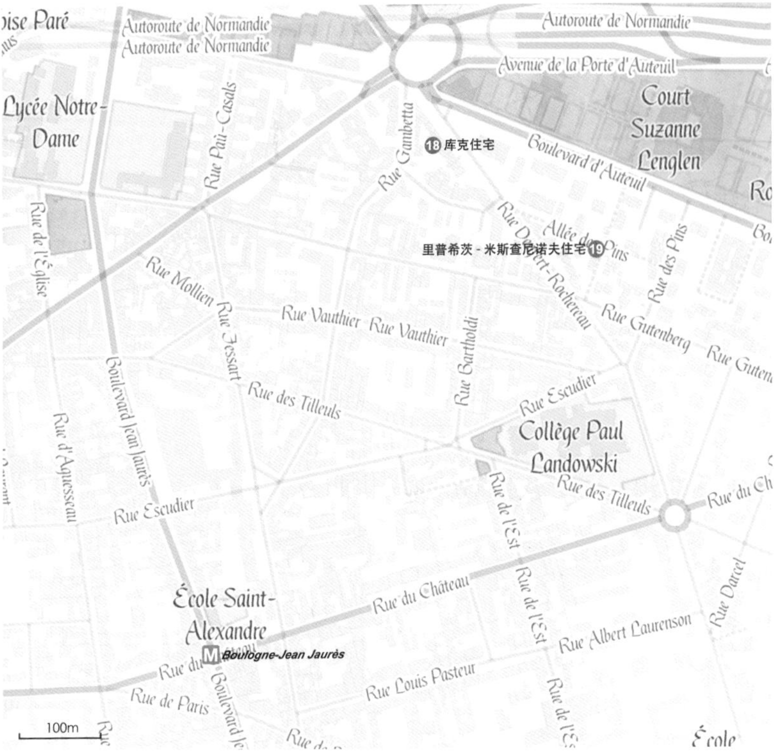

Autoroute de Normandie
Autoroute de Normandie
Autoroute de Normandie
Avenue de la Porte d'Auteuil
Court Suzanne Lenglen
Lycée Notre-Dame
Rue Pau-Casals
Rue Gambetta
⑱ 库克住宅
Boulevard d'Auteuil
Rue de l'Église
Allée des Pins
Rue Denfert-Rochereau
里普希茨－米斯查尼诺夫住宅 ⑲
Rue des Pins
Rue Mollien
Rue Vauthier
Rue Vauthier
Rue Gutenberg
Rue Fessart
Rue Bartholdi
Boulevard Jean Jaurès
Rue des Tilleuls
Rue Escudier
Collège Paul Landowski
Rue d'Aguesseau
Rue Escudier
Rue des Tilleuls
Rue de l'Est
Rue du Château
Rue de l'Est
École Saint-Alexandre
Rue Albert Laurenson
Rue Darcel
Boulogne-Jean Jaurès
Rue de Paris
Rue Louis Pasteur
100m

⑱ **库克住宅**
Maison Cook

建筑师：勒·柯布西耶 /Le Corbusier
地址：6 Rue Denfert-Rochereau,92100 Boulogne
建筑类型：居住建筑
建筑年代：1926

⑲ **里普希茨－米斯查尼诺夫住宅**
Villas Lipchitz-Miestchaninoff

建筑师：勒·柯布西耶 /Le Corbusier
地址：Allée des Pins,92100 Boulogne-Billancourt
建筑类型：居住建筑
建筑年代：1923-1924

库克住宅

项目业主威廉·库克是美国人，记者兼周末画家。这座建筑中，客厅布置在顶层，和屋顶花园相通，实现了柯布西耶提倡的现代建筑五项原则：底层架空、屋顶花园、自由平面、横向长窗、自由立面。

里普希茨－米斯查尼诺夫住宅

项目的两位业主都是雕刻家，建筑既是住宅也是工作室，首层为通高两层的工作室，三层为住宅。

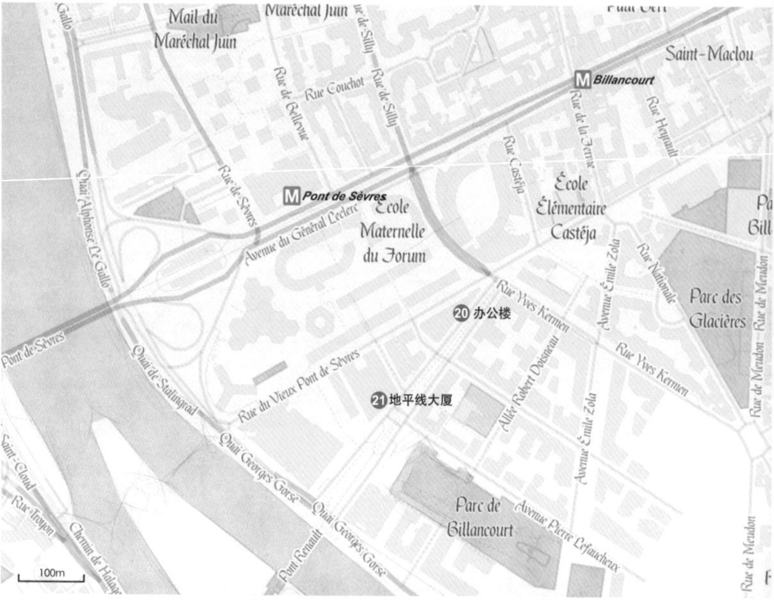

⑳ **办公楼**
Bureaux

建筑师：多米尼克·佩罗 / Dominique Perrault
地址：973 Rue Yves Kermen,92100 Boulogne-Billancourt
建筑类型：办公建筑
建筑年代：2009

㉑ **地平线大厦**
Tour Horizons

建筑师：让·努韦尔 /Jean Nouvel
地址：Passage Pierre Bézier,92100 Boulogne-Billancourt
建筑类型：办公建筑
建筑年代：2011

办公楼

项目为一组环绕着内院的“U”形建筑，建筑底层非常通透，可由街道看到内院，并透过整个建筑看到塞甘岛最大的公园。项目的每个立面都不相同，部分采用了电镀金属板和玻璃制成的半透明板材和超白玻璃，以凸显或消隐建筑体量。

地平线大厦

项目共 18 层，分为三个叠置的体块，与远处的克劳德山丘相呼应，最下方的体块是一个巨大的、结实的混凝土体块，中间的体块以穿插着黑白色板材的红色黏土为饰面材料，体现了当地的工业历史，最上方是一个玻璃体，像一座大型温室。

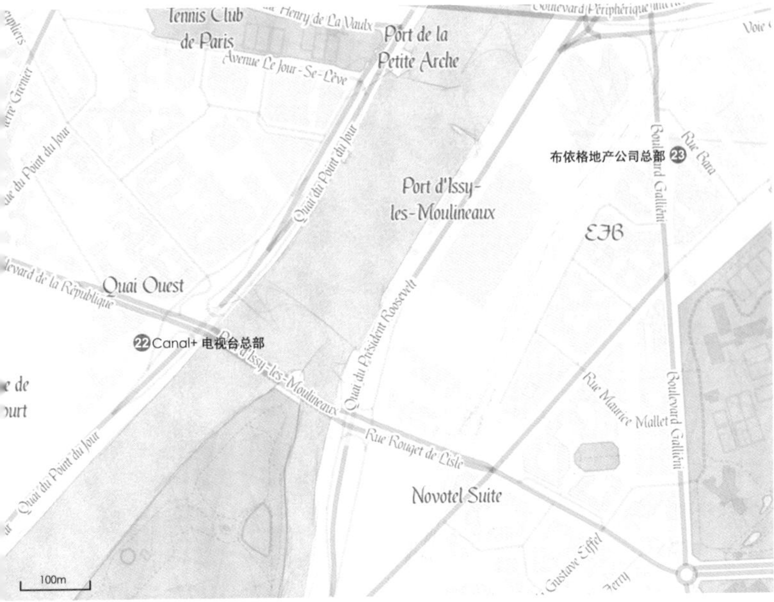

Tennis Club de Paris
Henry de La Vaulx
Avenue Le Jour-Se-Lève
Port de la Petite Arche
Boulevard Périphérique
Quai du Point du Jour
Port d'Issy-les-Moulineaux
布依格地产公司总部 ㉓
Rue Bara
Boulevard Gallieni
EIB
Boulevard de la République
Quai Ouest
㉒ Canal+ 电视台总部
Quai du Président Roosevelt
Rue d'Issy-les-Moulineaux
Rue Maurice Mallet
Rue Rouget de Lisle
Novotel Suite
Rue Gustave Eiffel
100m

㉒ Canal+ 电视台总部
Espace Lumière

建筑师：克利斯蒂安·德·鲍赞巴克 /Christian de Portzamparc
地址：Boulevard de la République 与 Quai du Point du Jour 交口，92100 Boulogne-Billancourt
建筑类型：办公建筑
建筑年代：1996-1999

㉓ 布依格地产公司总部
Galéo Bouygues Immobilier

建筑师：克利斯蒂安·德·鲍赞巴克 /Christian de Portzamparc
地址：Boulevard Gallieni 与 Rue Bara 交口，92130 Issy-les-Moulineaux
建筑类型：办公建筑
建筑年代：2004-2009

Canal+ 电视台总部

项目位于塞纳河畔，是由巴黎进入布洛涅的入口之一，为避免封闭，项目被分为多个体块，对周边敞开，并使阳光进入场地中心。

布依格地产公司总部

整个项目包含三座沿街建筑，其中两座建筑的立面采用含红色纤维的混凝土材料，另一座建筑的立面则采用白色玻璃，形成鲜明对比。这组建筑标志着由巴黎进入伊西莱穆利诺的入口，在夜晚它像一座被高楼环绕的水晶灯。

㉔ 达尔凯办公楼
Bureaux Dalkia

建筑师：让 · 努韦尔 /Jean Nouvel
地址：53 Rue Pierre Poli,92130 Issy-les-Moulineaux
建筑类型：办公建筑
建筑年代：1992

㉕ 斯伦贝谢厂区改造
Établissements Schlumberger

建筑师：伦佐 · 皮亚诺 / Renzo Piano Building Workshop
地址：50 Avenue Jean Jaures,92120 Montrouge
建筑类型：特色片区
建筑年代：1981-1984

达尔凯办公楼

项目外形似驳船，停靠在塞纳河边，各个办公室围绕着建筑中央的中庭布置，并在建筑外部由看似阳台的一圈步道相联系。

斯伦贝谢厂区改造

这是法国一系列工业改造项目之一，旧厂房被一座花园所取代，花园下方是一系列新的公共服务设施。虽然场地内部做了巨大改动，但沿街立面被保留了下来以保存当地的历史记忆。

26 圆形小图书馆

Robinson

Le Plessis-Robinson

100m

㉖ 圆形小图书馆
La Petite Bibliothèque Ronde

建筑师：Atelier de Montrouge
地址：14 Rue de Champagne,92140 Clamart
建筑类型：文化建筑
建筑年代：1962-1965
开放时间：周二 16:30-18:00，周三 10:00-12:30、14:30-17:00，周四至周日 14:30-17:00，暑期部分时间关闭。

项目由一系列圆形单层体块组成，与周边高层建筑形成了鲜明对比，图书馆内的家具大部分由阿尔瓦·阿尔托设计，和建筑本身一同受到保护。

13 巴黎 Paris

Batignolles Cemetery
Hôpital Bichat
Cimetière de Montmartre
17th Arrrondissement
18th
Boulevard Pereire
Boulevard des Batignolles
Avenue de Clichy
Jardin d'Acclimatation
8th Arrrondissement
Parc de Bagatelle
Bois de Boulogne
Allée de Longchamp
Avenue Foch
Avenue Victor Hugo
Champs Élysées
2nd Arrr
16th Arrrondissement
Quai Branly Museum
Rue de Passy
Champ de Mars
École Militaire
7th Arrrondissement
Avenue de l'Hippodrome
Hippodrome d'Auteuil
Auteuil
Grenelle
6th Arrrondissement
Hôpital Enfants Malad
Montpar
5th A
15th Arrrondissement
Parc Citroë
Cimetière du Montparnasse
Base aérienne 117
Parc Suzanne Lenglen
14th Arrrondissement
Hôpital Broussais
Alésia
Montsouris
Hôpital Sainte-A

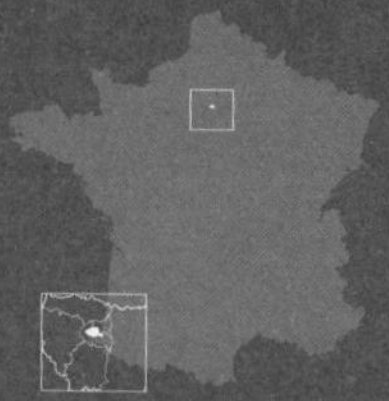

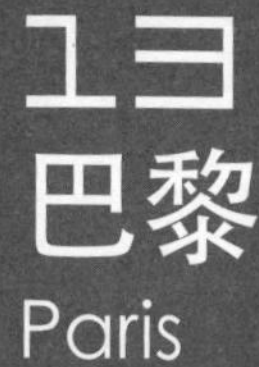

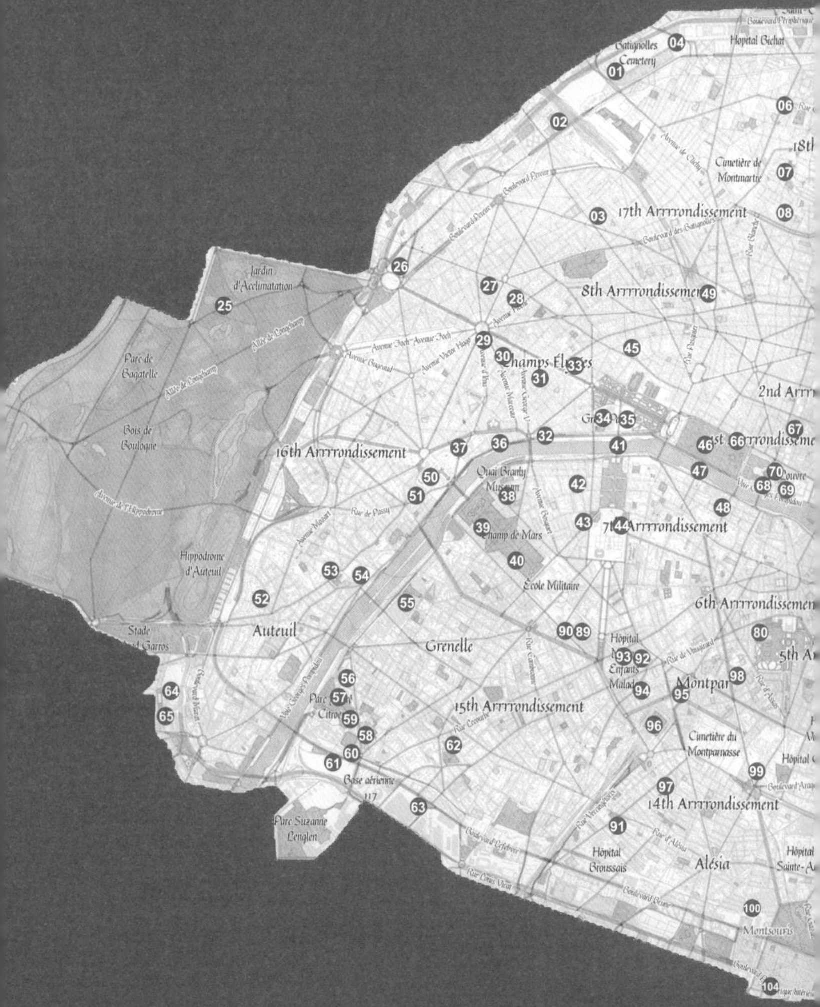

19th Arrrrondissement
Parc de la Villette
Le Pré-Saint-Gervais
Hôpital Robert Debré
Parc des Buttes Chaumont
Hôpital Saint-Louis
Belleville
République
20th Arrrrondissement
Hôpital Tenon
Cimetière du Père-Lachaise
Archives Nationales
11th Arrrrondissement
Charrronne
Bastille
Hôpital des Quinze-Vingts
Hôpital Saint-Antoine
Université Pierre et Marie Curie
Jardin des Plantes
Hôpital Rothschild
Hôpital Trousseau
12th Arrrrondissement
Hôpital de la Pitié-Salpêtrière
Bercy
Parc de Bercy
Quartier asiatique
Fort Neuf
Parc Floral de Paris
Parc Zoologique de Paris
Bois de Vincennes
INSEP
Pelouse de Reuilly
Stade Pershing
Arboretum du Breuil
Boulevard Ney
Rue de Belleville
Rue des Pyrénées
Rue d'Avron
Avenue Daumesnil
Boulevard Périphérique
11 12 13 14 15 16 17 18 19 20 21 22 23 24
81 82 83 84 85 86 87 88
103 108 109 110 111 112 113 114 115 116 117 118 119 120 121 122 123 124 125 126

建筑数量 -126

01 Léon Biancotto 体育馆扩建
Philippe Gazeau
02 索叙尔花园
Edouard François
03 科尔托音乐厅
奥古斯特 · 佩雷 / Auguste Perret
+ 古斯塔夫 · 佩雷 / Gustave Perret
04 Bois-le-Prêtre 大厦改建
Frédéric Druot + Anne Lacaton
+ Jean-Philippe Vassal
05 百代唱片法国总部
伦佐 · 皮亚诺 / Renzo Piano (Renzo Piano Building Workshop)
06 蒙马特艺术家之城
Alexandre Maistrasse + Henry Provensal
+ Léon Besnard
07 特里斯唐 · 查拉住宅
阿道夫 · 路斯 (Adolf Loos)
08 圣让德蒙马特教堂
Anatole de Baudot
09 圣心堂
保罗 · 阿巴迪 / Paul Abadie
10 蒙马特缆车站
François Christiane Deslaugiers
11 科学与工业城
Adrien Fainsilber
12 科学与工业城大温室
多米尼克 · 佩罗 / Dominique Perrault
13 拉维莱特公园
伯纳德 · 屈米 / Bernard Tschumi
14 天顶音乐厅
Philippe Chaix + Jean-Paul Morel
15 住宅与邮局
阿尔多 · 罗西 / Aldo Rossi
16 音乐城 (西区，巴黎音乐与舞蹈学院)
克利斯蒂安 · 德 · 鲍赞巴克 / Christian de Portzamparc
17 音乐城 (东区)
克利斯蒂安 · 德 · 鲍赞巴克 / Christian de Portzamparc
18 Atelier Lab 建筑事务所 Atelier Lab
Christophe Lab (Atelier Lab)
19 缪克斯路住宅
伦佐 · 皮亚诺 /Renzo Piano (Renzo Piano Building Workshop)
20 幼儿园
Frédéric Borel
21 罗伯特 · 德勃雷医院
Pierre Riboulet
22 社会住宅
Frédéric Borel
23 住宅
Roger Anger + Pierre Puccinelli
24 共产党总部
奥斯卡 · 尼迈耶 /Oscar Niemeyei
25 路易 · 威登创意基金会
弗兰克 · 盖里 / Frank Gehry
26 巴黎会议中心扩建
克利斯蒂安 · 德 · 鲍赞巴克 / Christian de Portzamparc
27 凯旋门万丽酒店
克利斯蒂安 · 德 · 鲍赞巴克 / Christian de Portzamparc
28 布依格 SA 公司办公楼
Kevin Roche
29 巴黎凯旋门
Jean-François-Thérèse Chalgrin
30 碧丽熙购物中心
Michele Saee
31 富凯酒店
Edouard François
32 香榭丽舍剧院
奥古斯特 · 佩雷 / Auguste Perret+ Roger Bouvard
+ Henry van de Velde
33 雪铁龙空间
Manuelle Gautrand
34 巴黎大皇宫
Henri Deglane + Albert Louvet + Albert Thomas
+ Charles Girault
35 巴黎小皇宫
查理 · 吉罗 / Charles Girault
36 巴黎东京宫当代艺术中心改建
Anne Lacaton+ Jean-Philippe Vassal (Lacaton & Vassal)
37 经济社会理事会
奥古斯特 · 佩雷 / Auguste Perret
38 布朗利河岸博物馆
让 · 努韦尔 / Jean Nouvel
39 埃菲尔铁塔
埃菲尔 / Alexandre-Gustave Eiffel
40 和平墙
Clara Halter + Jean-Michel Wilmotte
41 亚历山大三世桥
Cassien Bernard + Gaston Cousin
+ Jean Résal + Amédée d'Alby
42 埃里克 · 萨蒂音乐学院
克利斯蒂安 · 德 · 鲍赞巴克 / Christian de Portzamparc
43 151 号住宅
Jules Lavirotte
44 荣誉军人院
Liberal Bruant + Jules Hardouin-Mansart
45 爱丽舍宫
Armand-Claude Mollet
46 丢勒里花园
Claude Mollet + André Le Nôtre
47 利奥波德 · 塞达 · 桑戈尔行人桥
Marc Mimram
48 奥赛博物馆
Gae Aulenti + Victor Laloux
49 圣拉扎雷地铁站
Jean-Marie Charpentier
50 现代艺术与技术国际博览会旧址
51 住宅
奥古斯特 · 佩雷 / Auguste Perret
+ 古斯塔夫 · 佩雷 / Gustave Perret
52 拉罗歇 - 让纳雷住宅
勒 · 柯布西耶 / Le Corbusier
53 贝朗榭公寓
Hector Guimard
54 法国广播电台大楼
Henry Bernard
55 Totem 大厦
Michel Andrault + Pierre Parat
56 Canal+ 电视台前总部
理查德 · 迈耶 / Richard Meier
57 雪铁龙公园
Patrick Berger
58 古腾堡图书馆
Franck Hammoutène
59 大温室
Patrick Berger
60 艺术家之城
Michel Kagan
61 新国防部大楼
Nicolas Michelin
62 哥纳克 · 珍医院
伊东丰雄 / Toyo Ito
63 巴黎体育馆
Pierre Dufau

64 出租公寓
勒·柯布西耶 / Le Corbusier
65 王子公园体育场
Roger Taillibert
66 广告博物馆（室内）
让·努韦尔 / Jean Nouvel
67 巴黎皇家宫殿
Jacques Lemercier + Victor Louis
+ Daniel Buren
68 卢浮宫新馆
贝聿铭 / I.M.Pei
69 卢浮宫
70 法国文化与通信部
Francis Soler
71 “巴黎人”住宅
Georges Chedanne
72 莎玛丽丹百货公司
Frantz Jourdain + Henri Sauvage
73 布朗库西工作室重建
伦佐·皮亚诺 / Renzo Piano（Renzo Piano Building Workshop）
74 蓬皮杜艺术中心
理查德·罗杰斯 / Richard Rogers
+ 伦佐·皮亚诺 / Renzo Piano
75 波布咖啡馆
克利斯蒂安·德·鲍赞巴克 / Christian de Portzamparc
76 声乐研究所
理查德·罗杰斯 / Richard Rogers
+ 伦佐·皮亚诺 / Renzo Piano
77 巴黎塞纳河畔
78 巴黎圣母院
Jean de Chelles + Pierre de Montreuil
+ Jean Ravy + Viollet-le-Duc
79 先贤祠
Jacques-Germain Soufflot + Jean-Baptiste Rondelet
80 卢森堡博物馆加建
坂茂 / Shigeru Ban
81 克劳德·贝黎空间改造
让·努韦尔 / Jean Nouvel
82 毕加索博物馆
Roland Simounet
83 市政厅百货公司男士馆
Franck Michigan + Olivier Saguez
84 犹太人纪念馆
Georges-Henri Pingusson
85 巴黎建筑与城市博物馆
Finn Geipel + Giulia Andi（LIN）
86 阿拉伯世界研究中心
让·努韦尔 / Jean Nouvel
87 巴黎第六大学朱西厄校区科学系馆
Édouard Albert
88 巴黎第六大学朱西厄校区扩建
Emmanuelle Marin + David Trottin
+ Anne-Françoise Jumeau（Périphériques）
89 联合国教科文组织总部
Marcel Breuer + Pier-Luigi Nervi + Bernard Zehrfuss
90 UNESCO 总部冥想空间
安藤忠雄 / Tadao Ando
91 社会住宅
赫尔佐格和德梅隆 / Jacques Herzog + Pierre de Meuron（Herzog & de Meuron）
92 遗传病研究所
让·努韦尔 / Jean Nouvel + Bernard Valéro
+ Frédéric Gadan（Valéro Gadan Architectes）
93 内克尔医院医学院
André Wogenscky
94 布尔代勒美术馆扩建
克利斯蒂安·德·鲍赞巴克 / Christian de Portzamparc
95 蒙帕纳斯大厦
Eugène Beaudouin + Urbain Cassan
+ Louis-Gabriel de Hoÿm de Marien
96 大西洋花园
François Brun + Christine Schnitzler + Michel Pena
97 巴洛克风格社会住宅
Ricardo Bofill
98 Sportive 住宅
Henri Sauvage
99 卡地亚基金会
让·努韦尔 / Jean Nouvel
100 画家奥赞方住宅
勒·柯布西耶 / Le Corbusier
101 国立家具博物馆
奥古斯特·佩雷 / Auguste Perret
102 巴黎救世军“人民宫”宿舍
勒·柯布西耶 / Le Corbusier
103 Grand Écran Italie 综合体
丹下健三 / Kenzō Tange
104 巴黎国际大学城阿维森纳基金会（前伊朗公寓）
Claude Parent
105 巴黎大学城瑞士馆
勒·柯布西耶 / Le Corbusier
106 巴黎大学城巴西馆
勒·柯布西耶 / Le Corbusier
107 夏雷蒂体育场
Henri Gaudin + Bruno Gaudin
108 希望教会圣母教堂
Bruno Legrand
109 巴士底歌剧院
Carlos Ott
110 眼科临床研究所
Brunet Saunier
111 艺术桥商业长廊
Patrick Berger
112 码头时尚设计城
Dominique Jakob + Brendan MacFarlane
113 法国财政部
Paul Chemetov + Borja Huidobro
114 巴黎贝西综合体育馆
Michel Andrault + Pierre Parat
115 法国电影中心
弗兰克·盖里 / Frank Gehry
116 贝西公园
Bernard Huet + Madeleine Ferrand
+ Jean-Pierre Feugas + Bernard Leroy
+ Ian Le Caisne + Philippe Raguin
117 波伏娃步行桥
Dietmar Feichtinger
118 法国国家图书馆
多米尼克·佩罗 / Dominique Perrault
119 高层住宅
克利斯蒂安·德·鲍赞巴克 / Christian de Portzamparc
120 皮埃尔·孟戴斯－弗朗斯学生公寓
Michel Andrault + Pierre Parat
121 普兰纳库斯住宅
勒·柯布西耶 / Le Corbusier
122 贝西商业中心
Denis Valode + Jean Pistre
123 UGC 贝西电影城
Pierre Chican
124 法兰西大道办公楼
诺曼·福斯特 / Norman Foster（Foster + Partners）
125 巴黎塞纳河谷国立高等建筑学校
Frédéric Borel
126 让－巴蒂斯特·伯林纳工业旅馆
多米尼克·佩罗 / Dominique Perrault

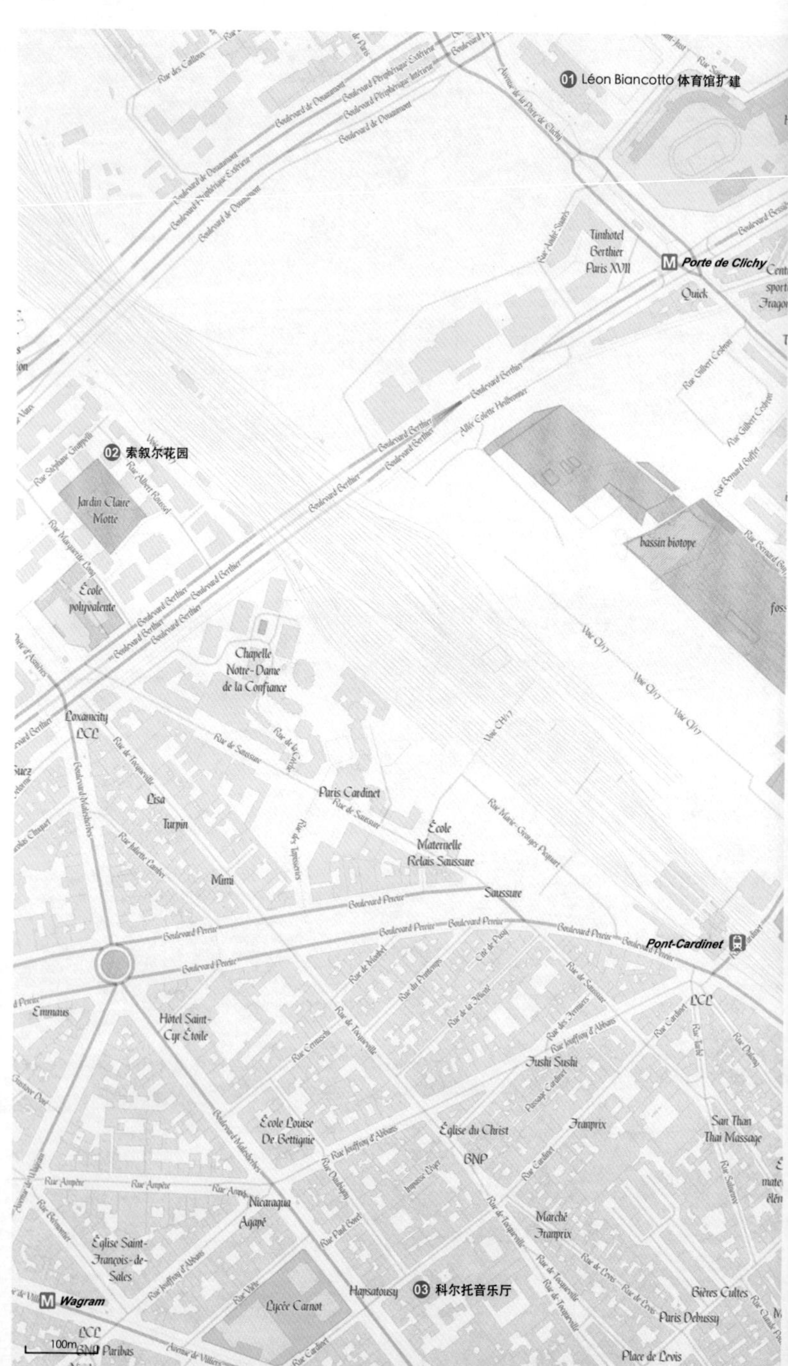
01 Léon Biancotto 体育馆扩建
02 索叙尔花园
03 科尔托音乐厅
Porte de Clichy
Pont-Cardinet
Wagram
Timhotel Berthier Paris XVII
Quick
Jardin Claire Motte
École polyvalente
Chapelle Notre-Dame de la Confiance
bassin biotope
Loxamcity
LCL
Lisa
Turpin
Mimi
Paris Cardinet
École Maternelle Relais Saussure
Saussure
Emmaus
Hôtel Saint-Cyr Étoile
Sushi Sushi
Franprix
San Than Thai Massage
École Louise De Bettignie
Église du Christ
BNP
Marché Franprix
Nicaragua
Agapé
Église Saint-François-de-Sales
Hapsatousy
Bières Cultes
Paris Debussy
Lycée Carnot
Place de Levis
BNP Paribas
100m
Boulevard Berthier
Boulevard Pereire
Boulevard Malesherbes
Boulevard de Douaumont
Rue de Saussure
Rue de Tocqueville
Rue Cardinet
Rue de Lévis
Rue Jouffroy d'Abbans
Rue Ampère
Avenue de Villiers
Avenue de la Porte de Clichy
Voie CH/17

Note Zone

01 Léon Biancotto 体育馆扩建
Gymnase Léon Biancotto

建筑师：Philippe Gazeau
地址：6 Avenue de la Porte de Clichy,75017 Paris
建筑类型：体育建筑
建筑年代：2000

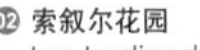

02 索叙尔花园
Les Jardins de Saussure

建筑师：Edouard François
地址：23 Rue Albert Roussel,75017 Paris
建筑类型：居住建筑
建筑年代：1999-2004

03 科尔托音乐厅
Salle Cortot，École Normale de Musique

建筑师：奥古斯特 · 佩雷 / Auguste Perret + 古斯塔夫 · 佩雷 /Gustave Perret
地址：78 Rue Cardinet, 75017 Paris
建筑类型：观演建筑
建筑年代：1928-1929

Léon Biancotto 体育馆扩建

该项目是对 1946 年建成的体育中心（包含健身房、游泳池和体育馆）的扩建并增加了画廊的功能，采用了明确的混凝土结构。

索叙尔花园

这座塔楼邻近社区公园，外挂于阳台上的巨大“花盆”是对公园的“竖向延伸”，并使人想到巴黎传统住宅窗户上装饰的盆栽植物。住宅内部没有任何承重墙，住户在室内任何位置都可以享受到透过植物进入室内的阳光。电梯的厢壁也是四面透明，使得阳光能够透入公共空间。

科尔托音乐厅

音乐厅共有 13 排 400 个座位，以最佳弧度排列，虽然规模不大，但提供了极佳的音响效果，许多知名音乐家都曾在此演出，被列为历史保护建筑。著名钢琴家科尔托曾说：“此座音乐厅犹如一把史特拉迪瓦里斯(Stradivarius)小提琴，完美无瑕。”

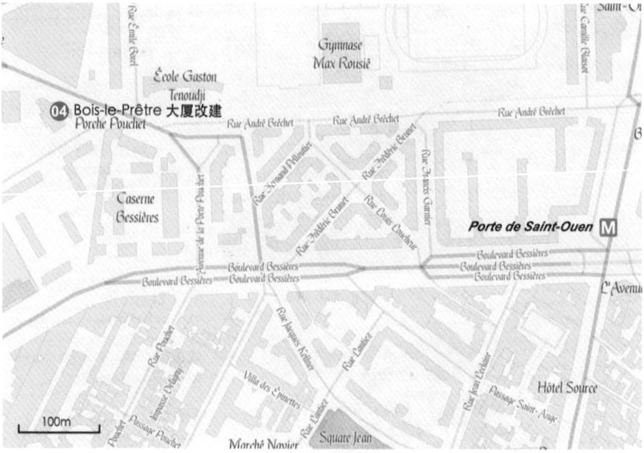

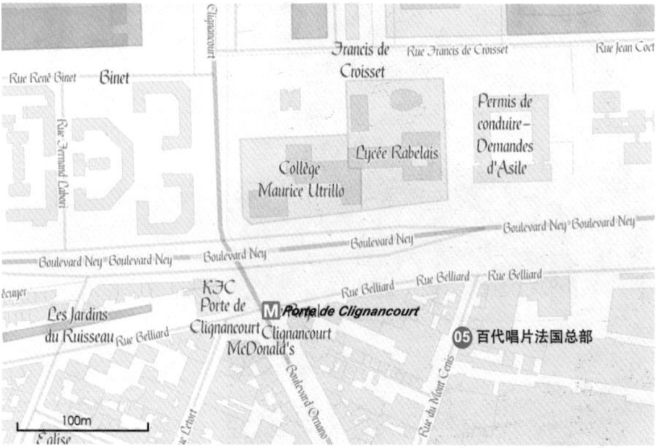

Note Zone

École Gaston Tenoudji
04 Bois-le-Prêtre 大厦改建
Porche Pouchet
Gymnase Max Rousié
Caserne Bessières
Rue André Bréchet
Boulevard Bessières
Porte de Saint-Ouen M
Hôtel Source
Square Jean
100m

Francis de Croisset
Rue Francis de Croisset
Binet
Rue René Binet
Collège Maurice Utrillo
Lycée Rabelais
Permis de conduire-Demandes d'Asile
Boulevard Ney
Rue Belliard
Les Jardins du Ruisseau
KFC Porte de Clignancourt
Porte de Clignancourt M
Clignancourt McDonald's
05 百代唱片法国总部
Boulevard Ornano
Rue du Mont Cenis
100m

04 Bois-le-Prêtre 大厦改建
Réhabilitation de la Tour Bois-le-Prêtre

建筑师：Frédéric Druot + Anne Lacaton + Jean-Philippe Vassal
地址：6 Rue Pierre Rebière,75017 Paris
建筑类型：居住建筑
建筑年代：1959-1961、1990、2007-2010

05 百代唱片法国总部
EMI Music France

建筑师：伦佐 · 皮亚诺 / Renzo Piano (Renzo Piano Building Workshop)
地址：124 Rue du Mont Cenis,75018 Paris
建筑类型：办公建筑
建筑年代：2000-2005

Bois-le-Prêtre 大厦改建

大楼共 16 层，建于 1960 年代，包含 96 套公寓。建筑的改造设计包括延伸楼面板，从而扩大房间面积；添加新温室和阳台；以及添加波纹铝材立面，并在立面与原建筑之间设透明阳台和玻璃落地窗，增添了室内的采光。(左图为改造前，右图为改造后)

百代唱片法国总部

项目包括两个小型旧建筑的改造以及 4 个新建筑，通过二层俯瞰中心花园的连廊串联起来，建筑群中有 1 个音乐厅和 3 个录音棚，可以同时举行多种音乐活动。设计灵感来源于低矮的、采用陶土面砖、倾斜屋顶和大面积玻璃的巴黎传统工作室（Studio）。

索叙尔花园 / Edouard François

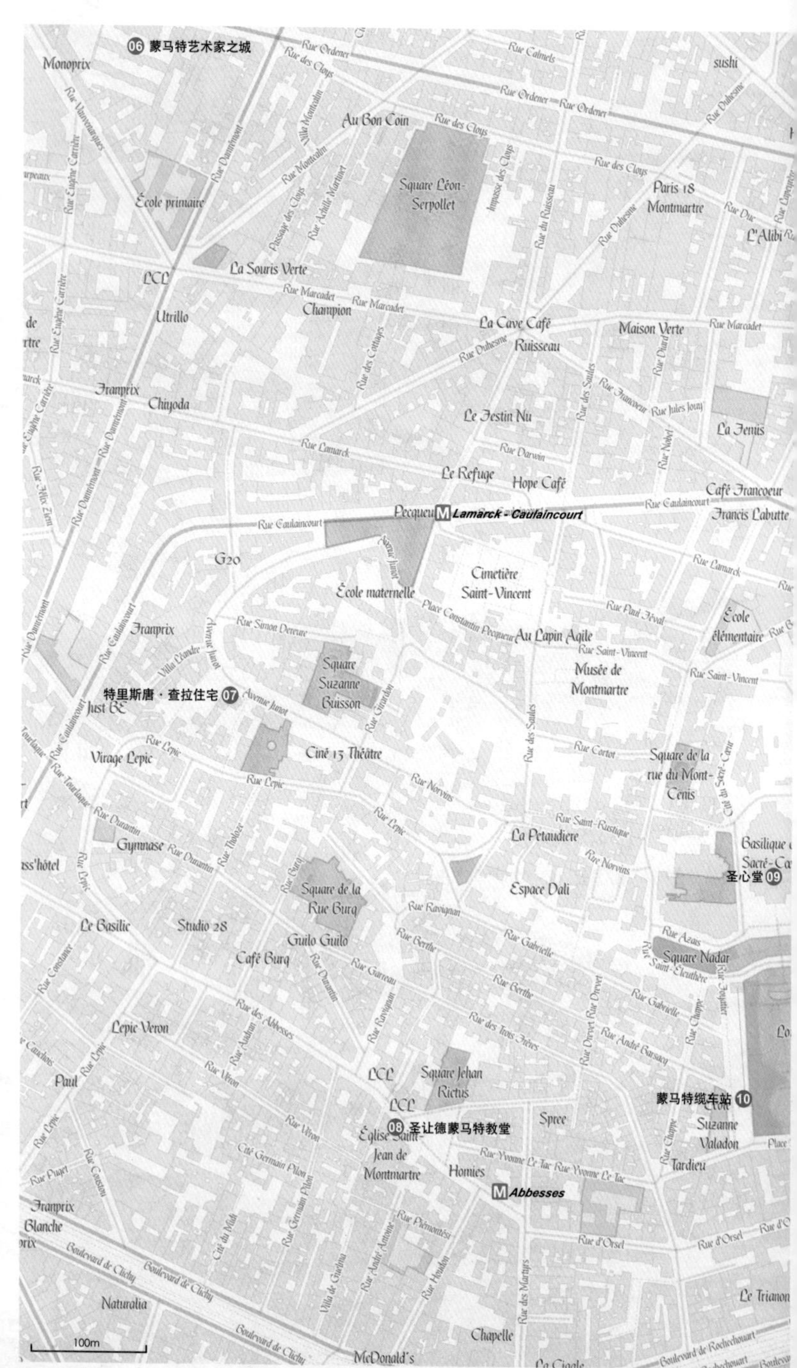

06 蒙马特艺术家之城
07 特里斯唐・查拉住宅
08 圣让德蒙马特教堂
09 圣心堂
10 蒙马特缆车站
Lamarck - Caulaincourt
Abbesses
Monoprix
École primaire
La Souris Verte
LCL
Utrillo
Champion
Au Bon Coin
Square Léon-Serpollet
Paris 18 Montmartre
L'Alibi
La Cave Café
Ruisseau
Maison Verte
Franprix
Chiyoda
Le Festin Nu
La Fenis
Le Refuge
Hope Café
Café Francoeur
Francis Labutte
Pecqueu
G20
École maternelle
Cimetière Saint-Vincent
École élémentaire
Au Lapin Agile
Musée de Montmartre
Square Suzanne Buisson
Just BE
Virage Lepic
Ciné 13 Théâtre
Square de la rue du Mont-Cenis
La Petaudiere
Basilique Sacré-Cœur
Gymnase
Espace Dali
Square de la Rue Burq
Le Basilic
Studio 28
Guilo Guilo
Café Burq
Square Nadar
Lepic Veron
Paul
LCL
Square Jehan Rictus
Spree
Église Saint-Jean de Montmartre
Homies
Suzanne Valadon
Tardieu
Franprix
Blanche
Naturalia
Chapelle
McDonald's
Le Trianon
Rue Ordener
Rue des Cloys
Rue Marcadet
Rue Lamarck
Rue Caulaincourt
Rue Lepic
Rue des Abbesses
Rue Duhesme
Rue des Saules
Rue Norvins
Rue Ravignan
Rue Gabrielle
Rue Berthe
Rue des Trois Frères
Rue Yvonne Le Tac
Rue d'Orsel
Avenue Junot
Rue Girardon
Rue Damrémont
Boulevard de Clichy
Boulevard de Rochechouart
100m

06 蒙马特艺术家之城
Cité Montmartre aux Artistes

建筑师 :Alexandre Maistrasse + Henry Provensal + Léon Besnard
地址 :189 Rue Ordener, 75018 Paris
建筑类型 :居住建筑
建筑年代 :1931-1940

07 特里斯唐 · 查拉住宅
Mansion Tristan Tzara

建筑师 :阿道夫 · 路斯 /Adolf Loos
地址 :15 Avenue Junot,75018 Paris
建筑类型 :居住建筑
建筑年代 :1926

08 圣让德蒙马特教堂
Église Saint-Jean-de-Montmartre

建筑师 :Anatole de Baudot
地址 :19 Rue des Abbesses,75018 Paris
建筑类型 :宗教建筑
建筑年代 :1897-1904

09 圣心堂
Basilique du Sacré-Cœur de Montmartre

建筑师 :保罗 · 阿巴迪 /Paul Abadie
地址 :35 Rue du Chevalier de la Barre,75018 Paris
建筑类型 :宗教建筑
建筑年代 :1875-1919
开放时间 :6:00-22:30

10 蒙马特缆车站
Funiculaire de Montmartre

建筑师 :François Christiane Deslaugiers
地址 :Funiculaire-Gare Haute,Pairs
建筑类型 :交通建筑
建筑年代 :1991

蒙马特艺术家之城

蒙马特高地过去曾是巴黎近郊的一个小村庄，由于其独特的风景而常常吸引巴黎市民在此聚乐消遣。在 19 世纪末，这里就常有著名画家光顾，如高更、卢梭、雷诺瓦、毕加索、布拉克等，如今这里已成为了一个画家和艺术家的聚集地。

特里斯唐 · 查拉住宅

这是路斯为达达主义的倡导者、诗人特里斯唐 · 查拉与他的妻子设计的住宅。这座住宅体现着绝对的功能主义，严格按照业主的功能需求进行设计，是路斯在巴黎的唯一作品。

圣让德蒙马特教堂

圣让德蒙马特教堂的新艺术运动风格别具一格，是巴黎第一座用钢筋混凝土建造的教堂。

圣心堂

圣心堂位于蒙马特高地上，是巴黎的最高点。站在教堂前，可以俯瞰大半个巴黎。圣心堂兼具罗马式与拜占庭式风格，由四座小圆顶簇拥着中央建在高大篷形壁之上的大圆顶，具有明显的东方色彩。

蒙马特缆车站

蒙马特缆车每天从清晨 6 点运行至半夜 0 点 45 分，有两个可容纳 60 人的车厢，每日客流量约 6000 人。为便于乘客观光，车厢上尽量多地采用了透明玻璃窗。缆车线路旁边也提供了上山的台阶步道，共 220 级台阶。

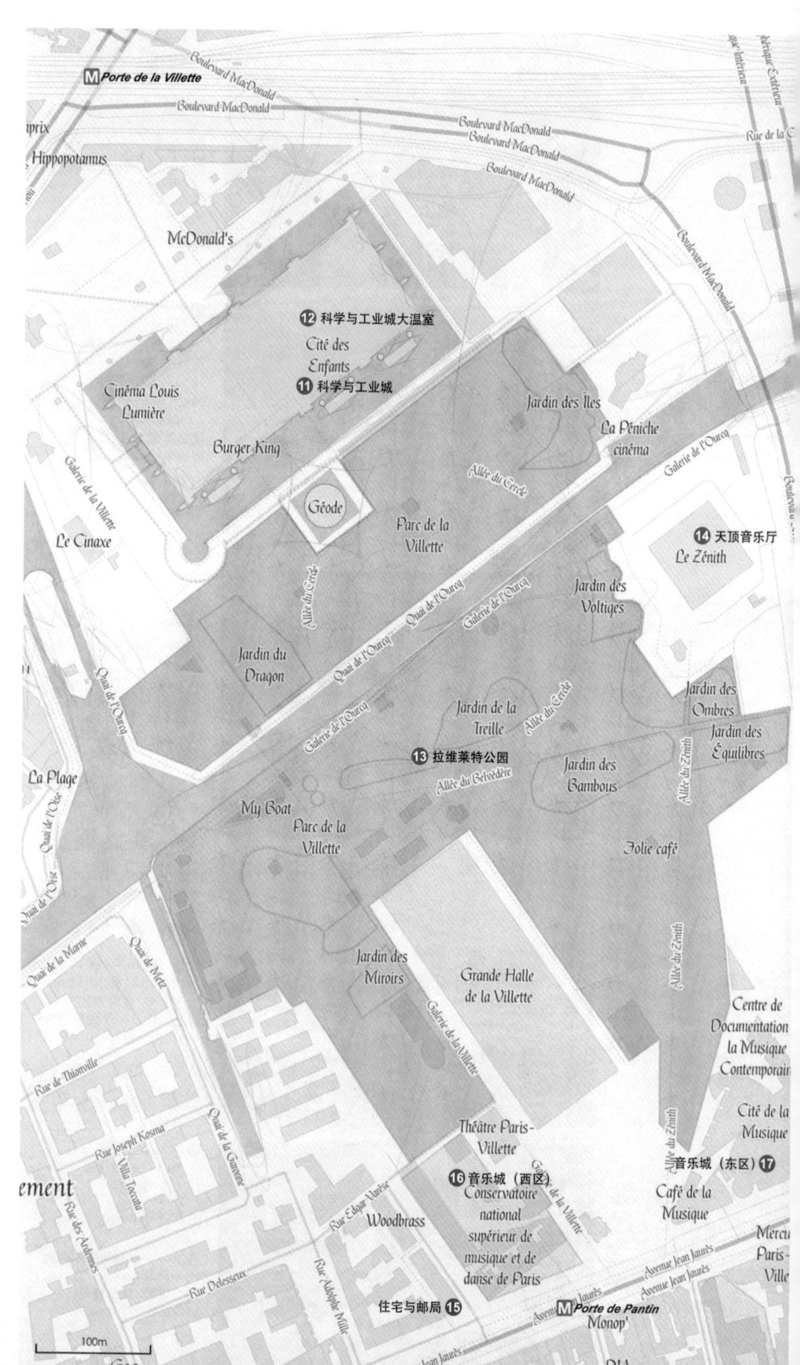

Porte de la Villette
Boulevard MacDonald
Hippopotamus
McDonald's
⑫ 科学与工业城大温室
Cité des Enfants
⑪ 科学与工业城
Cinéma Louis Lumière
Burger King
Jardin des Îles
La Péniche cinéma
Galerie de l'Ourcq
Allée du Cercle
Géode
Parc de la Villette
Galerie de la Villette
Le Cinaxe
⑭ 天顶音乐厅
Le Zénith
Jardin des Voltiges
Quai de l'Ourcq
Jardin du Dragon
Jardin des Ombres
Jardin de la Treille
Jardin des Équilibres
⑬ 拉维莱特公园
Jardin des Bambous
Allée du Belvédère
Allée du Zénith
La Plage
Quai de l'Oise
My Boat
Parc de la Villette
Folie café
Jardin des Miroirs
Grande Halle de la Villette
Quai de la Marne
Quai de Metz
Centre de Documentation la Musique Contemporain
Cité de la Musique
Rue de Thionville
Théâtre Paris-Villette
Rue Joseph Kosma
Villa Toccata
Quai de la Gironde
音乐城（东区）⑰
⑯ 音乐城（西区）
Conservatoire national supérieur de musique et de danse de Paris
Café de la Musique
Rue des Ardennes
Rue Edgar Varèse
Woodbrass
Rue Delesseux
Rue Adolphe Mille
Avenue Jean Jaurès
住宅与邮局 ⑮
Porte de Pantin
Monop'
100m

⑪ **科学与工业城**
Cité des Sciences et de l'Industrie et La Géode

建筑师：Adrien Fainsilber
地址：30 Avenue Corentin Cariou,75019 Paris
建筑类型：科教建筑
建筑年代：1980-1986
开放时间：展览，周二至周六 10:00-18:00，周日 10:00-19:00,1 月 1 日、5 月 1 日、12 月 25 日关闭；球形 3D 影院。周二至周日 10:30-20:30，周一不分时段开放。
票价：展览全价 9 欧元，7 岁至 25 岁及学生 6 欧元，7 岁以下免费；球形 3D 影院全价 12 欧元，7 岁至 25 岁及学生 9 欧元。

⑫ **科学与工业城大温室**
La Grande Serre，Cité des Sciences et de l'Industrie

建筑师：多米尼克 · 佩罗 / Dominique Perrault
地址：30 Avenue Corentin Cariou,75019 Paris
建筑类型：文化建筑
建筑年代：1997
开放时间：周二至周六 10:00-18:00，周日 10:00-19:00。
票价：各展区不同。

⑬ **拉维莱特公园**
Parc de la Villette

建筑师：伯纳德 · 屈米 / Bernard Tschumi
地址：211 Avenue Jean Jaurès,75935 Paris
建筑类型：特色片区
建筑年代：2000
备注：24 小时免费开放。部分表演和展览将收取一定费用。

⑭ **天顶音乐厅**
Le Zénith

建筑师：Philippe Chaix + Jean-Paul Morel
地址：211 Avenue Jean Jaurès,75019 Paris
建筑类型：观演建筑
建筑年代：1983-1984

⑮ **住宅与邮局**
Bureau de Poste et Logements

建筑师：阿尔多 · 罗西 /Aldo Rossi
地址：195 Avenue Jean Jaurès,75019 Paris
建筑类型：居住建筑
建筑年代：1986-1992

科学与工业城

科学与工业城的设计包括三大主题：第一是水，体现在主体建筑被一个大型水池包围；第二是绿色植物，城内有三座大型温室；第三是自然采光，整个场地通过两座直径 17 米的旋转圆塔获得自然光照明。

科学与工业城大温室

大温室的设计试图营造一个真实世界之外的“神秘领域”，进入温室需首先通过一个被垂坠帷幕包围的前厅。

拉维莱特公园

为纪念法国大革命 200 周年，巴黎建造了九大工程，拉维莱特公园就是其中之一。公园面积约 55 公顷，被乌尔克运河分为南北两部分，北区为科技主题，主题建筑为科技与工业城，南区为艺术主题，主题建筑为天顶音乐厅。屈米采用了点、线、面三种要素的叠加来控制整个公园。

天顶音乐厅

音乐厅能够容纳 6300 名观众，是巴黎最大的音乐活动场所。它的成功催生出法国一系列的音乐厅，这些音乐厅都被命名为“天顶”，成为一个文化标志。

住宅与邮局

项目的设计灵感来自于巴黎建筑中普遍存在的中庭空间。建筑师着力营造建筑环绕中庭的空间形态，使中庭成为居民活动与交流的场所，立面上为了表现巴黎建筑的特色，采用了长条窗和圆屋顶等。

音乐城（西区）／克利斯蒂安·德·鲍赞巴克

⑯ **音乐城（西区，巴黎音乐与舞蹈学院）**
Cité de la Musique Aile Ouest

建筑师：克利斯蒂安·德·鲍赞巴克 /Christian de Portzamparc
地址：221 Avenue Jean Jaures,75019 Paris
建筑类型：科教建筑
建筑年代：1984-1990

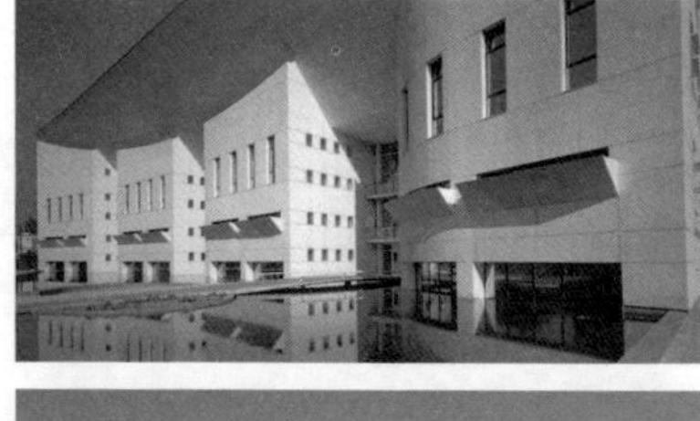

音乐城（西区，巴黎音乐与舞蹈学院）

西区紧邻巴黎传统街区，标志着巴黎传统“奥斯曼式”城市连续肌理的终结。音乐城内的建筑形态丰富，加以光线、比例、虚实的对比，避免了大尺度的单一体量，并营造了一个由走廊和活动场所组成的丰富网络，形成了一个面向城市开放的“现代修道院”。

⑰ **音乐城（东区）**
Cité de la Musique Aile Est

建筑师：克利斯蒂安·德·鲍赞巴克 /Christian de Portzamparc
地址：221 Avenue Jean Jaures,75019 Paris
建筑类型：文化建筑
建筑年代：1984-1995
开放时间：周二至周六 12:00-18:00，5月1日、12月25日关闭。

音乐城（东区）

东区建筑群功能复合，包括音乐厅、音乐博物馆、管风琴中心、露天演奏场等。建筑紧邻拉维拉特公园，并向其敞开，保持了公园在视觉上的开放。为了与公园的方格网相呼应，鲍赞巴克还在音乐城内设计了水平与垂直两条轴线。

⑱ **Atelier Lab 建筑事务所**
Atelier Lab

建筑师：Christophe Lab (Atelier Lab)
地址：21 Rue de Tanger,75019 Paris
建筑类型：办公建筑
建筑年代：2004

Atelier Lab 建筑事务所

Atelier Lab 建筑事务所成立于 1978 年，1991 年其主创建筑师 Christophe Lab 被授予法国青年建筑师奖项。Christophe Lab 热衷于对城市已存空间的更新再生，从城市最普通之处发现设计的准则。事务所所用办公楼因其未完成感而被人所熟知。高处平台上的金属结构甚至让人相信它是可移动、可转变的。

⑲ **缪克斯路住宅**
Logements Rue de Meaux

建筑师：伦佐·皮亚诺 / Renzo Piano (Renzo Piano Building Workshop)
地址：64 Rue de Meaux,75019 Paris
建筑类型：居住建筑
建筑年代：1987-1991

缪克斯路住宅

项目包括 220 套低成本住宅，每户都可以朝向内部花园，住宅立面采用了由赤陶砖和墙体构成的“双层皮肤”生态设计，在有限的预算下实现了节能与美观。

⑳ **幼儿园**
Crèche

建筑师：Frédéric Borel
地址：Jardin Villemin，14 Rue des Récollets,75010 Paris
建筑类型：科教建筑
建筑年代：2001

幼儿园

建筑师 Frédéric Borel 出生于 1959 年，毕业之后曾进入鲍赞巴克事务所工作，他的建筑作品带有强烈的解构主义色彩。他始终坚持建筑应与城市分享活动与事件，强调“服从城市性的规则”，如在这个项目中，幼儿园也和街道发生着互动关系。

18 Atelier Lab 建筑事务所
Stalingrad
Jaurès
Bolivar
19 缪克斯路住宅
Château-Landon
Colonel Fabien
20 幼儿园
100m

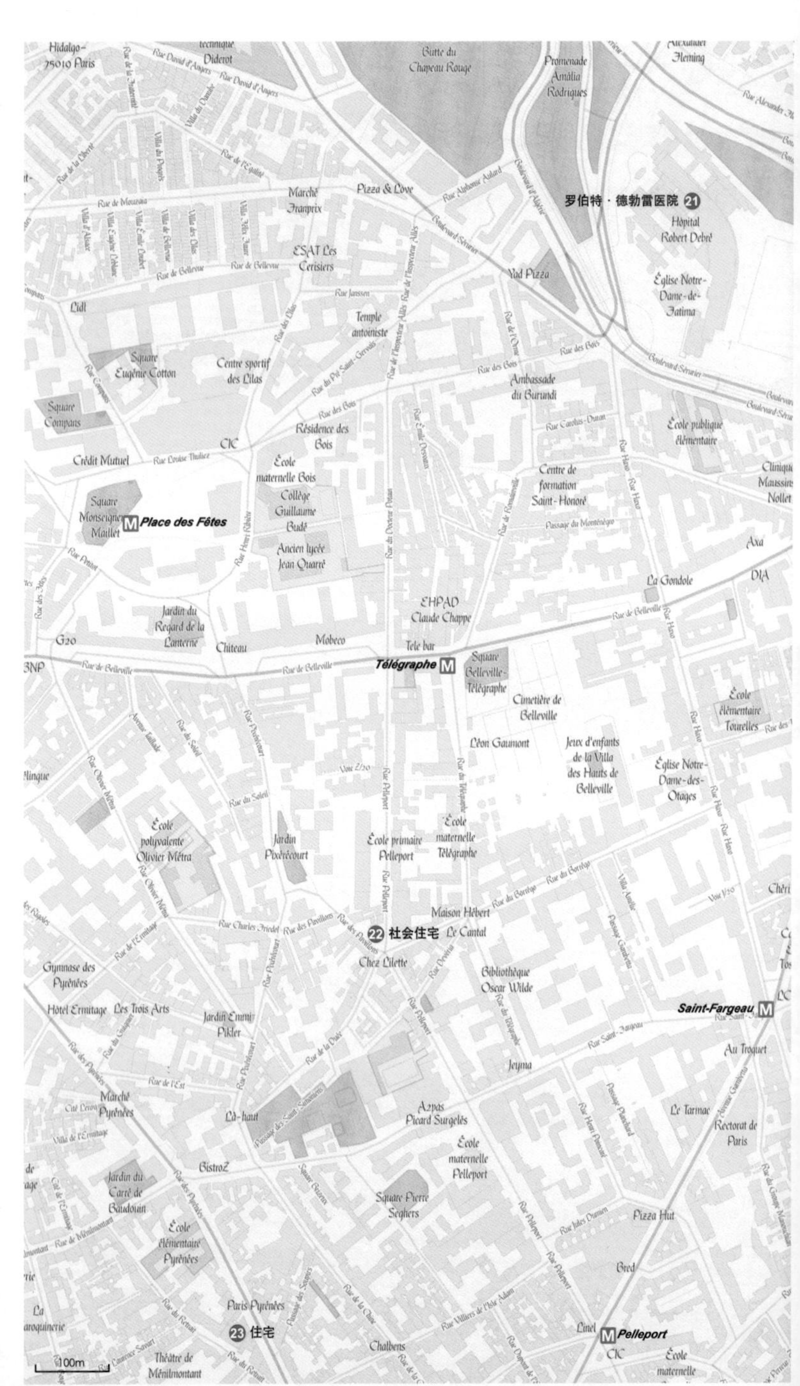

Butte du Chapeau Rouge
Promenade Amália Rodrigues
罗伯特・德勃雷医院 21
Hôpital Robert Debré
Église Notre-Dame-de-Fatima
Marché Franprix
Pizza & Love
ESAT Les Cerisiers
Temple antoiniste
Yad Pizza
Lidl
Square Eugénie Cotton
Centre sportif des Lilas
Ambassade du Burundi
Square Compans
Résidence des Bois
CIC
Crédit Mutuel
École maternelle Bois
Collège Guillaume Budé
Ancien lycée Jean Quarré
École publique élémentaire
Centre de formation Saint-Honoré
Square Monseigneur Maillet
Place des Fêtes
La Gondole
EHPAD Claude Chappe
Jardin du Regard de la Lanterne
G20
Chiteau
Mobeco
Tele bar
Télégraphe
Square Belleville-Télégraphe
Cimetière de Belleville
Léon Gaumont
Jeux d'enfants de la Villa des Hauts de Belleville
École élémentaire Tourelles
Église Notre-Dame-des-Otages
École polyvalente Olivier Métra
Jardin Pixérécourt
École primaire Pelleport
École maternelle Télégraphe
Maison Hébert
22 社会住宅
Le Cantal
Chez Lilette
Gymnase des Pyrénées
Bibliothèque Oscar Wilde
Hôtel Ermitage
Les Trois Arts
Jardin Emmi Pikler
Saint-Fargeau
Au Troquet
Jeyma
Marché Pyrénées
Là-haut
A2pas Picard Surgelés
Le Tarmac
Rectorat de Paris
École maternelle Pelleport
Bistroz
Jardin du Carré de Baudouin
Square Pierre Seghers
Pizza Hut
École élémentaire Pyrénées
Bred
Paris Pyrénées
23 住宅
Linel
Pelleport
Chalbens
CIC
École maternelle
Théâtre de Ménilmontant
100m

18 Atelier Lab 建筑事务所
19 缪克斯路住宅
20 幼儿园
Stalingrad
Jaurès
Bolivar
Château-Landon
Colonel Fabien
Le Grand Parquet
Oued-Rhiou
Pizza Mia
Jardin Flandre-Tanger-Maroc
La Passerelle
Publiothèque Sup de pub
Péniche Opéra
Canal Bio
Chez Mezig
Square Marcel Mouloudji
BarOurcq
Sup career
Hergé
Subway
LCL
MK2 Quai de Loire
25° Est
Rotonde de la Villette
École primaire
Franprix
A.G.E.
Le Lotus
Dia
SAV
Saniz
Coiff 19
BTS Henri Bergson
Église Saint-Joseph-Artisan
Lycée polyvalent l'Initiative
Halle Secrétan
Cité Scolaire Henri Bergson
Lycée Albert Jacquard
Point P
École du Soleil
CIC
M&L
École Elementaire Simon Bolivar
Yarden
Avenue Jean Jaurès
Rue Armand Carrel
Quai de Valmy
Quai de Jemmapes
Boulevard de la Villette
100m
Bizz'art
Bragard
École Élémentaire Eugène Varlin
Collège La Grange aux Belles
Picard
Ju You
Peugeot
Square Eugène Varlin
Le Valmy
Kiloutou
HSBC
CPAM
Hôtel du Terrage
Square Madeleine Tribolati
École Maternelle Boy Zelinski
INSEEC
Lycée professionnel Gustave Ferrié
Faculté de Médecine Paris VII
Tanneur & cie
La Fontaine
Parc Juliette Dodu
Jardin Villemin
Ikko
Espace Jemmapes
École élémentaire
L'Apostrophe
100m

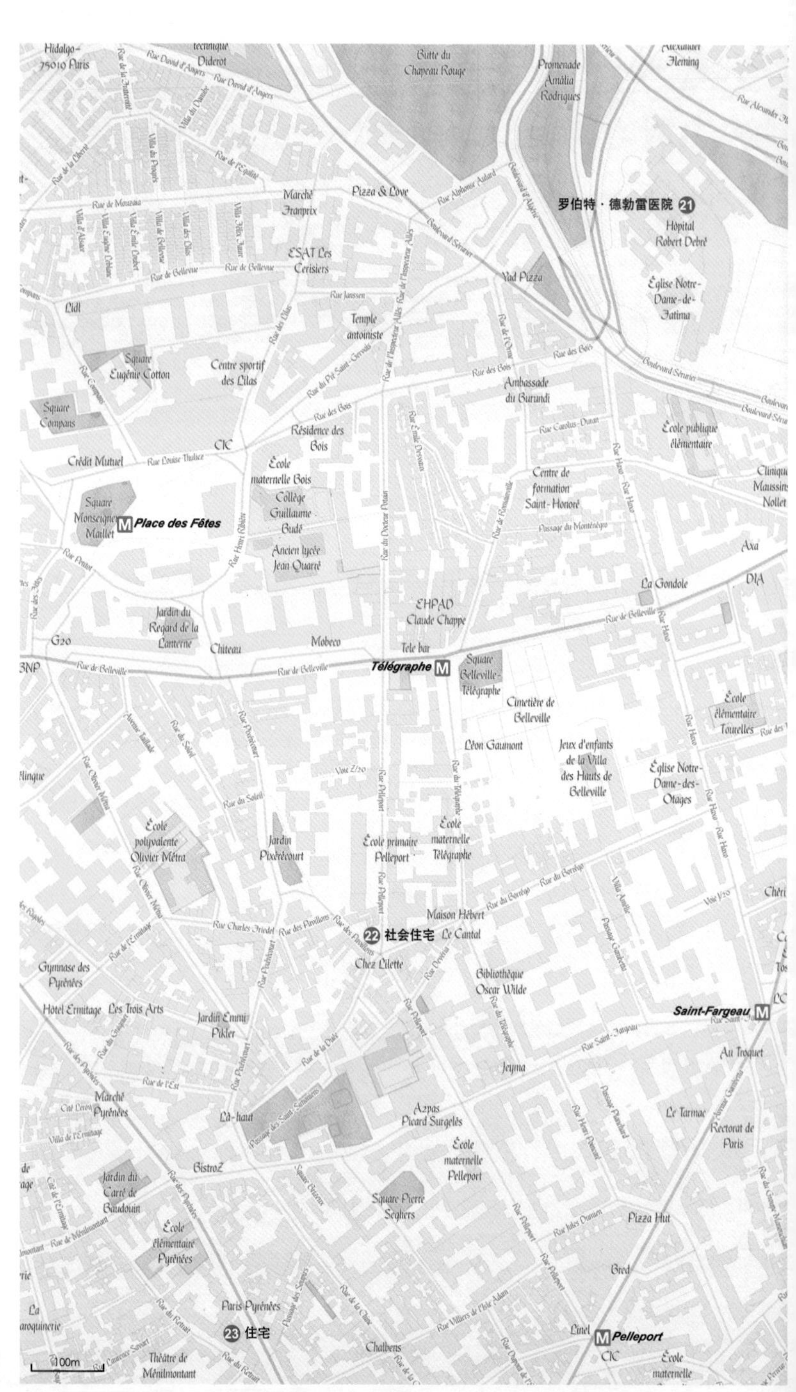

罗伯特·德勃雷医院 21
Hôpital Robert Debré
Place des Fêtes
Télégraphe
Saint-Fargeau
Pelleport
22 社会住宅
23 住宅
Butte du Chapeau Rouge
Promenade Amália Rodrigues
Église Notre-Dame-de-Fatima
Square Eugénie Cotton
Centre sportif des Lilas
Square Monseigneur Maillet
Cimetière de Belleville
Square Belleville-Télégraphe
Jardin du Regard de la Lanterne
Jardin Pixérécourt
Église Notre-Dame-des-Otages
Bibliothèque Oscar Wilde
Square Pierre Seghers
Théâtre de Ménilmontant
Rue de Belleville
Rue Pelleport
Rue du Télégraphe
Rue Haxo
Rue des Pyrénées
100m

Note Zone

㉑ 罗伯特 · 德勃雷医院
Hôpital Robert-Debré

建筑师 :Pierre Riboulet
地址 :48 Boulevard Sérurier,75020 Paris
建筑类型 :医疗建筑
建筑年代 :1981-1988

㉒ 社会住宅
Logements Sociaux

建筑师 :Frédéric Borel
地址 :131 Rue Pelleport,75020 Paris
建筑类型 :居住建筑
建筑年代 :1995-1998

㉓ 住宅
Logements

建筑师 :Roger Anger + Pierre Puccinelli
地址 :283 Rue des Pyrénées,75020 Paris
建筑类型 :居住建筑
建筑年代 :1960

罗伯特 · 德勃雷医院

Pierre Riboulet 出生于 1928 年，1952 年从国家艺术学院毕业之后，与 Limousin Jean Renaudie、Gerard Thurnauer 以及 Jean-Louis Véret 成立了 ATM 事务所（1958–1983），并在 1981 年获得法国国家建筑大奖。他的作品以大型公共建筑为主。罗伯特 · 德勃雷医院设计中对城市尺度和地形考虑使得其两面有不同的建筑形象。

社会住宅

项目坐落于一个相当“异质”的环境中，周边有一个三角形交叉路口，一个 5 至 6 层建筑间的走廊，和一个 17 层的建筑，对异质性环境的应对是这项设计的主要难点。

住宅

Roger Ange 的设计概念通常简单清晰，但处理手法非常丰富细腻。该项目值得注意的是其创意阳台设计，使其在立面和山墙面获得优雅的律动。

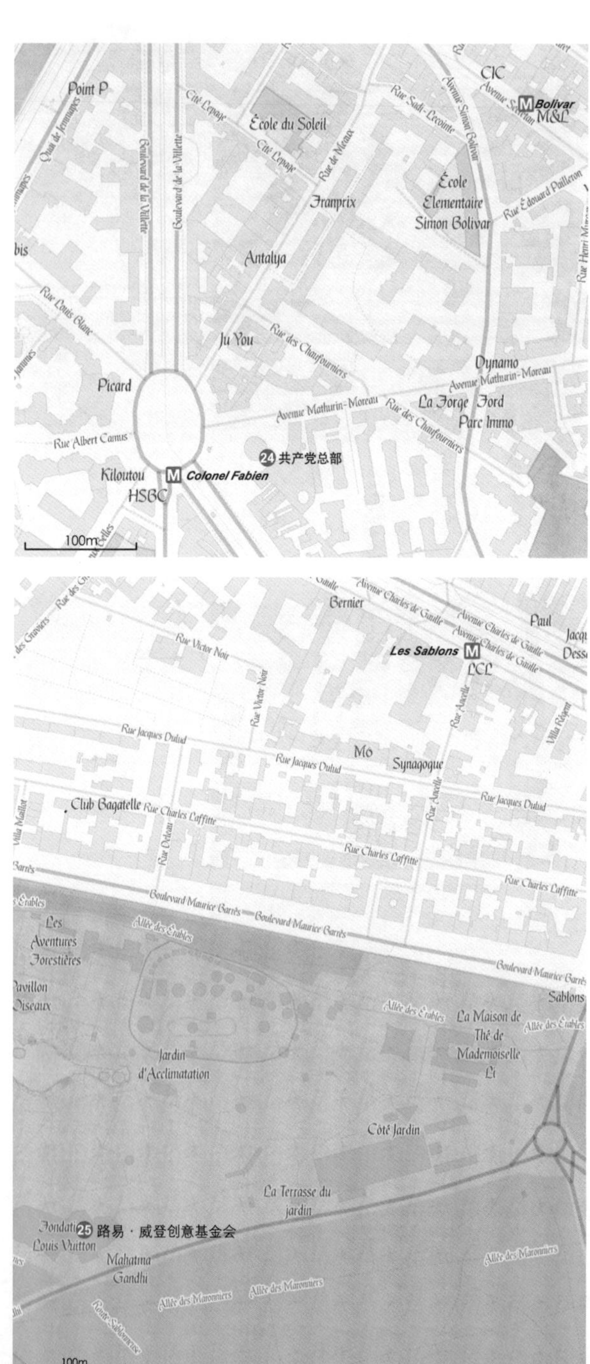

Point P
École du Soleil
Franprix
École Elementaire Simon Bolivar
Antalya
Ju You
Picard
Dynamo
La Forge Ford
Parc Immo
24 共产党总部
Kiloutou
Colonel Fabien
HSBC
CIC
Bolivar
M&L
100m
Bernier
Paul
Les Sablons
LCL
Mo
Synagogue
Club Bagatelle
Les Aventures Forestières
Jardin d'Acclimatation
La Maison de Thé de Mademoiselle Li
Côté Jardin
La Terrasse du jardin
25 路易・威登创意基金会
Louis Vuitton
Mahatma Gandhi
100m

Note Zone

Note Zone

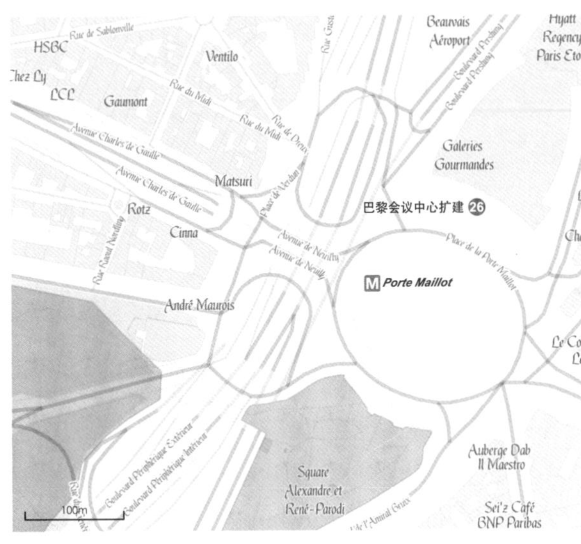

24 共产党总部
Mouvement Jeunes Communistes de France

建筑师：奥斯卡 · 尼迈耶 / Oscar Niemeyei
地址：2 Place du Colonel Fabien,75019 Paris
建筑类型：办公建筑
建筑年代：1972

共产党总部

建筑包括一个10层高的塔楼（内含39套公寓）、5间房屋和其他3套双层个人住房，共47套社会住房。其中，塔楼外观设计具有未来感，风格令人印象深刻。

25 路易 · 威登创意基金会
Fondation Louis Vuitton

建筑师：弗兰克 · 盖里 /Frank Gehry
地址：8 Avenue du Mahatma Gandhi,75116 Paris
建筑类型：文化建筑
建筑年代：2014

路易 · 威登创意基金会

盖里称这件作品是"一堆云团般的玻璃——魔幻的、瞬间即逝的和透明的。"他说："我希望创造出来的是你无论何时靠近，都能看到不同时间和光影下不同的特质，我想传达出'透明'一词所具有的含义。"

26 巴黎会议中心扩建
Extension du Palais des Congrès de Paris

建筑师：克利斯蒂安 · 德 · 鲍赞巴克 /Christian de Portzamparc
地址：2 Place de la Porte Maillot,75116 Paris
建筑类型：办公建筑
建筑年代：1994-1999
开放时间：7:30-22:00

巴黎会议中心扩建

该项目在原会议中心基础上扩建了40000平方米，增加了新的展览空间、办公空间和一处购物中心。项目位于贯穿卢浮宫和拉德方斯的城市轴线一侧，鲍赞巴克力图通过长直的沿街立面延伸并强化这条轴线，墙面的水平分割和狭长露台也配合墙体加强着城市干道的速度感。

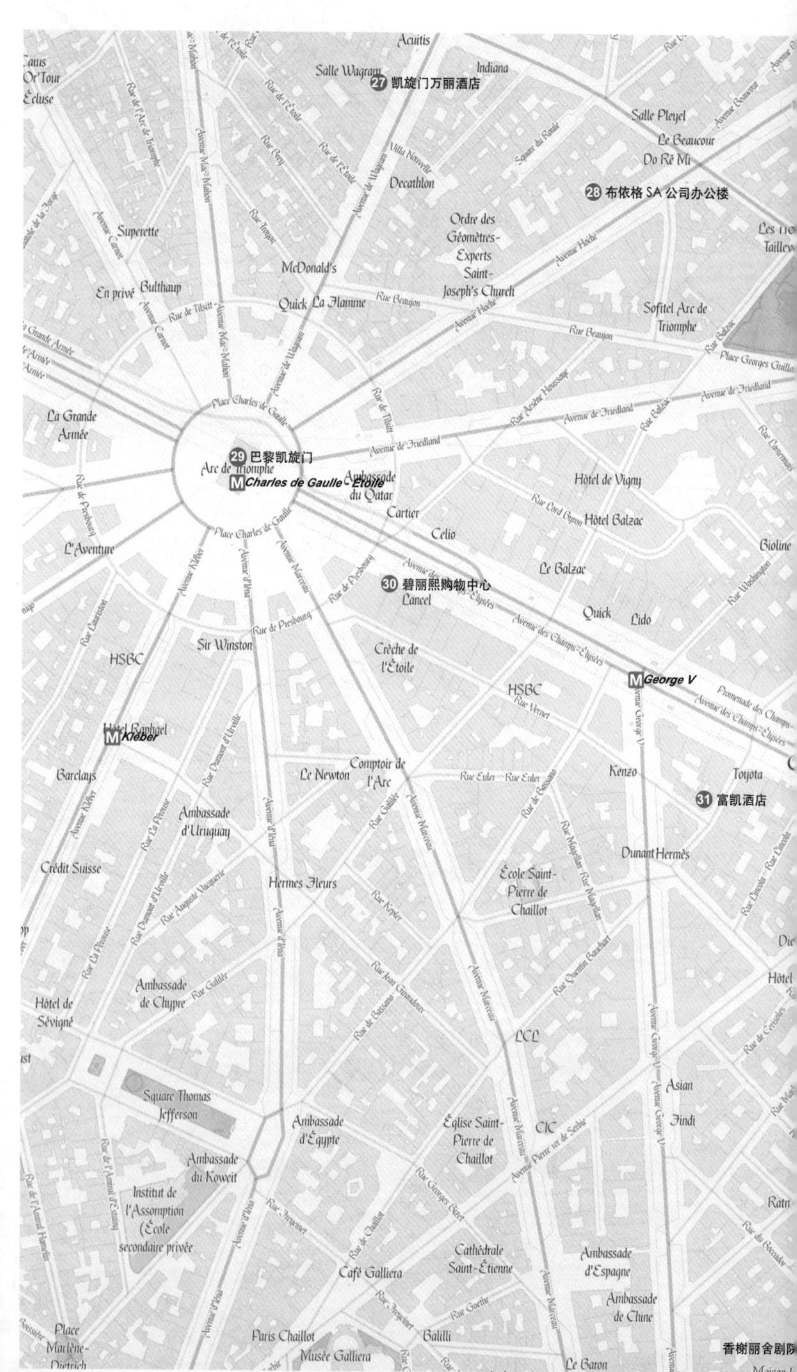

27 凯旋门万丽酒店
28 布依格 SA 公司办公楼
29 巴黎凯旋门
30 碧丽熙购物中心
31 富凯酒店
香榭丽舍剧院
Charles de Gaulle - Étoile
George V
Kléber
Arc de Triomphe
Place Charles de Gaulle
Avenue des Champs-Élysées
Avenue de Friedland
Avenue Hoche
Avenue de Wagram
Avenue Mac-Mahon
Avenue Carnot
Avenue Kléber
Avenue d'Iéna
Avenue Marceau
Avenue George V
Rue de Presbourg
Rue de Tilsitt
Rue Beaujon
Rue Balzac
Rue Lord Byron
Rue Vernet
Rue Euler
Rue de Bassano
Rue Galilée
Rue La Pérouse
Rue Lauriston
Rue Dumont d'Urville
Rue Auguste Vacquerie
Rue Jean Giraudoux
Rue Magellan
Rue Quentin Bauchart
Rue Washington
Rue Lincoln
Rue Chambiges
Rue Pierre 1er de Serbie
Rue Georges Bizet
Rue de Chaillot
Rue Freycinet
Rue Goethe
Rue de l'Étoile
Rue Brey
Rue Troyon
Rue de l'Arc de Triomphe
Rue Arsène Houssaye
Rue de l'Amiral d'Estaing
Rue de l'Amiral Hamelin
Villa Nouvelle
Square du Roule
Salle Wagram
Acuitis
Indiana
Salle Pleyel
Le Beaucour
Do Ré Mi
Decathlon
Ordre des Géomètres-Experts
Saint-Joseph's Church
McDonald's
Quick La Flamme
Superette
En privé
Bulthaup
Sofitel Arc de Triomphe
La Grande Armée
Ambassade du Qatar
Cartier
Celio
Hôtel de Vigny
Hôtel Balzac
Le Balzac
Lancel
Quick
Lido
Bioline
L'Aventure
Sir Winston
HSBC
Crèche de l'Étoile
Hôtel Raphael
Barclays
Le Newton
Comptoir de l'Arc
Kenzo
Toyota
Ambassade d'Uruguay
Dunant Hermès
Crédit Suisse
Hermes Fleurs
École Saint-Pierre de Chaillot
Ambassade de Chypre
Hôtel de Sévigné
LCL
Square Thomas Jefferson
Ambassade d'Égypte
Église Saint-Pierre de Chaillot
CIC
Asian
Findi
Ambassade du Koweit
Institut de l'Assomption (École secondaire privée
Cathédrale Saint-Étienne
Ambassade d'Espagne
Ambassade de Chine
Café Galliera
Place Marlène-Dietrich
Paris Chaillot
Balilli
Musée Galliera
Le Baron

Algeria
Rio
Ambassade de l'Union du Myanmar
Rue de Lisbonne
Ambassade de l'Équateur
Restaurant Émeraude
Rue Treilhard
Sur Le P
Avenue de Messine
Narvick- 54 Rue de la Bienfaisance- 75008
Rue de la Bienfaisance
Rue de Téhéran
Rue de Monceau
Rue Rembrandt
Rue de Courcelles
Rue Louis Murat
Rue du Docteur Lancereaux
Piscine Beaujon
École Monceau
Musée Jacquemart-André
Boulevard Haussmann
LCL
BMW
Hortense
Rue de la Baume
Avenue Percier
Rue Washington
Rue de Berri
Rue Paul Cézanne
Lepape
Courcelles
Apicius
Franprix
Passage Commun 38
Église Saint-Philippe du Roule
CIC
Rue La Boétie
Paris La Boétie
Caserne Penthièvre
Avenue Delcassé
The Bowler
Rue Saint-Philippe du Roule
Rue du Commandant Rivière
BNP Paribas
Rue d'Artois
Rue Paul Baudry
Impasse Fortin
Rue de Penthièvre
Avenue Matignon
Rue de Ponthieu
École primaire
Au Saint-Honoré
Le Seven
Chez Paulette
Music Hall
Matignon
Galerie du Claridge
Galerie Point Show
Rue du Colisée
Qasim
Ambassade d'Israel
Rue Jean Mermoz
Promenade des Champs-Élysées
Avenue des Champs-Élysées
Ilam's
33 雪铁龙空间
Zara
Gap
Adidas
Kokohana
Le Berkeley
Rue du Cirque
Avenue Gabriel
PSG
Rue Marbeuf
Rue de Marignan
Franklin D. Roosevelt
Jardin des Champs-Élysées
Fontaine du Cirque
Théâtre Marigny
Jardin du Palais de l'Élysée
École Robert Estienne
Spoon
Fontaine de la Grille du Coq
Pavillon Élysée Lenôtre
Rue François 1er
Chanel
Avenue Montaigne
Théâtre du Rond-Point
Champs-Élysées - Clemenceau
Square de Berlin
Bank melli iran
Le Victory
Hanawa
Impasse d'Antin
Avenue du Général Eisenhower
Place Clemenceau
Pepita
Le Grand Palais
Harry Winston
Rue Jean Goujon
Place François 1er
Ambassade d'Allemagne
Palais de la Découverte
34 巴黎大皇宫
Grand Palais
巴黎小皇宫 35
Petit Palais
Avenue Winston Churchill
100m
Chapelle

Note Zon

㉗ 凯旋门万丽酒店
Hôtel Renaissance Paris Arc de Triomphe

建筑师：克利斯蒂安・德・鲍赞巴克 /Christian de Portzamparc
地址：39-41 Avenue de Wagram,75017 Paris
建筑类型：宾馆建筑
建筑年代：2003-2009

㉘ 布依格 SA 公司办公楼
Bouygues SA

建筑师：Kevin Roche
地址：30-32 Avenue Hoche,75008 Paris
建筑类型：办公建筑
建筑年代：2002-2006

㉙ 巴黎凯旋门
Arc de Triomphe

建筑师：Jean-François-Thérèse Chalgrin
地址：Place Charles de Gaulle,75008 Paris
建筑类型：其他建筑
建筑年代：1806-1836

㉚ 碧丽熙购物中心
Publicis

建筑师：Michele Saee
地址：133 Avenue des Champs-Élysées,75008 Paris
建筑类型：商业建筑
建筑年代：2002-2004
开放时间：周一至周五 8:00-次日 2:00，周六、日和节假日 10:00-次日 2:00。

凯旋门万丽酒店

酒店坐落于帝国剧院原址上，立面的特点是波浪状的玻璃带。这样通透的玻璃设计使得房间内部观赏街景有极佳的视野。酒店一层与二层包含精品店以及大走廊，对花园开放。

布依格 SA 公司办公楼

这座建筑不仅要满足业主对现代感的强烈需求，也由于地处巴黎最优雅的街道之一，需要应对政府对城市街道历史特色保护的严格要求，沿街立面需要同街道上其他各个时期的建筑一样进行精心控制。最终的建筑设计包含了礼堂、办公室以及一个能够俯瞰优美景观花园的餐厅。

巴黎凯旋门

凯旋门高约 50 米，宽约 45 米，深约 22 米，中心拱门高约 37 米，宽约 14 米。在两侧门墩的墙面上有 4 组战争题材的大型浮雕，分别以“出征”、“胜利”、“和平”、“抵抗”为主题。凯旋门向四周放射出 12 条大街，是欧洲城市设计的典范。

碧丽熙购物中心

购物中心位于香榭丽舍大街，立面采用面积达 700 平方米的透明弯曲叠片玻璃薄板，呈现出独特的轻灵、飘逸的效果。

富凯酒店

建筑紧邻香榭丽舍大街，因此场地文脉因素非常敏感，于是历史感和标志性成为建筑设计概念的主要考虑因素。建筑立面延续了古典风格，古典元素以浅浮雕的形式呈现出来，内部的现代感隐藏其后，平面布置并不受古典规则的束缚，充分考虑到舒适性，且室内布置极尽奢华。

香榭丽舍剧院

剧院建成于 1913 年，是一座新艺术运动风格的建筑，是建筑师奥古斯特 · 佩雷的经典代表作品之一。建造之初聘请了当年巴黎知名的画家蒙代涅和雕刻家布尔代尔来共同装潢整个剧院，如剧院大厅楼道的两侧大理石方柱上就装饰着布尔代尔的浮雕。

雪铁龙空间

雪铁龙公司的创始人安德烈 · 雪铁龙认为建筑是营销策略的一个重要组成部分。在香榭丽舍大街的旗舰展厅设计中，建筑师使用独特的倒“V”字形框架和玻璃表皮，以动态的形象体现品牌创造力。室内空间完全开敞，有一座近 10 米的通高汽车展示塔。

巴黎大皇宫

巴黎大皇宫是为了 1900 年巴黎万国博览会所建，采用巨大的拱形玻璃屋顶，充满新艺术运动风格。

巴黎小皇宫

小皇宫和大皇宫以及附近的亚历山大三世桥一样，都是为 1900 年万国博览会所建，同样采用铸铁、玻璃等当时尚属现代的材料，具有新艺术运动风格。

㉛ 富凯酒店
Hôtel Fouquet's Barrière

建筑师：Edouard François
地址：23 Rue Quentin-Bauchart,75008 Paris
建筑类型：宾馆建筑
建筑年代：2003-2006

㉜ 香榭丽舍剧院
Théâtre des Champs-Élysées

建筑师：奥古斯特 · 佩雷 / Auguste Perret + Roger Bouvard + Henry van de Velde
地址：15 Avenue Montaigne,75008 Paris
建筑类型：观演建筑
建筑年代：1906-1913

㉝ 雪铁龙空间
Espace Citroën

建筑师：Manuelle Gautrand
地址：42 Avenue des Champs-Elysées,75008 Paris
建筑类型：商业建筑
建筑年代：2006

㉞ 巴黎大皇宫
Grand Palais

建筑师：Henri Deglane+ Albert Louvet + Albert Thomas + Charles Girault
地址：3 Avenue du Général Eisenhower,75008 Paris
建筑类型：文化建筑
建筑年代：1900
开放时间与票价：随展览变化。

㉟ 巴黎小皇宫
Petit Palais

建筑师：查理 · 吉罗 /Charles Girault
地址：Avenue Winston Churchill,75008 Paris
建筑类型：文化建筑
建筑年代：1900
建筑时期：新艺术运动
开放时间：周二 10:00-20:00，周三至周日 10:00-18:00，17:00 停止售票，公共假日关闭。
票价：常展免费。

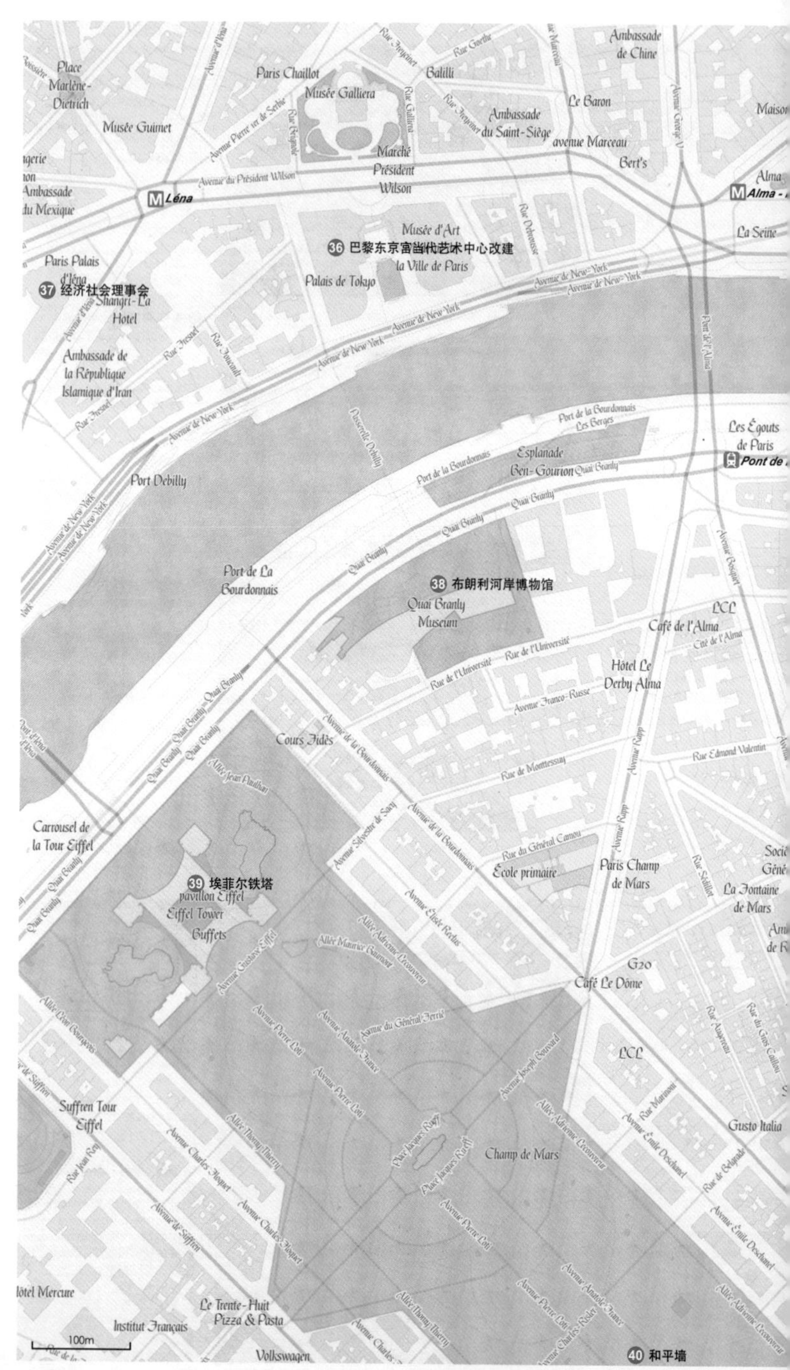
36 巴黎东京宫当代艺术中心改建
37 经济社会理事会
38 布朗利河岸博物馆
39 埃菲尔铁塔
40 和平墙
Léna
Alma
Pont de
Musée Guimet
Musée Galliera
Paris Chaillot
Marché Président Wilson
Musée d'Art moderne de la Ville de Paris
Palais de Tokyo
Avenue du Président Wilson
Avenue de New-York
La Seine
Port Debilly
Port de La Bourdonnais
Esplanade Ben-Gourion
Quai Branly
Quai Branly Museum
Rue de l'Université
Avenue Rapp
Avenue Bosquet
Avenue de la Bourdonnais
Carrousel de la Tour Eiffel
Eiffel Tower
Champ de Mars
Avenue de Suffren
Avenue Charles Floquet
Avenue Pierre Loti
Avenue Anatole France
Place Jacques Rueff
Avenue Émile Deschanel
Les Égouts de Paris
Ambassade de Chine
Ambassade du Mexique
Ambassade de la République Islamique d'Iran
Ambassade du Saint-Siège
Shangri-La Hotel
École primaire
100m

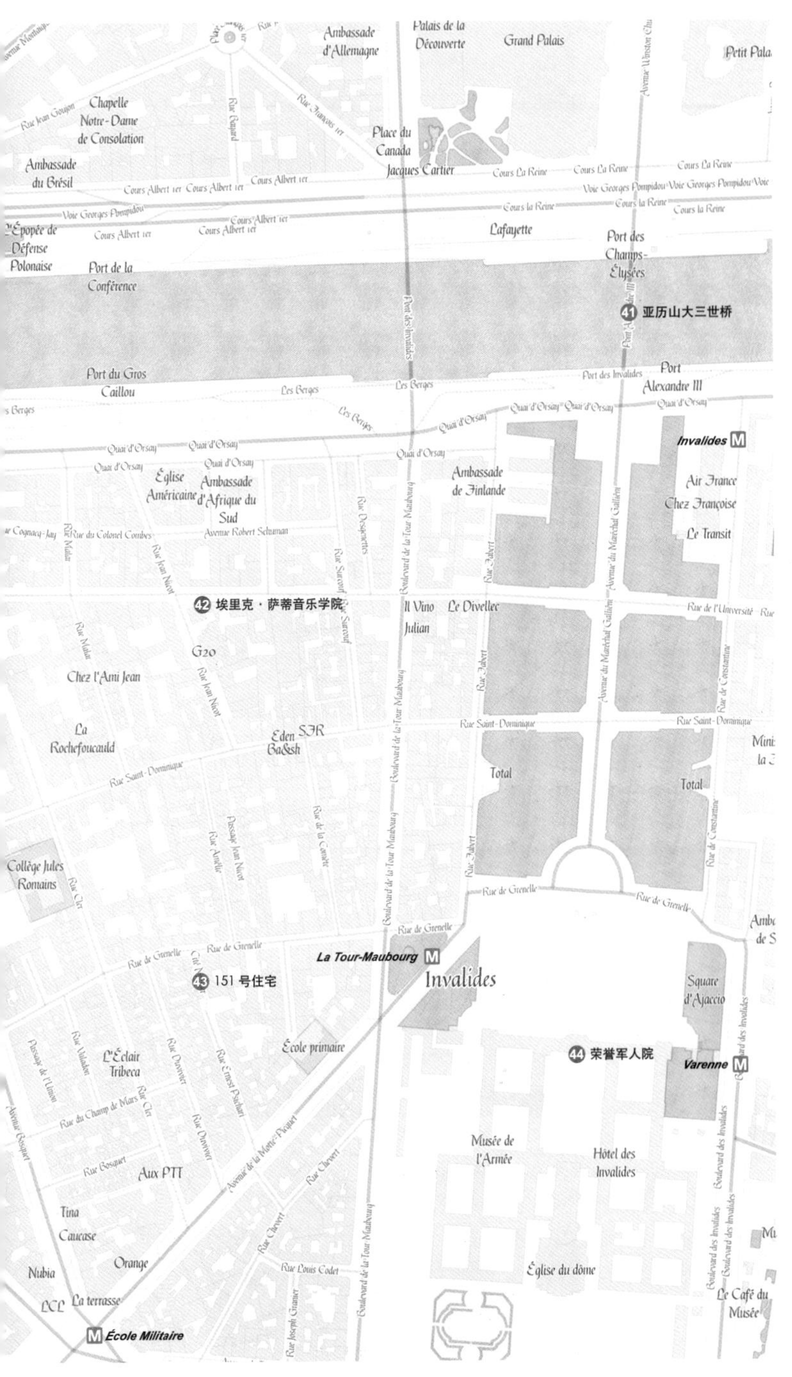
Ambassade d'Allemagne
Palais de la Découverte
Grand Palais
Petit Pala
Chapelle Notre-Dame de Consolation
Place du Canada
Jacques Cartier
Ambassade du Brésil
L'Épopée de Défense Polonaise
Port de la Conférence
Lafayette
Port des Champs-Élysées
41 亚历山大三世桥
Port du Gros Caillou
Port Alexandre III
Invalides
Église Américaine
Ambassade d'Afrique du Sud
Ambassade de Finlande
Air France
Chez Françoise
Le Transit
42 埃里克 · 萨蒂音乐学院
Il Vino
Julian
Le Divellec
G20
Chez l'Ami Jean
La Rochefoucauld
Eden
SFR
Ba&sh
Total
Total
Collège Jules Romains
La Tour-Maubourg
Invalides
Square d'Ajaccio
43 151 号住宅
École primaire
44 荣誉军人院
Varenne
L'Éclair
Tribeca
Aux PTT
Musée de l'Armée
Hôtel des Invalides
Tina
Caucase
Orange
Nubia
LCL
La terrasse
École Militaire
Église du dôme
Le Café du Musée

Note Zone

㊱ 巴黎东京宫当代艺术中心改建 Palais de Tokyo

建筑师：Anne Lacaton + Jean-Philippe Vassal (Lacaton & Vassal)
地址：13 Avenue du Président Wilson,75116 Paris
建筑类型：文化建筑
建筑年代：2002、2012
开放时间：除周二外 12:00-24:00，12 月 24 日、31 日开放至 18:00，1 月 1 日、5 月 1 日、12 月 25 日关闭。
票价：全价 10 欧元，26 岁以下 8 欧元，18 岁以下免费。

㊲ 经济社会理事会 Conseil Économique et Social

建筑师：奥古斯特・佩雷 / Auguste Perret
地址：1 Avenue d'Iéna, 75116 Paris
建筑类型：办公建筑
建筑年代：1936-1946

㊳ 布朗利河岸博物馆 Musée du Quai Branly

建筑师：让・努韦尔 /Jean Nouvel
地址：37 Quai Branly,75007 Paris
建筑类型：文化建筑
建筑年代：2006
开放时间：周二、三、日 11:00-19:00，周四、五、六 11:00-21:00，周一关闭，12 月 25 日、5 月 1 日关闭。
票价：全价 8.5 欧元，折扣价 6 欧元。

㊴ 埃菲尔铁塔 Tour Eiffel

建筑师：埃菲尔 Alexandre-Gustave Eiffel
地址：5 Avenue Anatole France,75007 Paris
建筑类型：其他建筑
建筑年代：1887-1889
开放时间：6 月 15 日至 9 月 1 日 9:00 至次日 00:45，23:00 为最后一班塔顶电梯；9 月 2 日至次年 6 月 14 日 9:00-23:45，22:30 为最后一班塔顶电梯，18:30 楼梯关闭。
票价：乘电梯至第二层，全价 9 欧元，12 岁至 24 岁 7.5 欧元，4 岁至 11 岁 4.5 欧元；乘电梯至塔顶，全价 15 欧元，12 岁至 14 岁 13.5 欧元，4 岁至 11 岁 10.5 欧元；步行至第二层，全价 5 欧元，12 岁至 24 岁 4 欧元，4 岁至 11 岁 3 欧元。

㊵ 和平墙 Mur de la Paix

建筑师：Clara Halter + Jean-Michel Wilmotte
地址：Champ de Mars,75007 Paris
建筑类型：其他建筑
建筑年代：2001

巴黎东京宫当代艺术中心改建

东京宫原是为巴黎世界博览会兴建，以当时门前的大街"东京大街"命名。"二战"以后大街改名为"纽约大街"，但是东京宫的名字却保留了下来。

经济社会理事会

理事会主入口及其两翼均为古典立面，而背面采用现代做法，容纳了古典仪式性和现代办公的需要。

布朗利河岸博物馆

努韦尔在这座博物馆的设计中大胆采用了锋利的玻璃墙、色彩鲜艳的未来主义立方体和大面积绿植墙面，呈现出一种蒙太奇式的效果，具有鲜明的流行文化特征，与卢浮宫新馆、蓬皮杜中心一样与巴黎传统上的博物馆建筑大相径庭。

埃菲尔铁塔

铁塔主体高 300 米，天线高 24 米，总高 324 米，通向塔顶共有 1711 级阶梯。铁塔建造共用去钢铁 7000 余吨，金属部件 12000 余个，铆钉 250 万余只。铁塔分为三层，高度分别为 57.6 米、115.7 米和 276.1 米。

和平墙

和平墙的周围有若干根柱子和玻璃墙，上面刻满各国文字写成的"和平"二字。

Note Zone

㊶ 亚历山大三世桥
Pont Alexandre III

建筑师:Cassien Bernard（建筑师）+ Gaston Cousin（建筑师）+ Jean Résal（工程师）+ Amédée d'Alby（工程师）
地址:Pont Alexandre III,75007 Paris
建筑类型:交通建筑
建筑年代:1896-1900

㊷ 埃里克 · 萨蒂音乐学院
Conservatoire de Musique Erik Satie

建筑师:克利斯蒂安 · 德 · 鲍赞巴克 /Christian de Portzamparc
地址:135 Rue de l'Université,5-7 Rue Jean Nicot, 75007 Paris
建筑类型:文化建筑
建筑年代:1981-1984

㊸ 151 号住宅
Immeuble du 151

建筑师:Jules Lavirotte
地址:151 Rue de Grenelle,75007 Paris
建筑类型:居住建筑
建筑年代:1896-1898

㊹ 荣誉军人院
Hôtel des Invalides

建筑师:Liberal Bruant + Jules Hardouin-Mansart
地址:129 Rue de Grenelle,75007 Paris
建筑类型:其他建筑
建筑年代:1670-1679
开放时间:**法兰西军事博物馆**为 4 月至 10 月 10:00-18:00，11 月至次年 3 月 10:00-17:00，关闭前 30 分钟停止售票；**荣军院**为 7:00-19:00，关闭前 15 分钟停止售票，圣诞节及冬歇期开放至 17:30，1 月 1 日、5 月 1 日、12 月 25 日关闭，每月第一个周一局部关闭。
票价:全价 9.5 欧元，团体 7.5 欧元（10 人以上，需预约），每天 17:00 后（冬季 16:00 后）7.5 欧元，每周二晚 7.5 欧元，18 岁以下免费，持 PARIS MUSEUM PASS 者免费。

亚历山大三世桥

桥全长 107 米、宽 40 米，为不影响香榭丽舍和荣军院的视野而特意降低了桥身高度。

埃里克 · 萨蒂音乐学院

在大学街的拐角处，学院脱颖而出，建筑形态为长方形，体量上衔接作为楼梯的圆柱形塔。低层相对不透明的部分是音乐工作室，在阁楼（顶层）的舞厅有相当充足的光线。

151 号住宅

Jules Lavirotte 以新艺术运动风格闻名，设计风格狂野。他在巴黎第七区留有多处作品，151 号住宅的大门以花为主要设计元素，门把手则被设计为蜥蜴状。

荣誉军人院

荣军院是为安置退伍军人而建造，建筑布局呈方格状相互连通，建筑总长近 200 米。在当时，这一工程规模仅次于凡尔赛宫。1706 年建成的圆拱顶圣路易教堂（Chapel of Saint-Louis-des-Invalides）、法兰西军事博物馆（Musee de L'Armee）也位于荣军院内。

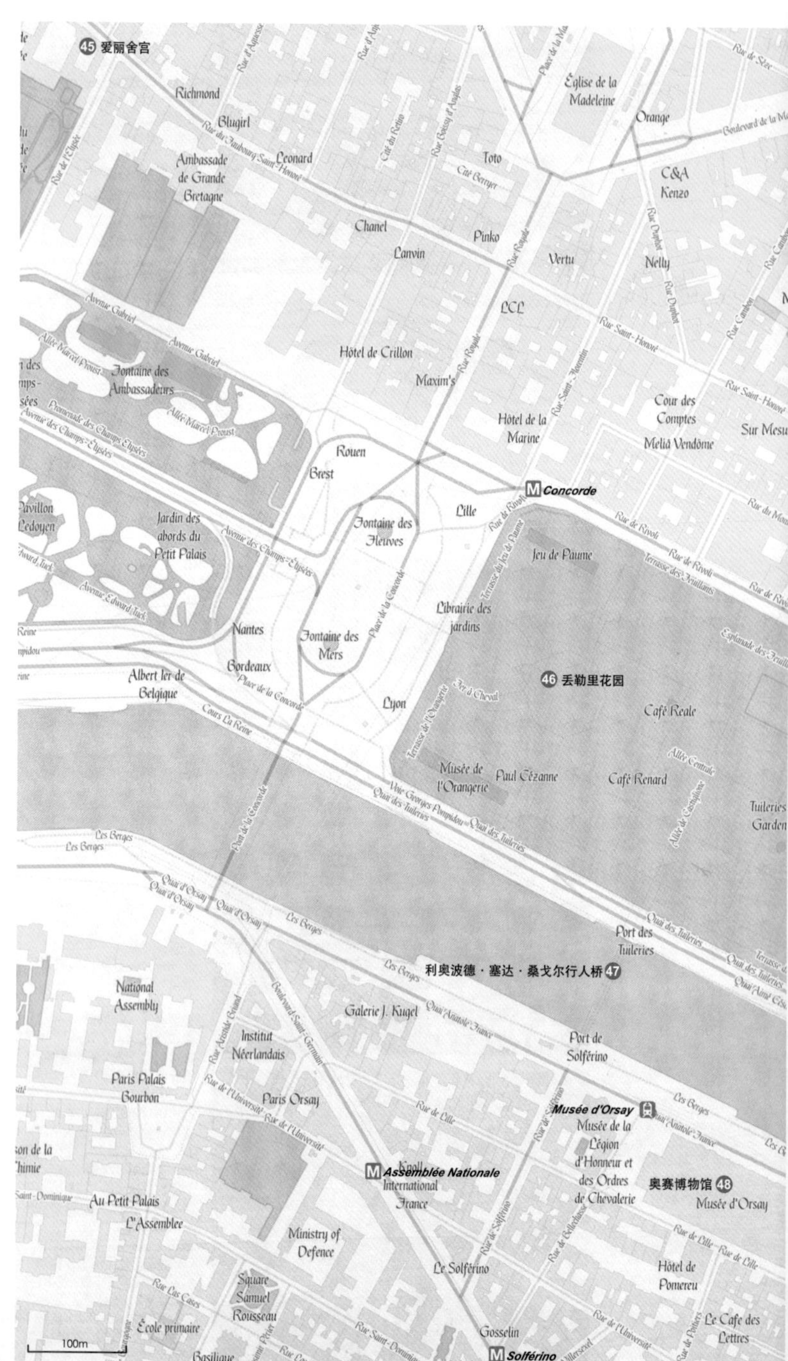
45 爱丽舍宫
Richmond
Blugirl
Ambassade de Grande Bretagne
Leonard
Toto
Église de la Madeleine
Orange
C&A
Kenzo
Chanel
Lanvin
Pinko
Vertu
Nelly
LCL
Hôtel de Crillon
Maxim's
Fontaine des Ambassadeurs
Cour des Comptes
Hôtel de la Marine
Meliá Vendôme
Sur Mesure
Rouen
Brest
Concorde
Lille
Pavillon Ledoyen
Jardin des abords du Petit Palais
Fontaine des Fleuves
Jeu de Paume
Librairie des jardins
Nantes
Fontaine des Mers
Bordeaux
Albert Ier de Belgique
46 丢勒里花园
Café Reale
Lyon
Musée de l'Orangerie
Paul Cézanne
Café Renard
Tuileries Garden
Port des Tuileries
利奥波德・塞达・桑戈尔行人桥 47
National Assembly
Galerie J. Kugel
Institut Néerlandais
Port de Solférino
Paris Palais Bourbon
Paris Orsay
Musée d'Orsay
Musée de la Légion d'Honneur et des Ordres de Chevalerie
Assemblée Nationale
Knoll International France
奥赛博物馆 48
Musée d'Orsay
Au Petit Palais
L'Assemblee
Ministry of Defence
Le Solférino
Hôtel de Pomereu
Square Samuel Rousseau
École primaire
Gosselin
Le Cafe des Lettres
Solférino
Basilique
100m

Note Zone

㊺ 爱丽舍宫
Palais de l'Élysée

建筑师：Armand-Claude Mollet
地址：55 Rue du Faubourg Saint-Honoré,75008 Paris
建筑类型：办公建筑
建筑年代：1718-1722

㊻ 丢勒里花园
Jardin des Tuileries

建筑师：Claude Mollet + André Le Nôtre
地址：113 Rue de Rivoli,75001 Paris
建筑类型：特色片区
建筑年代：16 世纪
开放时间：4、5、9 月 7:00-21:00，6 月至 8 月 7:00-23:00，10 月至次年 3 月 7:30-19:30。
票价：免费。

㊼ 利奥波德 · 塞达 · 桑戈尔行人桥
Passerelle Léopold-Sédar-Senghor

建筑师：Marc Mimram
地址：Stade Sébastien Charléty,75007 Paris
建筑类型：交通建筑
建筑年代：1997-1999

㊽ 奥赛博物馆
Musée d'Orsay

建筑师：Gae Aulenti + Victor Laloux
地址：1 Rue de la Légion d'Honneur,75007 Paris
建筑类型：文化建筑
建筑年代：1981-1986
开放时间：除周一外 9:30-18:00，17:00 停止售票，周二开放至 21:45，21:00 停止售票，5 月 1 日、12 月 25 日关闭。
票价：全价 9 欧元，18 岁至 25 岁 6.5 欧元，除周四外 16:30 后、周四 18:00 后 6.5 欧元，18 岁以下免费，每月第一个周日免费。

爱丽舍宫

爱丽舍宫紧邻香榭丽舍大街，占地 1.1 万平方米，花园占地 2 万多平方米。宫殿部分由两层高的主楼和两翼组成，中间为宽敞的矩形庭院。

丢勒里花园

丢勒里花园是巴黎建造最早的大型花园之一，也是法国第一个公共花园。

利奥波德 · 塞达 · 桑戈尔行人桥

桥长 106 米，宽 15 米，为了纪念塞内加尔诗人、政治家、文化理论家桑戈尔而命名。

奥赛博物馆

奥赛博物馆由建于 1900 年、1939 年关闭的奥赛火车站改造而来，火车站还被列为历史保护建筑。博物馆主要收藏从 1848 年到 1914 年间的近代绘画、雕塑、家具和摄影作品。

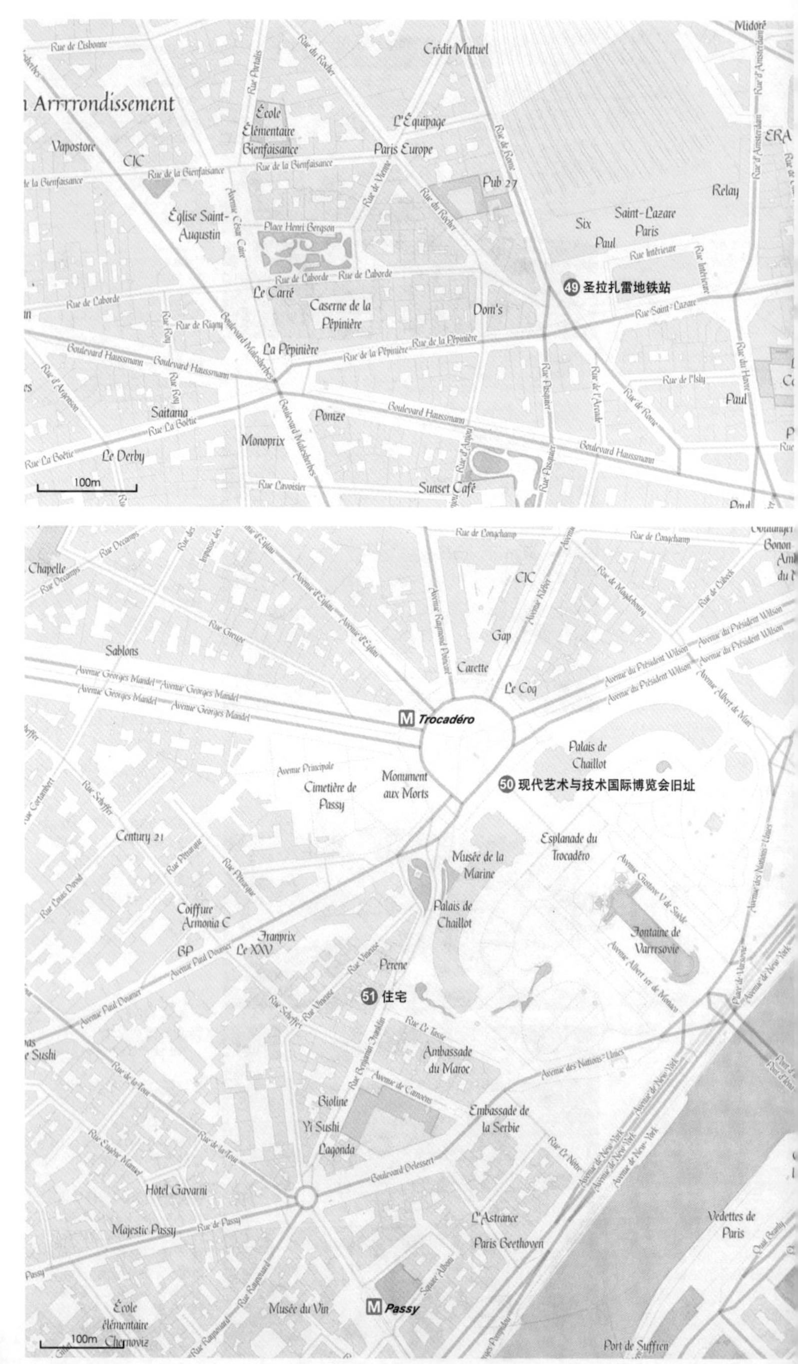

49 圣拉扎雷地铁站
50 现代艺术与技术国际博览会旧址
51 住宅
Trocadéro
Passy
Église Saint-Augustin
Caserne de la Pépinière
Boulevard Haussmann
Saint-Lazare Paris
Rue Saint-Lazare
Palais de Chaillot
Esplanade du Trocadéro
Cimetière de Passy
Monument aux Morts
Musée de la Marine
Fontaine de Varrrsovie
Avenue du Président Wilson
Avenue de New-York
Musée du Vin
Port de Suffren
100m

Note Zone

㊾ 圣拉扎雷地铁站
Lentille du Métro Saint-Lazare

建筑师：Jean-Marie Charpentier
地址：Rue de Rome 与 Rue Saint-Lazare 交口，75008 Paris
建筑类型：交通建筑
建筑年代：2003

㊿ 现代艺术与技术国际博览会旧址
Exposition Internationale des Arts et Techniques dans la Vie Moderne

地址：1 Place du Trocadéro et du 11 Novembre, 75016 Paris
建筑类型：特色片区
建筑年代：1937

51 住宅
Logements

建筑师：奥古斯特·佩雷 / Auguste Perret + 古斯塔夫·佩雷 / Gustave Perret
地址：25 Bis Rue Benjamin Franklin, 75116 Paris
建筑类型：居住建筑
建筑年代：1903-1904

圣拉扎雷地铁站

在地铁站的入口，建筑师运用玻璃形成一个"嘴巴"，同时也提供给乘客通透、美好的天空景观，附近圣拉扎尔火车站候车室大楼被反射在地铁进站口的玻璃上。

现代艺术与技术国际博览会旧址

巴黎是世界上举办世博会最多的城市，从1867年到1900年，每隔11年就有一届世博会在巴黎举办。1937年，巴黎又举办了主题为"现代艺术与技术"的世博会，为此建设了东京宫、人类博物馆(Musée de l'Homme)等建筑。

住宅

佩雷是在建筑设计中使用钢筋混凝土结构的先驱，他早年曾在巴黎美术学院学习建筑设计，未毕业就随父亲在巴黎从事建造行业，1903年佩雷兄弟三人建造了这座巴黎最早的钢筋混凝土结构的公寓。

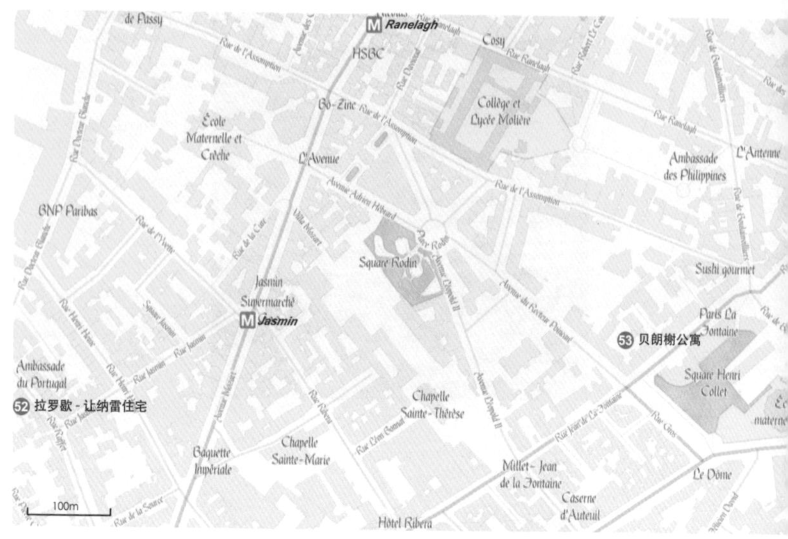

52 **拉罗歇 - 让纳雷住宅**
Maisons La Roche-Jeanneret

建筑师：勒・柯布西耶 /Le Corbusier
地址：10 Square du Docteur Blanche,75016 Paris
建筑类型：居住建筑
建筑年代：1923-1925
开放时间：周一 13:30-18:00，周二至周六 10:00-18:00，周日关闭。
票价：全价 5 欧元，学生 3 欧元，14 岁以下免费，团体 3 欧元（15 人以上）。

53 **贝朗榭公寓**
Castel Béranger

建筑师：Hector Guimard
地址：2 Hameau Béranger,75016 Paris
建筑类型：居住建筑
建筑年代：1894-1897

拉罗歇 – 让纳雷住宅

项目业主为瑞士银行家兼前卫艺术品收藏家拉乌尔・拉罗歇，因此展示业主的私人收藏品成为了这座住宅的一项特殊功能。柯布西耶在住宅中设计了一条连续但曲折的“步道”，步道沿线作为展陈空间，空间变化非常丰富。

贝朗榭公寓

贝朗榭公寓是 Hector Guimard 公认的、最出色的作品，利用铸铁构件弯曲形成的极富装饰艺术感的大门是住宅的一大特色。

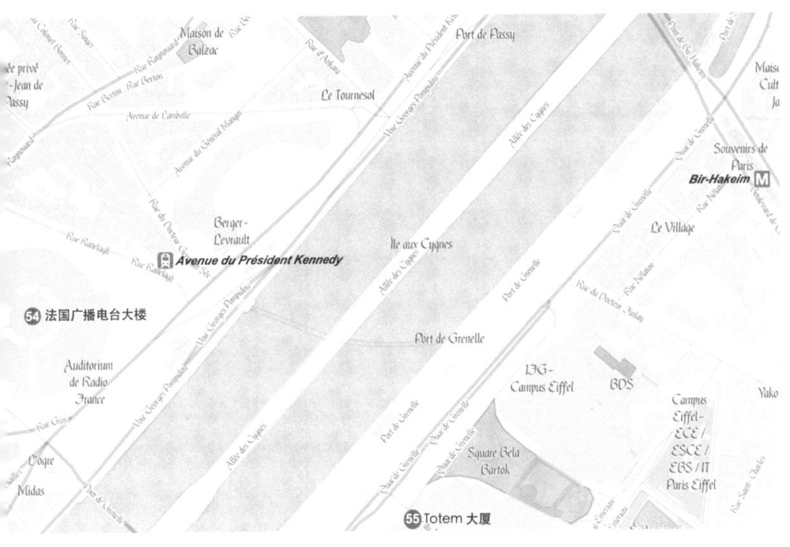

54 法国广播电台大楼
Maison de la Radio

建筑师：Henry Bernard
地址：116 Avenue du Président Kennedy,75016 Paris
建筑类型：办公建筑
建筑年代：1952-1963

55 Totem 大厦
Tour Totem

建筑师：Michel Andrault + Pierre Parat
地址：55 Quai de Grenelle,75015 Paris
建筑类型：居住建筑
建筑年代：1976-1978

法国广播电台大楼

Henry Bernard 生于 1912 年，负责过大量国家纪念性建筑项目，并承担了大量历史建筑更新的工作。他同时也是一名城市规划师，曾负责过格勒诺布尔市的规划。

Totem 大厦

大厦共 31 层，包含 207 间公寓。这些住宅单元都固定在建筑核心筒上，同时根据对塞纳河的视线调整了方向。

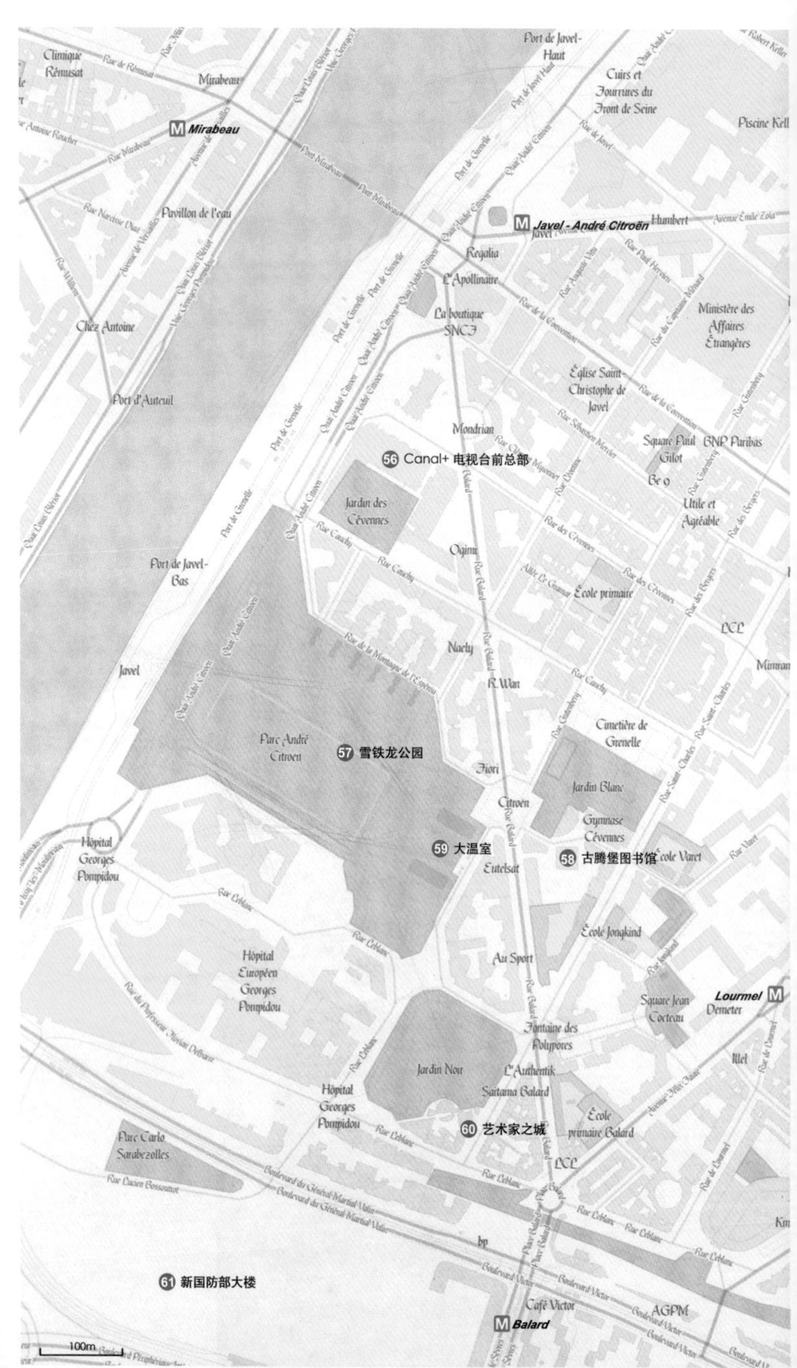

Clinique Rémusat
Rue de Rémusat
Mirabeau
M Mirabeau
Rue Mirabeau
Pont Mirabeau
Port de Javel-Haut
Cuirs et Fourrures du Front de Seine
Piscine Kell
Rue de Javel
Port de Grenelle
Quai André Citroën
Pavillon de l'eau
Rue Narcisse Diaz
Avenue de Versailles
M Javel - André Citroën
Humbert
Avenue Émile Zola
Regalia
L'Apollinaire
La boutique SNCF
Rue de la Convention
Ministère des Affaires Étrangères
Chez Antoine
Port d'Auteuil
Église Saint-Christophe de Javel
Mondrian
Rue Sébastien Mercier
Square Paul Gilot
BNP Paribas
56 Canal+ 电视台前总部
Be 9
Jardin des Cévennes
Utile et Agréable
Rue Cauchy
Rue des Cévennes
Rue Balard
Port de Javel-Bas
Ogimi
École primaire
Rue des Bergers
LCL
Rue de la Montagne de l'Espérou
Naely
Javel
R.Wan
Cimetière de Grenelle
Parc André Citroen
57 雪铁龙公园
Fiori
Jardin Blanc
Citroen
Gymnase Cévennes
Hôpital Georges Pompidou
59 大温室
Eutelsat
58 古腾堡图书馆
École Varet
Rue Varet
Rue Leblanc
École Jongkind
Au Sport
Hôpital Européen Georges Pompidou
Square Jean Cocteau
Lourmel M
Demeter
Rue du Professeur Florian Delbarre
Fontaine des Polypores
Jardin Noir
L'Authentik
Saitama Balard
Hôpital Georges Pompidou
École primaire Balard
60 艺术家之城
Parc Carlo Sarabezolles
Rue Lucien Bossoutrot
LCL
Rue de Lourmel
Boulevard du Général Martial Valin
Place Balard
bp
Boulevard Victor
Café Victor
AGPM
M Balard
61 新国防部大楼
100m

Canal+ 电视台前总部

建筑立面具有鲜明的迈耶特色，面向街道和公园的立面中加入了悬挑阳台、水平遮阳板和横向长条窗元素，而弧形的沿河立面则采用纤细的白色包漆窗框进行调节，增加了立面的活力。

雪铁龙公园

雪铁龙公园原为雪铁龙汽车制造厂，分为南北两部分，北部区域包括两座大型温室、六座小型温室和一组由两条水道夹出的序列花园，南部区域包括黑色园、变形园、大水渠和公园边缘自然形态的水泽洞窟等。

古腾堡图书馆

Franck Hammoutène 生于 1954 年，1983 年成立个人事务所，致力于巴黎城市修复更新以及扩张研究。

大温室

雪铁龙公园大温室位于公园草坪南部，高 15 米，扮演了公园客厅的角色。

艺术家之城

Michel Kagan1953 年生于巴黎，曾师从于 Henri Ciriani，一生曾获得大量建筑奖励，包括密斯 · 凡 · 德罗奖、法国建筑银尺奖等奖项提名。艺术家之城包括艺术家工作室，可俯瞰公园的圆柱体量住宿区。

新国防部大楼

长期以来，法国国防部各机构分散在巴黎全城的十多处地点，大楼的启用使法国国防部首次拥有集中的办公场所。大楼的设计既强调军事建筑的庄严的力量感，又通过大量绿色生态技术的使用展现新型政府办公楼的环保形象，并尽量使这座超大体量的办公楼融入周边环境。大楼因其平面形态被称为“六角大楼”。

56 Canal+ 电视台前总部
Ex Siège “Canal+”

建筑师：理查德 · 迈耶 / Richard Meier
地址：Rue des Cévennes 与 Quai André Citroën 交口，75015 Paris
建筑类型：办公建筑
建筑年代：1988-1992

57 雪铁龙公园
Parc André Citroën

建筑师：Patrick Berger
地址：2 Rue Cauchy,75015 Paris
建筑类型：特色片区
建筑年代：1990-1992
开放时间：3 月 1 日至 30 日周一至周五 8:00-19:00，周六、日 9:00-19:00；3 月 31 日至 4 月 30 日、9 月 1 日至 9 月 30 日周一至周五 8:00-20:30，周六、日 9:00-20:30；5 月 1 日至 8 月 31 日周一至周五 8:00-21:30，周六、日 9:00-21:30；10 月 1 日至 10 月 25 日周一至周五 8:00-19:30，周六、日 9:00-19:30；10 月 28 日至次年 2 月 28 日周一至周五 8:00-17:45，周六、日 9:00-17:45。
票价：免费。

58 古腾堡图书馆
Bibliothèque Gutenberg

建筑师：Franck Hammoutène
地址：8 Rue de la Montagne d'Aulas,75015 Paris
建筑类型：文化建筑
建筑年代：1987-1991
开放时间：周二、四、五 13:30-18:30，周三、六 10:00-12:30、13:30-18:00，周一、日关闭。

59 大温室
Grande Serre

建筑师：Patrick Berger
地址：Parc André Citroën,2 Rue Cauchy,75015 Paris
建筑类型：其他建筑
建筑年代：1985-1993

60 艺术家之城
Cité d'Artistes

建筑师：Michel Kagan
地址：230 Rue Saint-Charles,75015 Paris
建筑类型：居住建筑
建筑年代：1988-1992

61 新国防部大楼
Nouveau Ministère de la Défense

建筑师：Nicolas Michelin
地址：8 Boulevard du Général Martial Valin,75015 Paris
建筑类型：办公建筑
建筑年代：2007-2015

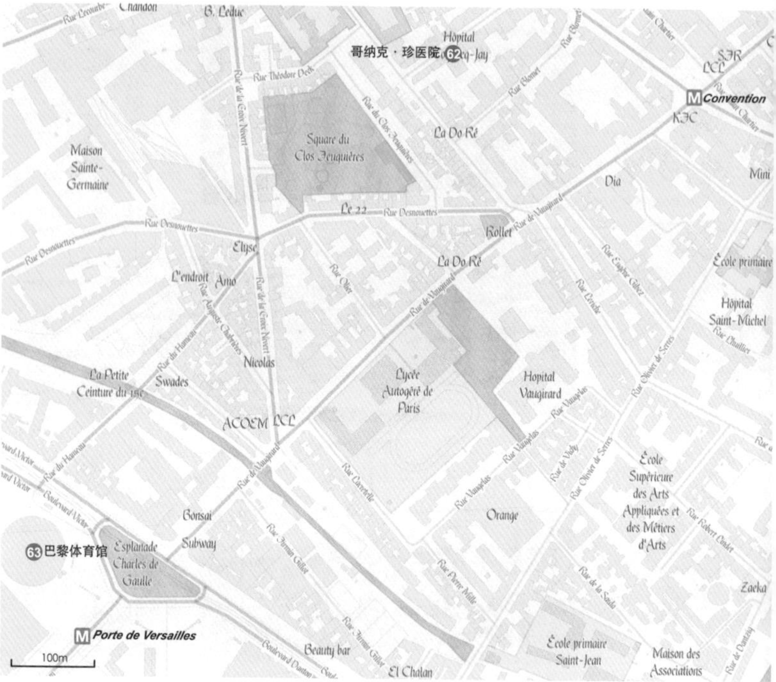

62 **哥纳克 · 珍医院**
Hôpital Cognacq-Jay

建筑师：伊东丰雄 /Toyo Ito
地址：15 Rue Eugène Millon,75015 Paris
建筑类型：医疗建筑
建筑年代：1999-2006

63 **巴黎体育馆**
Palais des Sports de Paris

建筑师：Pierre Dufau
地址：1 Place de la Porte de Versailles,75015 Paris
建筑类型：体育建筑
建筑年代：1965-1966

哥纳克 · 珍医院

建筑师在这个项目中主张以透明性取得和城市文脉的联系，因此立面几乎全部以玻璃覆盖。建筑不同部分的功能主要通过地下层进行联系。

巴黎体育馆

体育场的巨大圆顶用1100块铝板拼成，是当时世界上最轻的结构。体育场曾举行大量比赛和演唱会，其声学性能和观演效果都获得了好评。

Immeuble Molitor
64 出租公寓
Stade Jean Bouin
Les Deux Stades
Collège et Lycée Général et Technologique Claude Bernard
Exelmans
Nastasia
Jardin Guilbaud
65 王子公园体育场
Parc des Princes
Halle Murat
Allianz
Cimetière d'Auteuil
Azur Micro
Michel Ange
École Maternelle et Élémentaire du Parc des Princes
Hôpital Henri Dunant
Rebillon
Rue Claude Farrère
Rue de l'Arioste
Boulevard Murat
Boulevard Périphérique Extérieur
Boulevard Périphérique Intérieur
Avenue du Parc des Princes
Rue du Commandant Guilbaud
Rue de La Tourelle
Rue du Général Delestraint
Rue de Varize
Rue Michel-Ange
Rue Claude Lorrain
Rue Parent de Rosan
Rue de Civry
Rue Raffaëlli
Boulevard Exelmans
100m

64 出租公寓
Immeuble Molitor

建筑师：勒·柯布西耶 /Le Corbusier
地址：24 Rue Nungesser et Coli,92100 Paris
建筑类型：居住建筑
建筑年代：1931-1934
备注：参观须预约，电话 +33(1)42887572，邮箱 reservation@fondationlecorbusier.fr

65 王子公园体育场
Parc des Princes

建筑师：Roger Taillibert
地址：24 Rue du Commandant Guilbaud,75016 Paris
建筑类型：体育建筑
建筑年代：1969-1972

出租公寓

公寓的顶层是柯布西耶自己的住所，他一生的大部分时间都住在这里。建筑的主体采用大面积玻璃，具有现代的形象，但柯布西耶的住所部分则采用老旧的砖墙，形成明显的对比。

王子公园体育场

体育场为 1998 年法国世界杯而建，曾是法国国家足球队的主场，可以容纳 46480 人，现为法甲球队巴黎圣日耳曼队主场。

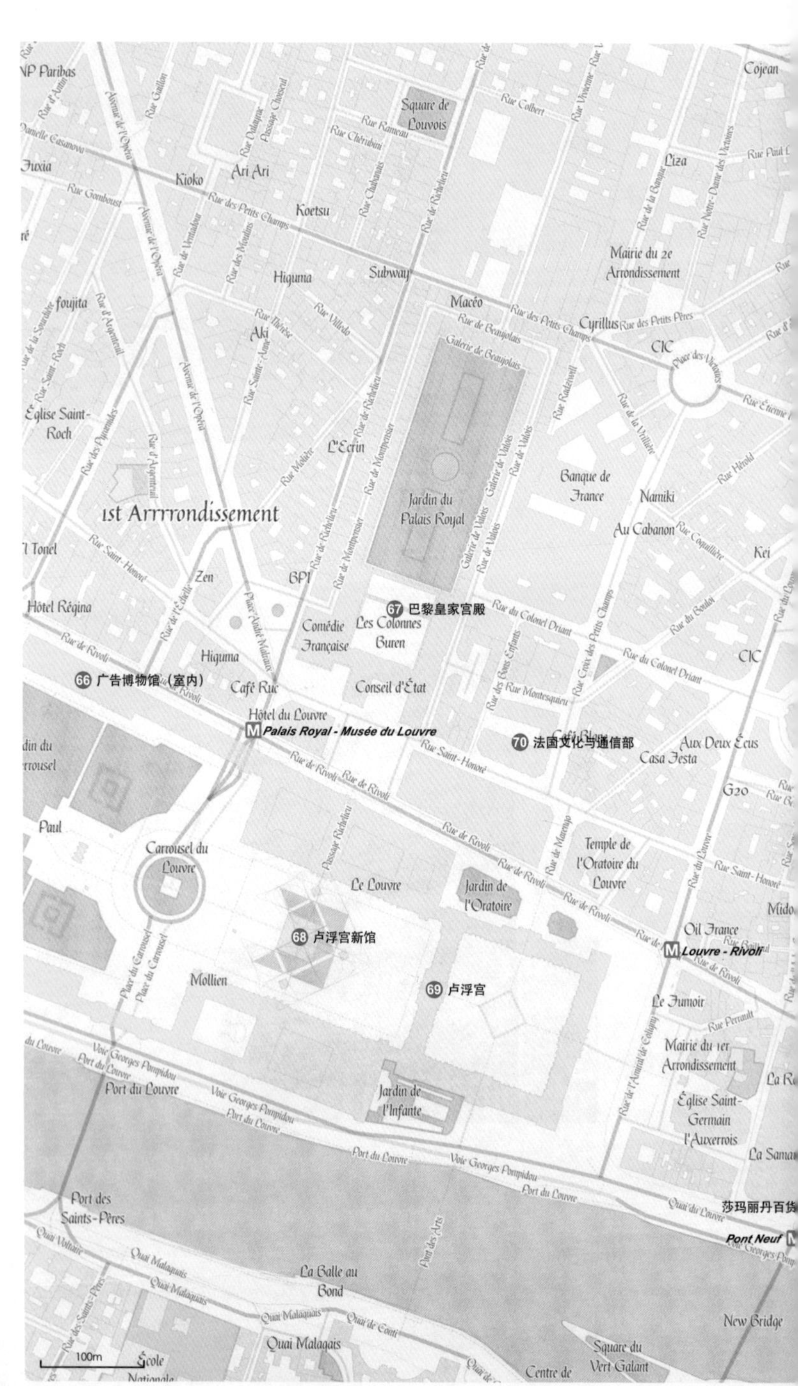
67 巴黎皇家宫殿
66 广告博物馆（室内）
68 卢浮宫新馆
69 卢浮宫
70 法国文化与通信部
莎玛丽丹百货
1st Arrrondissement
Jardin du Palais Royal
Le Louvre
Palais Royal - Musée du Louvre
Louvre - Rivoli
Pont Neuf
Comédie Française
Les Colonnes Buren
Conseil d'État
Carrousel du Louvre
Banque de France
Mairie du 2e Arrondissement
Mairie du 1er Arrondissement
Église Saint-Roch
Église Saint-Germain l'Auxerrois
Temple de l'Oratoire du Louvre
Jardin de l'Oratoire
Jardin de l'Infante
Square de Louvois
Rue de Rivoli
Rue Saint-Honoré
Voie Georges Pompidou
Port du Louvre
Quai Malaquais
Quai du Louvre
100m

71 “巴黎人”住宅
Bio c'Bon
Sentier Subway
HSBC
Cléry
Sajou
Polo
Cigartex
Le Cerceau
Gaîté Lyrique
École élémentaire Dussoubs
A2pas
Quick
BPE
Gymnase Jean Dame
La Gaîté lyrique
Midoré
Yuka
Réaumur - Sébastopol
Sofinco
Marché U
COS
Paul
La Clairière
50m.
Stohrer
Parinux
REPLAY
CIC
Louvre
Nagoya
Casino
École primaire
Pierrot
Étienne Marcel
Église Saint-Eustache
Jet-Lag
Zango
Église Saint-Leu-Saint-Gilles
BRED
Iris
G20
HEMA
Les Halles
Forum les Halles
Rambuteau
LCL
FNAC
ACZ
73 布朗库西工作室重建
CNES
Hôtel Novotel
Ozo
KFC
Link
Centre Pompidou
74 蓬皮杜艺术中心
SFR
波布咖啡馆 75
IRC 76 声乐研究所
G20
C&A
Ciao
PMU
Proxi
CIC
Saint-Merri
École élémentaire Saint-Merri
Châtelet
Heyraud
Hôtel Britannique
Naturalia
Théâtre du Châtelet
Square de la Tour Saint-Jacques
Majesty
Hôtel de Ville
Bazar de l'Hôtel de Ville
Théâtre de la
Rue Réaumur
Rue de Rivoli
Rue de Turbigo
Rue Étienne Marcel
Rue Rambuteau
Boulevard de Sébastopol
Rue Saint-Denis
Rue Saint-Martin
Rue Montorgueil
Rue Pierre Lescot
Rue Quincampoix
Rue du Renard
Rue Beaubourg
Rue de la Verrerie
Rue Saint-Sauveur
Rue Greneta
Rue Tiquetonne
Rue Dussoubs
Rue du Caire
Rue d'Alexandrie
Rue d'Aboukir
Rue de Cléry
Rue Berger
Rue des Innocents
Rue de la Ferronnerie
Quai de la Mégisserie

⑥⑥ **广告博物馆（室内）**
Musée de la Publicité

建筑师：让·努韦尔 /Jean Nouvel
地址：107 Rue de Rivoli,Palais du Louvre,75001 Paris
建筑类型：文化建筑
建筑年代：1998
开放时间：周二至周五 11:00-18:00（周三开放至 21:00），周六、日 10:00-18:00。
票价：全价 5.34 欧元，折扣价 3.81 欧元，18 岁以下免费。

⑥⑦ **巴黎皇家宫殿**
Palais Royal

建筑师：Jacques Lemercier + Victor Louis + Daniel Buren
地址：8 Rue de Montpensier,75001 Paris
建筑类型：其他建筑
建筑年代：17-18 世纪
开放时间：10 月至次年 3 月 7:00-20：30，4、5 月 7：00-22：15，6 月至 8 月 7:00-23:00，9 月 7:00-21:30。

⑥⑧ **卢浮宫新馆**
Le Grand Louvre

建筑师：贝聿铭 /I.M.Pei
地址：2 Place du Palais Royal,75001 Paris
建筑类型：文化建筑
建筑年代：1989
开放时间：除周二外 9:00-18:00，周三、五开放至 21:45，1 月 1 日、5 月 1 日、12 月 25 日关闭。
票价：常展 12 欧元，特展 13 欧元，套票 16 欧元，18 岁以下常展免费，每月第一个周日、7 月 14 日常展免费。

⑥⑨ **卢浮宫**
Le Grand Louvre

地址：Musée du Louvre,75001 Paris
建筑类型：文化建筑
建筑年代：12-18 世纪

⑦⓪ **法国文化与通信部**
Ministère de la Culture et de la Communication

建筑师：Francis Soler
地址：Rue Croix des Petits Champs 与 Rue Saint Honoré 交口，75001 Paris
建筑类型：办公建筑
建筑年代：2005

⑦① **"巴黎人"住宅**
Immeuble du "Parisien"

建筑师：Georges Chedanne
地址：124 Rue Réaumur,75002 Paris
建筑类型：居住建筑
建筑年代：1904-1905

广告博物馆（室内）

博物馆的主要收藏为广告海报、广告影片等，海报主要来自于 18 世纪至第二次世界大战和 1952 年至今两个时期，包含来自欧美多个国家的作品，共计约 10 万张。

巴黎皇家宫殿

宫殿与卢浮宫的北翼一街之隔，院落现对公众免费开放，是市民喜爱的公共活动场所。宫殿前院布置有由艺术家丹尼尔·布伦（Daniel Buren）设计的高度不等的黑白条纹石柱阵。

卢浮宫新馆

法国人曾经极力反对的金字塔成了他们每一个人的骄傲。

卢浮宫

卢浮宫是法国最大的王宫建筑之一，包括庭院在内占地 19 公顷，自东向西在塞纳河右岸展开，两翼各长 690 米，其东立面是新古典主义风格的代表作品。

法国文化与通信部

项目是对两座建于不同年代的现存建筑的改造，以将原先分布于城市各处的机构整合于一座大楼中，其中旧建筑被金属网覆盖，以和新建筑取得一定的统一。两栋建筑内部都进行了改造以提供不同大小的工作空间，并联系不同层高。

"巴黎人"住宅

建筑采用钢铁和玻璃作为立面材料，上部突出的阳台由柔和的结构与主体相连接，钢构件的细度、圆滑曲线和装饰性大门体现出新艺术运动风格。

72 莎玛丽丹百货公司
Grands Magasins La Samaritaine

建筑师：Frantz Jourdain + Henri Sauvage
地址：La Samaritaine, 75001 Paris
建筑类型：商业建筑
建筑年代：1905-1932

莎玛丽丹百货公司

百货公司立面具有鲜明的新艺术运动风格，1933 年由 Henri Sauvage 进行重新设计，现已被认定为法国历史古迹。

73 布朗库西工作室重建
Atelier Brancusi

建筑师：伦佐 · 皮亚诺 / Renzo Piano (Renzo Piano Building Workshop)
地址：Place Georges Pompidou,75004 Paris
建筑类型：文化建筑
建筑年代：1992-1996

布朗库西工作室重建

艺术家布朗库西去世时，以在原址翻修他的工作室为条件将他的工作室和其中的全部物品捐献给法国政府。皮亚诺的方案考虑了工作室内每件展品的展示需要，以达到对布朗库西作品最佳的展陈效果。建筑内外都采用素石灰石贴面，使新建筑低调地融于环境之中。

74 蓬皮杜艺术中心
Centre George Pompidou

建筑师：理查德 · 罗杰斯 / Richard Rogers + 伦佐 · 皮亚诺 /Renzo Piano
地址：Place Georges-Pompidou,75004 Paris
建筑类型：文化建筑
建筑年代：1977
开放时间：除周二外 11:00-22:00，20:00 停止售票，5 月 1 日关闭。
票价：全价 13 欧元，折扣价 10 欧元

蓬皮杜艺术中心

蓬皮杜艺术中心是高技派风格的代表作。整座建筑除一道防火墙外没有任何固定墙面和内柱，内部空间可由活动隔断、家具或栏杆根据展陈需要随意分隔。建筑结构的梁、柱、桁架以及内部管线都暴露在建筑立面上，红色的是垂直交通系统（扶梯），蓝色的是空调系统，绿色的是给排水系统，黄色的是电气管线。

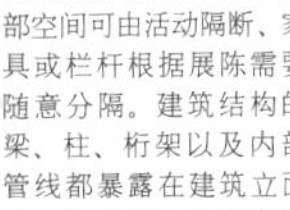

75 波布咖啡馆
Café Beaubourg

建筑师：克利斯蒂安 · 德 · 鲍赞巴克 /Christian de Portzamparc
地址：100 Rue Saint-Martin,75004 Paris
建筑类型：商业建筑
建筑年代：1985-1987
开放时间：周一至周五 8:00-24:00，周六 9:00-24:00，周日 9:00- 次日 1:00。

波布咖啡馆

咖啡馆的室内设计具有明显的鲍赞巴克风格，内部空间流动连通，墙面和建筑构件上具有现代抽象图案的母题。

76 声乐研究所
IRCAM

建筑师：理查德 · 罗杰斯 / Richard Rogers + 伦佐 · 皮亚诺 /Renzo Piano
地址：2 Rue Brisemiche, 75004 Paris
建筑类型：科教建筑
建筑年代：1973-1990

声乐研究所

与建筑师同年设计的缪克斯路住宅类似，建筑立面也采用了填充在铝制框架中的赤陶砖，以与周边老建筑的砌砖立面在材质与尺寸分隔上相协调。

波布咖啡馆／克利斯蒂安·德·鲍赞巴克

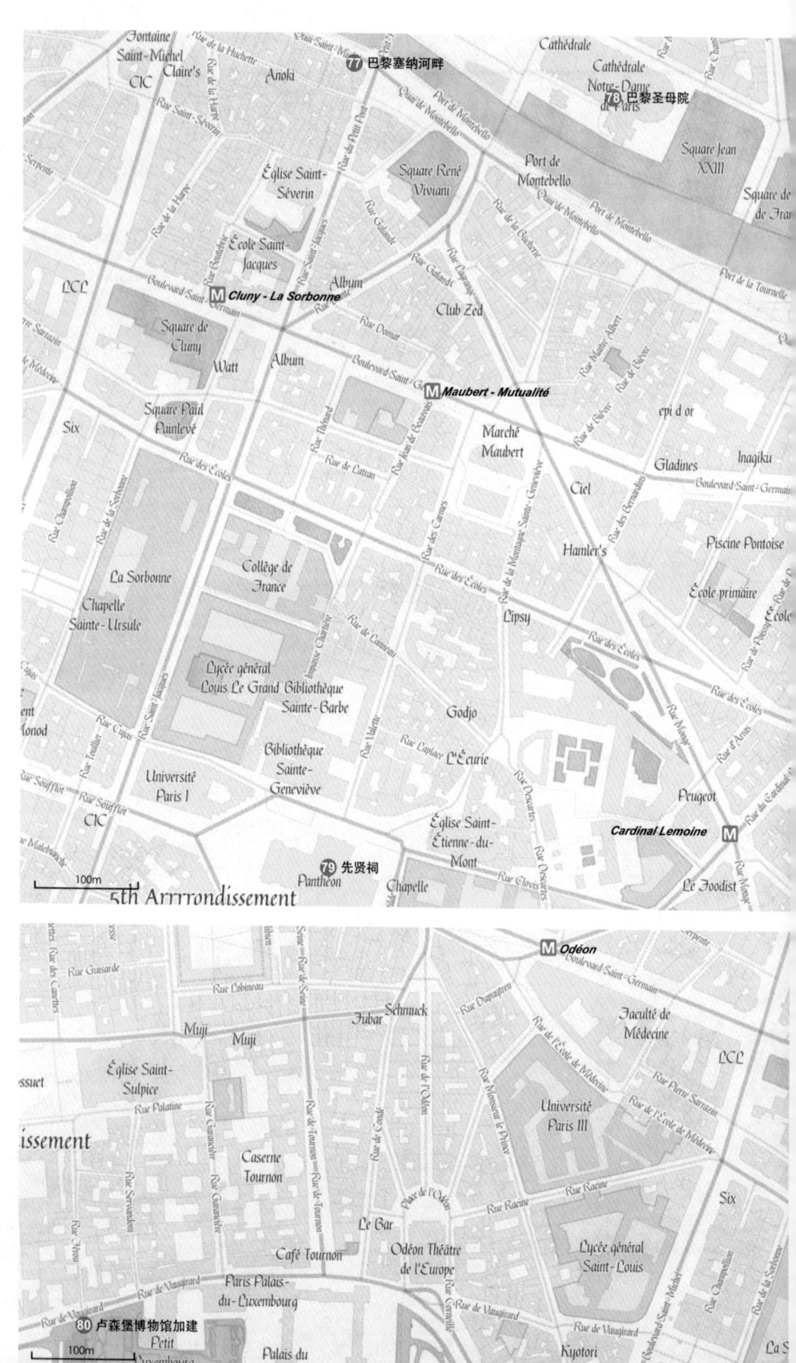
77 巴黎塞纳河畔
78 巴黎圣母院
79 先贤祠
Cluny - La Sorbonne
Maubert - Mutualité
Cardinal Lemoine
5th Arrrondissement
100m
Odéon
80 卢森堡博物馆加建
100m

Note Zone

巴黎塞纳河畔

塞纳河是法国第二大河，流经巴黎市中心，河中巴黎圣母院所在的西堤岛是塞纳河沿岸最早有人定居的地方（约公元前250年），巴黎就是以此岛为中心逐渐发展起来。目前巴黎市的分区也是从西堤岛开始，顺时针展开分为20个区。塞纳河畔汇集了卢浮宫、荣军院、奥赛博物馆、埃菲尔铁塔和协和广场、亚历山大三世桥等诸多巴黎最美的建筑、广场、街道和桥梁。

巴黎圣母院

巴黎圣母院是一座哥特式基督教教堂，以其哥特式的建筑风格、内部雕刻和绘画，及所藏的大量13－17世纪艺术珍品闻名于世。

先贤祠

先贤祠建筑平面成希腊十字形，长100米，宽84米，高83米，前廊有22根立柱，柱体较古典柱式略细，穹顶上有巨大的采光窗，室内空间庄重优雅。门廊上方的三角门楣上有名为《在自由和历史之间的祖国》的浮雕。

卢森堡博物馆加建

该项目是坂茂“纸建筑”的又一处尝试，加建部分的咖啡厅和展馆全部采用纸管建造。

77 巴黎塞纳河畔
Rives de la Seine

建筑类型：特色片区

78 巴黎圣母院
Cathédrale Notre-Dame de Paris

建筑师：Jean de Chelles + Pierre de Montreuil + Jean Ravy + Viollet-le-Duc
地址：6 Parvis Notre-Dame,Place Jean-Paul II,75004 Paris
建筑类型：宗教建筑
建筑年代：1163-1345
开放时间：主教堂周一至周五8:00-18:45，周六、日8:00-19:45；钟塔7、8月9:00-22:00，9月9:30-19:30，10月至次年3月10:00-17:30，节假日关闭；地下室10:00-18:00，周一和节假日关闭，关闭前半小时停止售票。
票价：主教堂免费；钟塔全价8欧元，18岁至25岁5欧元，17岁以下免费；教堂博物馆全价3欧元；地下室全价4欧元，13岁至18岁2欧元，13岁以下免费。

79 先贤祠
Panthéon

建筑师：Jacques-Germain Soufflot + Jean-Baptiste Rondelet
地址：Place du Panthéon,75005 Paris
建筑类型：其他建筑
建筑年代：1758-1790
开放时间：4月至9月10:00-18:30，10月至次年3月10:00-18:00（12月24日、31日16:15关闭），关闭前45分钟停止售票，1月1日、5月1日、12月25日关闭。
票价：全价7.5欧元，折扣价4.5欧元，团体6欧元（20人以上），18岁以下免费。

80 卢森堡博物馆加建
Musée du Luxembourg

建筑师：坂茂 /Shigeru Ban
地址：9 Rue de Vaugirard,75006 Paris
建筑类型：文化建筑
建筑年代：2011
开放时间：10:00-19:30，周一、五延长至22:00，关闭前30分钟停止售票，5月1日关闭。
票价：随展览变化。

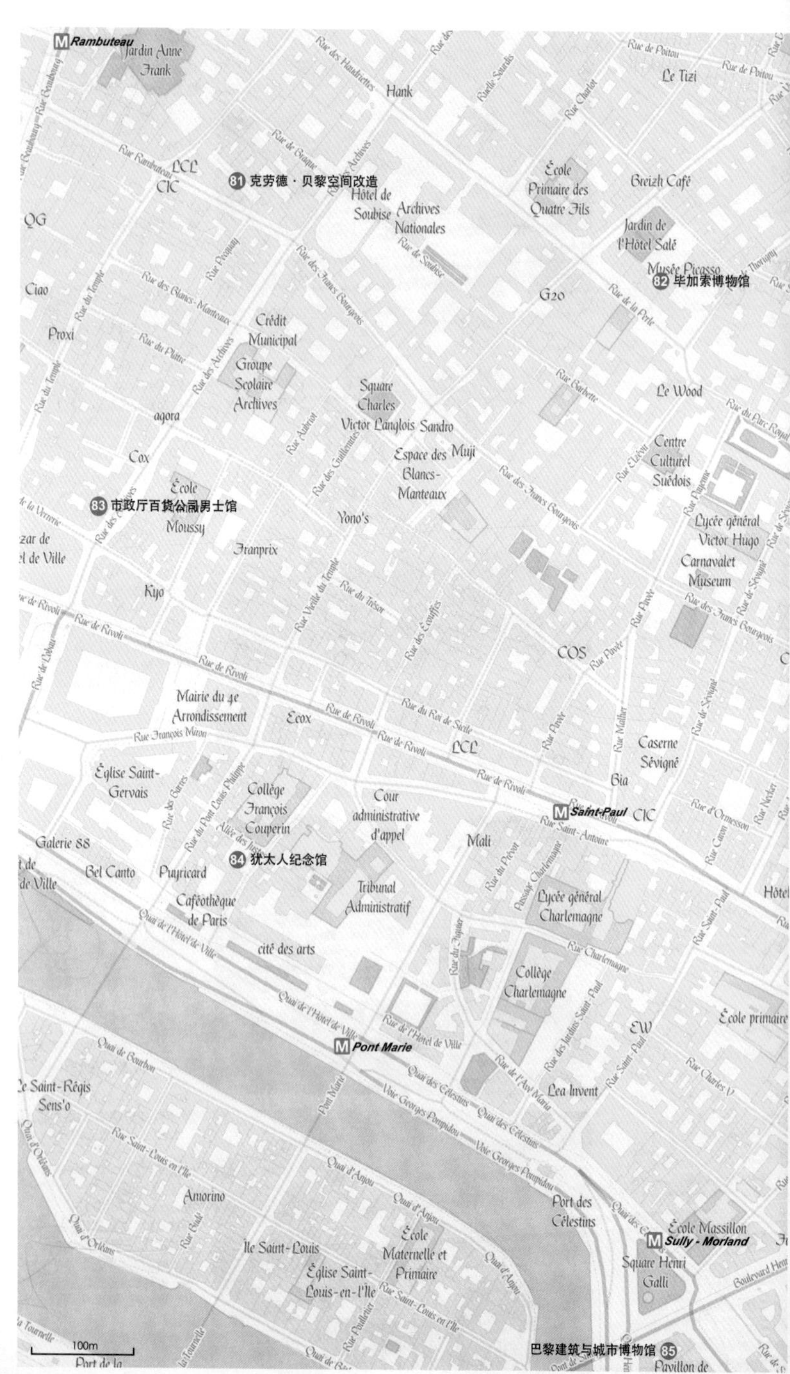
Rambuteau
Jardin Anne Frank
Hank
Le Tizi
LCL
CIC
81 克劳德・贝黎空间改造
Hôtel de Soubise
Archives Nationales
École Primaire des Quatre Fils
Breizh Café
Jardin de l'Hôtel Salé
Musée Picasso
82 毕加索博物馆
QG
Ciao
Proxi
G20
Crédit Municipal
Groupe Scolaire Archives
Square Charles Victor Langlois
Sandro
Le Wood
agora
Espace des Blancs-Manteaux
Muji
Centre Culturel Suédois
Cox
École
83 市政厅百货公司男士馆
Moussy
Yono's
Lycée général Victor Hugo
Franprix
Carnavalet Museum
Kyo
COS
Mairie du 4e Arrondissement
Ecox
LCL
Caserne Sévigné
Église Saint-Gervais
Collège François Couperin
Cour administrative d'appel
Bia
Saint-Paul
CIC
Galerie 88
Mali
84 犹太人纪念馆
Bel Canto
Puyricard
Tribunal Administratif
Lycée général Charlemagne
Caféothèque de Paris
cité des arts
Collège Charlemagne
École primaire
EW
Pont Marie
Sens'o
Lea Invent
Amorino
Port des Célestins
École Maternelle et Primaire
Île Saint-Louis
École Massillon
Sully - Morland
Église Saint-Louis-en-l'Île
Square Henri Galli
100m
巴黎建筑与城市博物馆 85
Pavillon de
Rue Rambuteau
Rue des Haudriettes
Rue de Braque
Rue des Archives
Rue de Soubise
Rue des Francs Bourgeois
Rue des Blancs-Manteaux
Rue du Plâtre
Rue du Temple
Rue Vieille du Temple
Rue du Trésor
Rue des Écouffes
Rue de Rivoli
Rue du Roi de Sicile
Rue François Miron
Rue Saint-Antoine
Rue Pavée
Rue Malher
Rue de Sévigné
Rue Barbette
Rue de la Perle
Rue du Parc Royal
Rue de Poitou
Rue Charlot
Rue Elzévir
Rue Payenne
Rue d'Ormesson
Rue Caron
Rue Saint-Paul
Rue Charlemagne
Rue des Jardins Saint-Paul
Rue de l'Ave Maria
Rue Charles V
Rue du Prévôt
Passage Charlemagne
Rue du Figuier
Rue de l'Hôtel de Ville
Quai de l'Hôtel de Ville
Quai des Célestins
Voie Georges Pompidou
Pont Marie
Quai de Bourbon
Quai d'Anjou
Rue Saint-Louis en l'Île
Quai d'Orléans
Rue Poulletier
Rue Budé
Boulevard Henri IV

Note Zone

81 克劳德 · 贝黎空间改造
Espace Claude Berri

建筑师 :让 · 努韦尔 /Jean Nouvel
地址 :4 Passage Saint Avoye,75003 Paris
建筑类型 :文化建筑
建筑年代 :2008

82 毕加索博物馆
Musée Picasso

建筑师 :Roland Simounet
地址 :5 Rue de Thorigny，75003 Paris
建筑类型 :文化建筑
建筑年代 :1976-1985

83 市政厅百货公司男士馆
BHV Homme

建筑师 :Franck Michigan + Olivier Saguez
地址 :36 Rue de la Verrerie,75004 Paris
建筑类型 :商业建筑
建筑年代 :2007
开放时间 :周一、二、四、五 9:30-19:30，周三 9:30-21:00，周六 9:30-20:00。

84 犹太人纪念馆
Mémorial des Martyrs de la Déportation

建筑师 :Georges-Henri Pingusson
地址 :Allée des Justes de France,75004 Paris
建筑类型 :文化建筑
建筑年代 :1952-1962
开放时间 :4 月至 9 月除周一外 10:00-19:00，10 月至次年 3 月除周一外 10:00-17:00。
票价 :免费。

85 巴黎建筑与城市博物馆
Pavillon de l'Arsenal

建筑师 :Finn Geipel + Giulia Andi (LIN)
地址 :21 Boulevard Morland,75004 Paris
建筑类型 :文化建筑
建筑年代 :2003
开放时间 :周二至周六 10:30-18:30，周日 11:00-19:00。
票价 :免费。

克劳德 · 贝黎空间改造

努韦尔擅长用钢、玻璃以及光创造新颖的、符合建筑基地环境、文脉要求的建筑形象。

毕加索博物馆

博物馆由豪宅府邸改建而来，是收藏毕加索的艺术作品最多的博物馆之一，也曾被作为专业艺术学院。

市政厅百货公司男士馆

建筑采用绿色植物塑造出绿色地毯般的立面效果。

犹太人纪念馆

纪念馆展览面积约 5000 平方米，展有大量的照片、文件和档案资料，室内还有数千部影视作品、6 万多本相关图书供研究者免费查询。

巴黎建筑与城市博物馆

博物馆是有关巴黎城市规划和建筑的资料搜集与展示中心，其中永久展厅展示着巴黎的城市演变历程，三个临时展厅的主题涉及国际著名建筑师的作品、手稿、模型等。

86 阿拉伯世界研究中心
Institut du Monde Arabe
88 巴黎第六大学朱西厄校区扩建
87 巴黎第六大学朱西厄校区科学系馆
Université Pierre et Marie Curie
Cardinal Lemoine
Cavea des Arènes de Lutèce
Boulevard Saint-Germain
Port de la Tournelle
Quai de la Tournelle
Pont de Sully
Square Barye
Rue des Écoles
Rue Monge
Rue Jussieu
Rue Cuvier
Grande Volière
100m
89 联合国教科文组织总部
UNESCO headquarters
90 UNESCO 总部冥想空间
Paris Ségur
Avenue de Suffren
Avenue de Lowendal
Avenue de Ségur
Avenue de Saxe
Square Garibaldi
Square Cambronne
Cambronne
Ségur
Boulevard Garibaldi
Sèvres - Lecourbe
Fontaine du puits de Grenelle
100m

Note Zone

86 阿拉伯世界研究中心
Institut du Monde Arabe

建筑师：让 · 努韦尔 /Jean Nouvel
地址：1 Rue des Fossés Saint-Bernard,75005 Paris
建筑类型：文化建筑
建筑年代：1987
开放时间：除周一外 10:00-18:00

87 巴黎第六大学朱西厄校区科学系馆
Faculté des Sciences de Jussieu

建筑师：Édouard Albert
地址：4 Place Jussieu,75005 Paris
建筑类型：科教建筑
建筑年代：1964-1971

88 巴黎第六大学朱西厄校区扩建
Atrium, Université Pierre et Marie Curie, Campus de Jussieu

建筑师：Emmanuelle Marin + David Trottin + Anne-Françoise Jumeau (Périphériques)
地址：Atrium,75005 Paris
建筑类型：科教建筑
建筑年代：2006

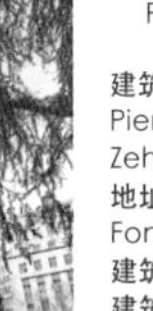

89 联合国教科文组织总部
Palais de l'UNESCO

建筑师：Marcel Breuer + Pier-Luigi Nervi + Bernard Zehrfuss
地址：7 Place de Fontenoy,75007 Paris
建筑类型：办公建筑
建筑年代：1952-1958
开放时间：周一至周五 9:00-12:00、14:00-17:00。

90 UNESCO 总部冥想空间
Espace de Méditation

建筑师：安藤忠雄 /Tadao Ando
地址：7 Place de Fontenoy,75007 Paris
建筑类型：其他建筑
建筑年代：1995
备注：参观需预约，电话 +33(0)145681000

阿拉伯世界研究中心

作为阿拉伯世界在巴黎的展示场，建筑试图在阿拉伯世界与西方世界、在历史与现代之间建立联系。著名的南立面感光装置以高技的方式重现了阿拉伯传统建筑的典型元素。

巴黎第六大学朱西厄校区科学系馆

Édouard Albert 的职业生涯开始于对塑料等合成材料、预应力混凝土等预制技术的研究，因此他的设计大量运用铝、钢等材料。

巴黎第六大学朱西厄校区扩建

项目建立在朱西厄校区原有的网格平面系统上，采用环形的功能布局系统，并在院子的布置上打破原有格局。

联合国教科文组织总部

联合国教科文组织总部的国际化不仅在于它所容纳的众多成员国，还在于它的设计也是由三个国家的建筑师联合完成。

UNESCO 总部冥想空间

冥想空间位于日式庭院的尽头，一条长坡道通向这座圆柱形的清水混凝土建筑。水池的地板采用经过清洁之后的、暴露于广岛原子弹爆炸地的花岗石，代表着和平的纪念。

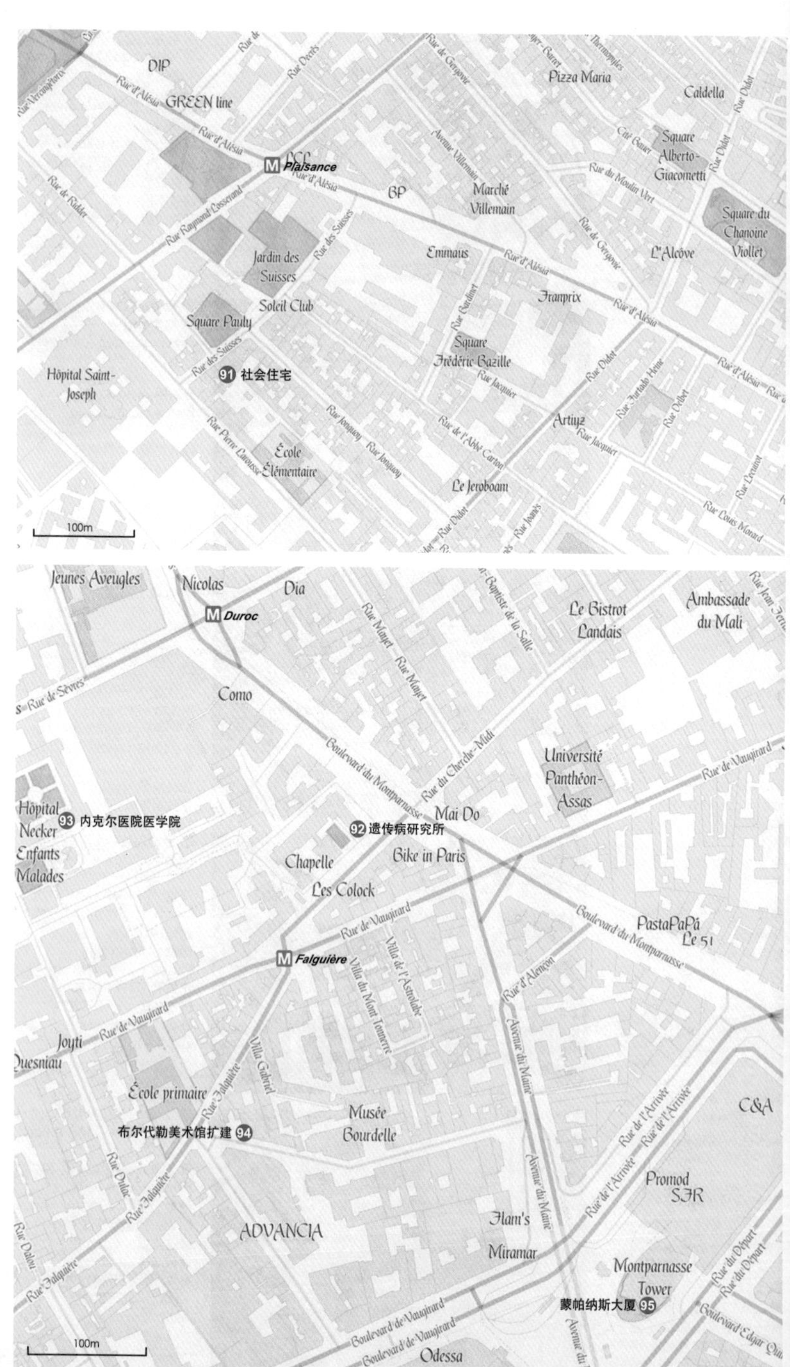
Plaisance
91 社会住宅
100m
Duroc
Falguière
93 内克尔医院医学院
92 遗传病研究所
布尔代勒美术馆扩建 94
蒙帕纳斯大厦 95
100m

Note Zone

91 社会住宅
Logements Sociaux

建筑师 :赫尔佐格和德梅隆 / Jacques Herzog + Pierre de Meuron (Herzog & de Meuron)
地址 :17 Rue des Suisses,75014 Paris
建筑类型 :居住建筑
建筑年代 :2000

92 遗传病研究所
La Fondation Imagine, Institut des Maladies Génétiques

建筑师 :让 · 努韦尔 /Jean Nouvel + Bernard Valéro + Frédéric Gadan (Valéro Gadan Architectes)
地址 :Boulevard du Montparnasse 与 Rue du Cherche-Midi 交口，75015 Paris
建筑类型 :办公建筑
建筑年代 :2013

93 内克尔医院医学院
Faculté de Médecine Necker

建筑师 :André Wogenscky
地址 :Rue de Vaugirard 与 Boulevard Pasteur 交口，75015 Paris
建筑类型 :科教建筑
建筑年代 :1963-1965

社会住宅

项目位于两个长形地块之间的一处狭长场地。为与两旁建筑保持一致，立面被设计为 7 层楼高，但实际内部只有 3 层，包括 60 间公寓以及地下停车场。

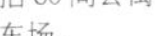

遗传病研究所

遗传病研究所是一个令人印象深刻的玻璃结构建筑。它有着富有现代感的线条，围绕着自然光充足的广阔中庭。建筑有研究专业知识和临床护理的两个空间，还包含了实验室、研究中心、遗传学咨询室以及会议中心。

内克尔医院医学院

André Wogenscky 生于 1916 年，是柯布西耶的弟子，从 1936 年到 1956 年一直在柯布西耶工作室任职，由于在公共建筑方面的大量实践于 1989 年获得法国国家建筑大奖。

94 布尔代勒美术馆扩建
Musée Bourdelle

建筑师:克利斯蒂安 · 德 · 鲍赞巴克 /Christian de Portzamparc
地址:16-18 Rue Antoine Bourdelle,75015 Paris
建筑类型:文化建筑
建筑年代:1988-1990
开放时间:周二至周日 10:00-18:00。
票价:常展免费。

项目地段被四面山墙包围，展览空间采用顶部天光照明，白色的石材地面起到反射并柔化天光的作用，灰色的大理石墙面则可以吸收部分光线，为展品提供中性的背景。项目一层为雕塑展厅，二层为绘画展厅，顶层为办公室。

95 蒙帕纳斯大厦
Tour Montparnasse

建筑师:Eugène Beaudouin + Urbain Cassan + Louis-Gabriel de Hoÿm de Marien
地址:33 Avenue du Maine,75015 Paris
建筑类型:办公建筑
建筑年代:1958-1973
开放时间(大厦登顶):4 月至 9 月 9:30-23:30，10 月至次年 3 月 9:30-22:30，周五、六及节假日延长至 23:00。
票价:全价 14 欧元，学生及 16 岁至 20 岁 11 欧元，7 岁至 15 岁 8.5 欧元。

蒙帕纳斯大厦是巴黎市中心唯一一座摩天大楼，高 210 米，共 59 层，是当时欧洲最高的摩天大楼。由于突兀的高度，它在建成后颇受巴黎市民批评，并导致了两年后禁止在巴黎市中心兴建摩天大楼的立法。

Note Zone

MGEN
Square Max Hymans
Square Gaston Baty
Rue du Maine
Avenue du Maine
Total
Jardin Atlantique
96 大西洋花园
Bobino
Manten
Rue de la Gaîté
Rue Vandamme
Yaki
Terrasse Modigliani
Rue du Commandant René Mouchotte
Tati
M Gaîté
Hôtel Pullman Montparnasse
Rue Vercingétorix
Gaîté
G20
Rue Jean Zay
Hôpital Leopold Bellan
Millésimes 62
Art Tabac
97 巴洛克风格社会住宅
Osmoz Café
Rue de l'Ouest
Rue Lebouis
Hôtel Agenor
Place de Séoul
Rue du Château
Rue du Texel
Rue Jules Guesde
Cobea
Rue Daguerre
Jardin du Cloître
Rue Guilleminot
Rue Maison Dieu
Passage des Arts
Les Tontons
École Élémentaire
Ecox
100m

96 大西洋花园
Jardin Atlantique

建筑师：François Brun + Christine Schnitzler + Michel Pena
地址：1 Place des Cinq Martyrs du Lycée Buffon,75015 Paris
建筑类型：特色片区
建筑年代：1994

97 巴洛克风格社会住宅
Logements Sociaux Les-Echelles-du-Baroque

建筑师：Ricardo Bofill
地址：Place de Catalogne,75014 Paris
建筑类型：居住建筑
建筑年代：1985

大西洋花园

大西洋公园最与众不同的地方，在于它建造在火车站的顶部。巴黎繁忙的蒙特帕纳斯和帕斯多车站（Montparnasse and Pasteur）是个巨大的枢纽车站，公园就在这个大车站的天台上，是个空中花园，这个空中花园的建成，为巴黎又增加了3.5公顷的新公园空间。

巴洛克风格社会住宅

项目包含两栋7层大楼，共有274套公寓，公寓均由几种面积约为65平方米的单元组合而成，部分公寓为2层，阳台被包裹在玻璃幕墙内。

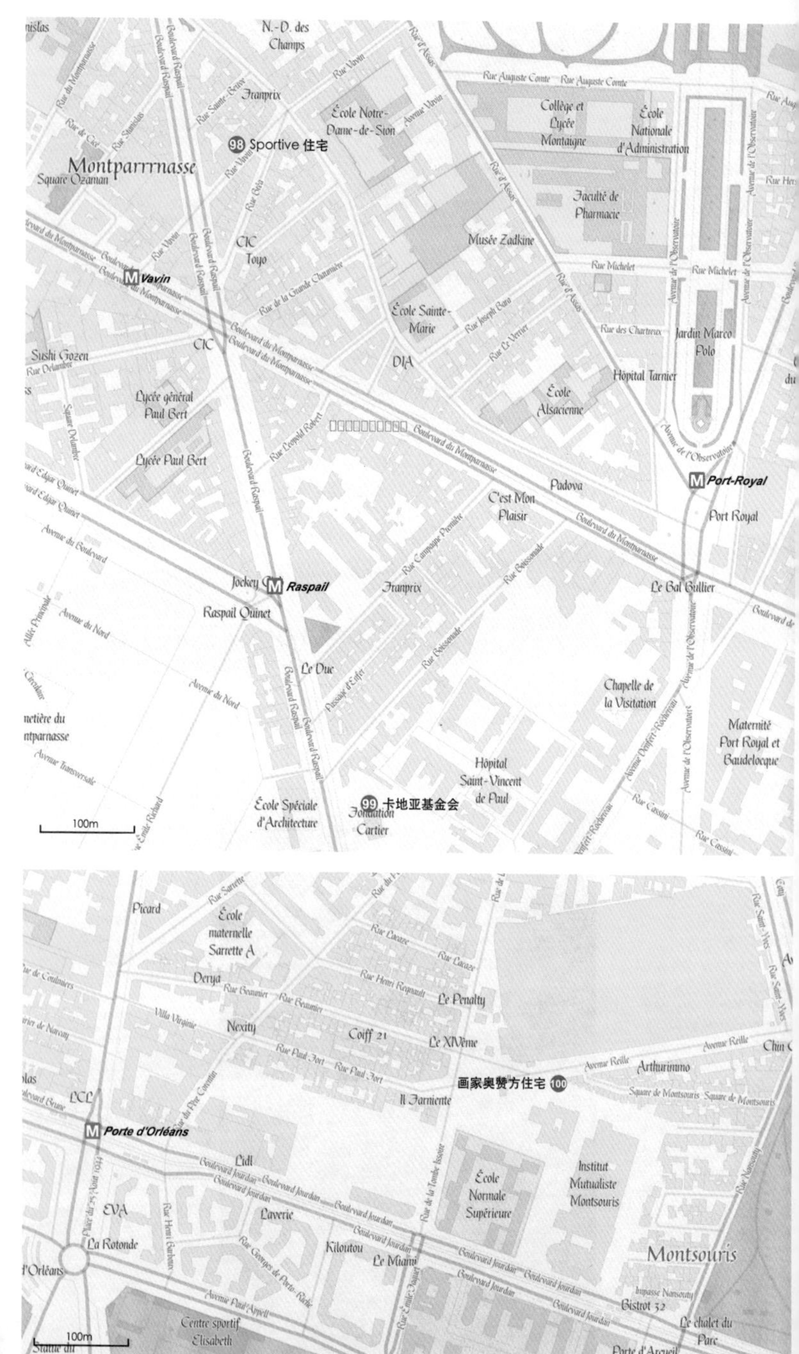
98 Sportive 住宅
Montparrrnasse
Vavin
Raspail
Port-Royal
99 卡地亚基金会
Fondation Cartier
École Spéciale d'Architecture
100m
画家奥赞方住宅 100
Porte d'Orléans
Montsouris
École Normale Supérieure
Institut Mutualiste Montsouris
100m

Note Zone

98 Sportive 住宅
Immeuble "La Sportive"

建筑师：Henri Sauvage
地址：26 Rue Vavin,75006 Paris
建筑类型：居住建筑
建筑年代：1909-1912

99 卡地亚基金会
Fondation Cartier

建筑师：让 · 努韦尔 /Jean Nouvel
地址：261 Boulevard Raspail,75014 Paris
建筑类型：文化建筑
建筑年代：1994
开放时间：除周一外 11:00-20:00，周二开放至 22:00，1 月 1 日、12 月 25 日关闭。
票价：全价 10.5 欧元，25 岁以下及学生 7 欧元，13 岁以下免费，周三 18 岁以下免费。

100 画家奥赞方住宅
Maison-Atelier du Peintre Ozenfant

建筑师：勒 · 柯布西耶 /Le Corbusier
地址：53 Avenue Reille, 75014 Paris
建筑类型：居住建筑
建筑年代：1922

Sportive 住宅

Henri Sauvage 生于 1873 年，毕业之后在巴黎经营一家壁纸商店。他在 19 世纪末到 20 世纪初创作了大量社会住宅。

卡地亚基金会

建筑被纤细的金属网架包裹，呈现出轻盈飘逸的效果，建筑体量几乎被消隐于无形。努韦尔认为，"在材料之中存在着建筑学的进化论，控制材料的主要方法之一是通过光线，在这个意义上，最惊人、最先进的材料之一就是玻璃"。

画家奥赞方住宅

业主奥赞方是一位画家，主张纯粹主义理论，参与《新精神》杂志发行。项目的功能为住宅兼画家工作室，采用自由立面和标准化构件。

Les Gobelins
巴黎救世军“人民宫”宿舍 102
国立家具博物馆 101
Square René Le Gall
Manufacture des Gobelins
Mobilier National
Place d'Italie
Grand Écran Italie 综合体 103
Corvisart
Boulevard de Port-Royal
Boulevard Saint-Marcel
Boulevard Arago
Boulevard Auguste Blanqui
Avenue des Gobelins
Rue Le Brun
Rue de Croulebarbe
Rue Corvisart
Rue Pascal
Rue des Cordelières
Cité scolaire Rodin
Couvent des Cordelières
Gymnase Auguste Blanqui
Jardin Brassaï
Collège Moulin des Prés
École maternelle Bobillot
Centre commercial Italie 2
13th Arrrror
100m

Note Zone

101 国立家具博物馆
Mobilier National

建筑师 :奥古斯特 · 佩雷 / Auguste Perret
地址 :1 Rue Berbier du Mets,75013 Paris
建筑类型 :文化建筑
建筑年代 :1936

102 巴黎救世军“人民宫”宿舍
Armée du Salut，Palais du Peuple

建筑师 :勒 · 柯布西耶 /Le Corbusier
地址 :29 Rue des Cordelières,75013 Paris
建筑类型 :居住建筑
建筑年代 :1926

103 Grand Écran Italie 综合体
Grand Écran Italie

建筑师 :丹下健三 /Kenzō Tange
地址 :30 Place d'Italie, 75013 Paris
建筑类型 :商业建筑
建筑年代 :1991

国立家具博物馆

15 世纪到 18 世纪晚期的法国建有大量皇家寓所，其中只有主要寓所陈列有永久性家具，其他寓所则会在君主抵达的几天前按需要添置家具，这些家具目前就陈列在这座博物馆中。

巴黎救世军“人民宫”宿舍

项目的选址巧妙地利用了基地，不仅避免了将新建筑的阴影投到已有建筑上，又在人民宫新旧宿舍之间形成了一个阳光充足的花园。

Grand Écran Italie 综合体

这是丹下健三的第一个欧洲项目，包含了一家旅馆、两家电影院以及一家影视公司。

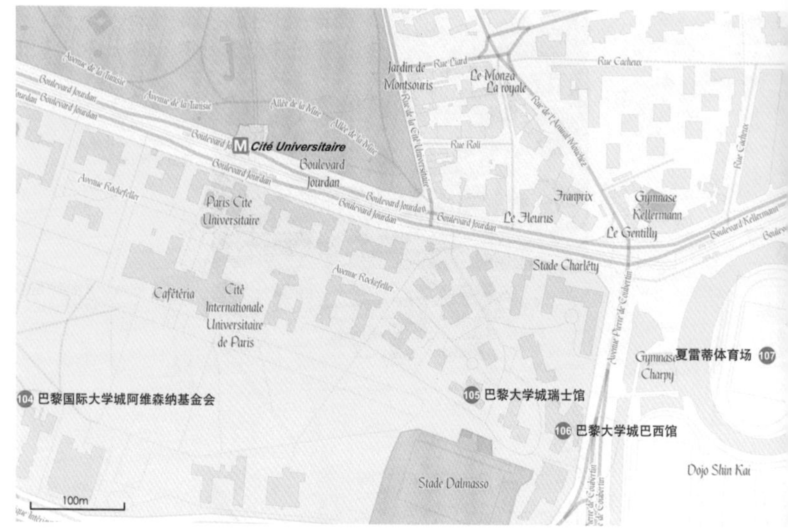

104 **巴黎国际大学城阿维森纳基金会（前伊朗公寓）**
Fondation Avicéenne, Cité Internationale Universitaire de Paris

建筑师：Claude Parent
地址：Cité Internationale Universitaire de Paris,17 Boulevard Jourdan,75014 Paris
建筑类型：居住建筑
建筑年代：1962-1968

巴黎国际大学城阿维森纳基金会（前伊朗公寓）

建筑的支撑结构由3道在6个深22米的浇筑井上建造的、高38米的金属门框架，以及框架中间的两个支撑平台构成，建筑体块被螺栓固定在支撑平台上。

105 **巴黎大学城瑞士馆**
Pavillon Suisse，Cité Internationale Universitaire

建筑师：勒 · 柯布西耶 /Le Corbusier
地址：7 Boulevard Jourdan,75014 Paris
建筑类型：居住建筑
建筑年代：1930
备注：提供讲解，时间为10:00-12:00、14:00-17:00。
票价：2 欧元

巴黎大学城瑞士馆

瑞士馆的建设面临着资金短缺、土质不佳等多项困难，因此柯布西耶在其中采用了装配式建造等一系列现代技术。

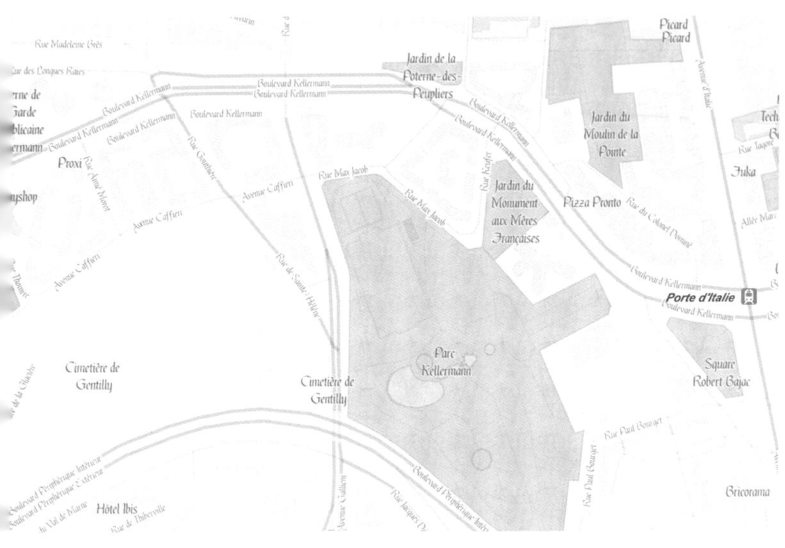

106 巴黎大学城巴西馆

Maison du Brésil, Cité Universitaire

建筑师：勒·柯布西耶 /Le Corbusier
地址：7 Boulevard Jourdan,75014 Paris
建筑类型：居住建筑
建筑年代：1953
开放时间：周一至周五 8:00-12:00、13:00-20:00，周六 10:00-13:00、14:00-20:00。
票价：免费。

107 夏雷蒂体育场

Stade Sébastien Charléty

建筑师：Henri Gaudin + Bruno Gaudin
地址：1 Avenue Pierre de Coubertin,75013 Paris
建筑类型：体育建筑
建筑年代：1939、1991

巴黎大学城巴西馆

原方案出自巴西建筑大师卢西奥·科斯塔，柯布西耶对方案进行了调整并负责最终实施。

夏雷蒂体育场

体育场的水泥支柱从外部看来像是裸露的动物骨架，是同时支撑看台和屋顶的唯一结构。为了将第三层看台建在跑道上方，建筑师改变了支柱的高度并增加了侧柱，以分担承受的重量。

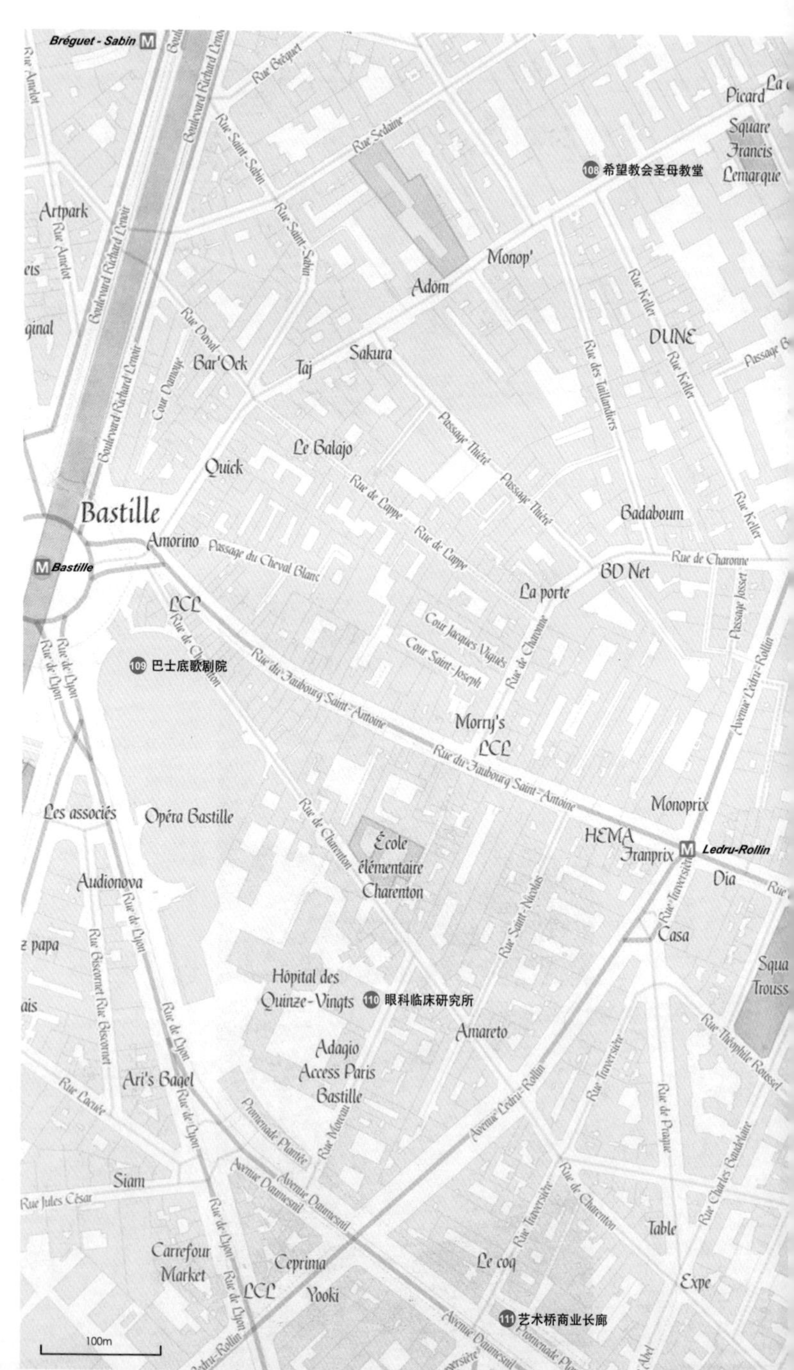

Bréguet - Sabin
Boulevard Richard Lenoir
Rue Bréguet
Rue Sedaine
Rue Saint-Sabin
Picard
Square
Francis
Lemarque
108 希望教会圣母教堂
Artpark
Rue Amelot
Monop'
Adom
Rue Keller
DUNE
Rue Daval
Bar'Ock
Sakura
Taj
Rue des Taillandiers
Cour Damoye
Passage Thiéré
Le Balajo
Quick
Rue de Lappe
Bastille
Amorino
Passage du Cheval Blanc
Badaboum
Bastille
Rue de Charonne
BD Net
La porte
LCL
Cour Jacques Viguès
Cour Saint-Joseph
Passage Josset
Avenue Ledru-Rollin
109 巴士底歌剧院
Rue de Lyon
Rue du Faubourg Saint-Antoine
Morry's
LCL
Monoprix
Les associés
Opéra Bastille
Rue de Charenton
École
élémentaire
Charenton
HEMA
Franprix
Ledru-Rollin
Dia
Audionova
Rue Traversière
Casa
Rue Biscornet
Rue Saint-Nicolas
Hôpital des
Quinze-Vingts
110 眼科临床研究所
Amareto
Rue Théophile Roussel
Adagio
Access Paris
Bastille
Ari's Bagel
Rue Lacuée
Promenade Plantée
Rue Moreau
Rue de Prague
Rue Charles Baudelaire
Siam
Rue Jules César
Avenue Daumesnil
Table
Carrefour
Market
Ceprima
Le coq
LCL
Yooki
Expe
111 艺术桥商业长廊
100m

Note Zone

108 希望教会圣母教堂
Église Notre-Dame d'Espérance

建筑师：Bruno Legrand
地址：47 Rue de la Roquette,75011 Paris
建筑类型：宗教建筑
建筑年代：1998
开放时间：9:00-19:00。

109 巴士底歌剧院
Opéra de la Bastille

建筑师：Carlos Ott
地址：Rue de Lyon 120,75012 Paris
建筑类型：观演建筑
建筑年代：1985-1989

110 眼科临床研究所
Institut de Recherche Clinique sur la Vision

建筑师：Brunet Saunier
地址：13-17 Rue Moreau,75012 Paris
建筑类型：办公建筑
建筑年代：2008

111 艺术桥商业长廊
Viaduc des Arts

建筑师：Patrick Berger
地址：10 Cour du Marché Saint-Antoine,75012 Paris
建筑类型：文化建筑
建筑年代：1990-1994

希望教会圣母教堂

教堂可容纳400人，和周边社区进行整体设计并成为区域的核心。

巴士底歌剧院

巴士底歌剧院与法国国家图书馆等项目同为密特朗时代的十大工程之一，采用与巴黎传统建筑具有明显差异的现代圆柱几何体，以及大型窗户和金属窗框。在设计之初，与其他巴黎前卫建筑物一样，它也遭受了不小的抨击，直到完工多年之后才得到人们的赞叹。

眼科临床研究所

Brunet Saunier在执业30多年中一直坚持，与其用不切实际的姿态发表一种具有象征性或时尚性的宣言，不如首先保证在每一个细节上实现客户对建筑的需要。

艺术桥商业长廊

长廊由昔日铁道高架桥桥洞改建而来，而桥面则被设计成一座空中花园，全长约2.5公里，供行人散步游憩。经此改建，原先的废弃高架桥成为了一处富有活力的城市公共空间。

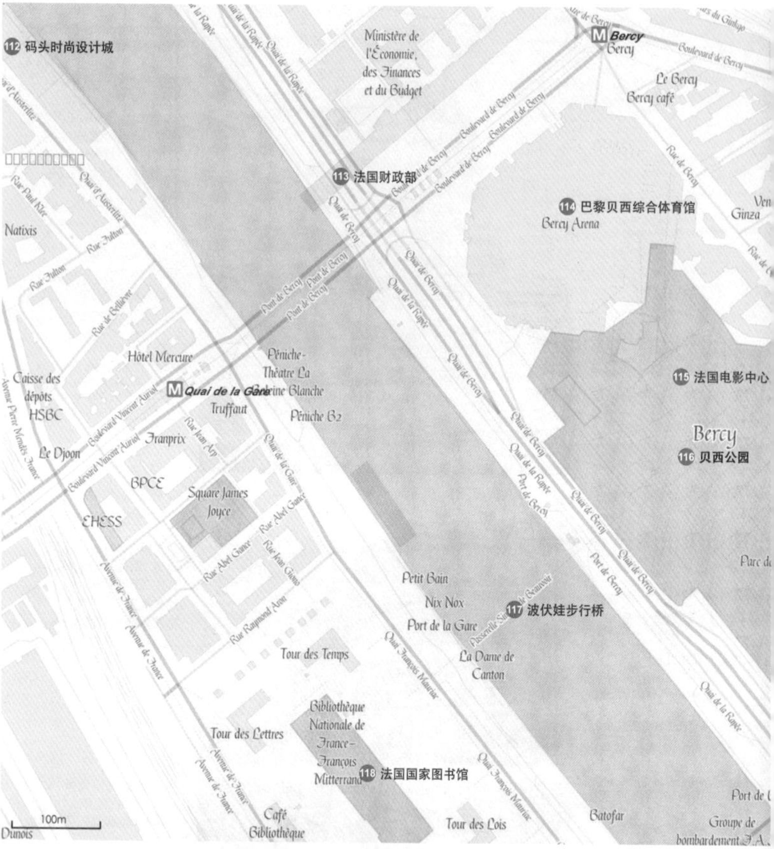

112 码头时尚设计城
113 法国财政部
114 巴黎贝西综合体育馆
115 法国电影中心
116 贝西公园
117 波伏娃步行桥
118 法国国家图书馆
100m

112 码头时尚设计城
Les Docks，Cité de la Mode et du Design

建筑师：Dominique Jakob + Brendan MacFarlane
地址：34 Quai d'Austerlitz,75013 Paris
建筑类型：文化建筑
建筑年代：2006-2008
开放时间：10:00-24:00

113 法国财政部
Ministère des Finances

建筑师：Paul Chemetov + Borja Huidobro
地址：1 Boulevard de Bercy,75012 Paris
建筑类型：办公建筑
建筑年代：1982-1989

码头时尚设计城

设计城由一座被列入保护名录的工业建筑改造而成，风格粗犷大胆，翠绿色的玻璃廊道悬于塞纳河之上，内部包括展厅、一所时装设计学校和多家工作室、商店、咖啡馆、酒吧，以及一座屋顶露台。

法国财政部

建筑延伸到塞纳河内，临河的位置设有一座码头，以便通过河道更快地联络其他政府机构。

Note Zone

114 巴黎贝西综合体育馆
Palais Omnisports de Paris Bercy

建筑师 :Michel Andrault + Pierre Parat
地址 :8 Boulevard de Bercy,75012 Paris
建筑类型 :体育建筑
建筑年代 :1979-1984

115 法国电影中心
Cinémathèque Française

建筑师 :弗兰克 · 盖里 /Frank Gehry
地址 :51 Rue de Bercy,75012 Paris
建筑类型 :文化建筑
建筑年代 :1994
开放时间 :除周二外 12:00-19:00，周日 10:00-20:00。
票价 :全价 5 欧元，折扣价 4 欧元，18 岁以下 2.5 欧元，周日 10:00-13:00 免费。

116 贝西公园
Parc de Bercy

建筑师 :Bernard Huet + Madeleine Ferrand + Jean-Pierre Feugas + Bernard Leroy + Ian Le Caisne + Philippe Raguin
地址 :128 Quai de Bercy,75012 Paris
建筑类型 :特色片区
建筑年代 :1987-1997
开放时间 :随季节调整

117 波伏娃步行桥
Passerelle Simone-de-Beauvoir

建筑师 :Dietmar Feichtinger
地址 :Passerelle Simone-de-Beauvoir,75012 Paris
建筑类型 :交通建筑
建筑年代 :2004-2006

118 法国国家图书馆
Bibliothèque Nationale de France

建筑师 :多米尼克 · 佩罗 / Dominique Perrault
地址 :13 Quai François Mauriac,75013 Paris
建筑类型 :文化建筑
建筑年代 :1995

巴黎贝西综合体育馆

体育馆具有易于识别的锥体形状和倾斜草坪墙体，采用模块化设计，一系列技术手段使其能够良好地呈现声音和光效。

法国电影中心

这座建筑被盖里戏称为“提起短裙的舞者”，内部空间经由建筑师 Dominique Brard 再次改造，加入了大量倾斜的平面。

贝西公园

19 世纪时，贝西地区被作为勃艮艮葡萄酒在巴黎的卸货和交易地点，被葡萄酒仓库和交易所占据。20 世纪 70 年代末，贝西的葡萄酒交易逐渐停止，这一地区被规划为集住宅、体育馆、写字楼、餐馆、公园为一体的现代开发区。

波伏娃步行桥

桥面被分为三部分，中间横跨河面的桥板完全没有外部支撑，交错起伏的节奏成为塞纳河上的交响乐。

法国国家图书馆

国家图书馆是密特朗时代的巴黎十大工程之一，“L”形的体量使人们联想到四本打开的书，建筑立面采用可调节的木格栅，既起到遮光功能又呈现出书被翻动的意象。四栋大厦通过底部的回廊连接，回廊内是明亮的阅览大厅。

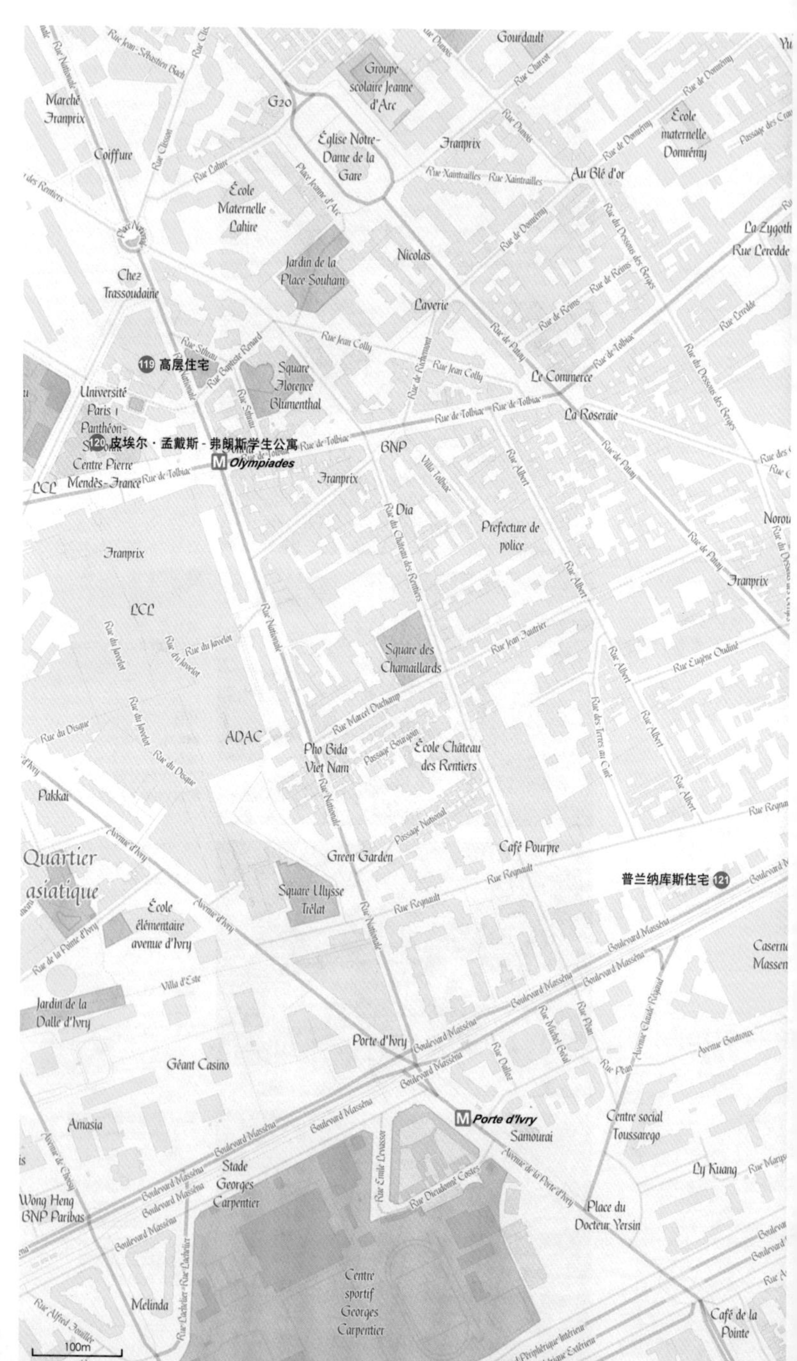
119 高层住宅
120 皮埃尔·孟戴斯-弗朗斯学生公寓
121 普兰纳库斯住宅
Olympiades
Porte d'Ivry
Quartier asiatique
Université Paris I Panthéon-Sorbonne Centre Pierre Mendès-France
Église Notre-Dame de la Gare
Jardin de la Place Souham
Square Florence Blumenthal
Square des Chamaillards
Square Ulysse Trélat
Stade Georges Carpentier
Centre sportif Georges Carpentier
Place du Docteur Yersin
Prefecture de police
Boulevard Masséna
Rue Nationale
Rue de Tolbiac
Avenue d'Ivry
Avenue de la Porte d'Ivry
100m

Note Zone

⑲ 高层住宅
Les Hautes Formes

建筑师：克利斯蒂安·德·鲍赞巴克 /Christian de Portzamparc
地址：Rue des Hautes Formes,75013 Paris
建筑类型：居住建筑
建筑年代：1975-1979

⑳ 皮埃尔·孟戴斯－弗朗斯学生公寓
Centre Pierre Mendès-France

建筑师：Michel Andrault + Pierre Parat
地址：90 Rue de Tolbiac,75634 Paris
建筑类型：居住建筑
建筑年代：1970-1973

㉑ 普兰纳库斯住宅
Maison Planeix

建筑师：勒·柯布西耶 /Le Corbusier
地址：24 Boulevard Masséna,75013 Paris
建筑类型：居住建筑
建筑年代：1924
备注：参观需预约，电话+33(1)45837350

高层住宅

虽然项目所在地段因为周边建筑山墙的挤压而显得较为狭窄，设计仍试图营造出一种“开放街区”的住宅模式，使居住区内的空间自然流通，有机地融入城市肌理中，同时也保持着公共空间与私密空间之间清晰的等级次序。

皮埃尔·孟戴斯－弗朗斯学生公寓

建筑由三座不同高度的塔楼围绕一个核心筒组成。A 塔为 9 层，B 塔为 16 层，C 塔为 22 层。

普兰纳库斯住宅

业主安东尼·普兰纳库斯 (Antonin Planeix) 是一名雕塑家兼画家，项目除住宅功能之外还包含三个工作室，分别位于首层车库的两侧以及最高层。工作室相互独立，均设有厨房、卫生间和卧室。

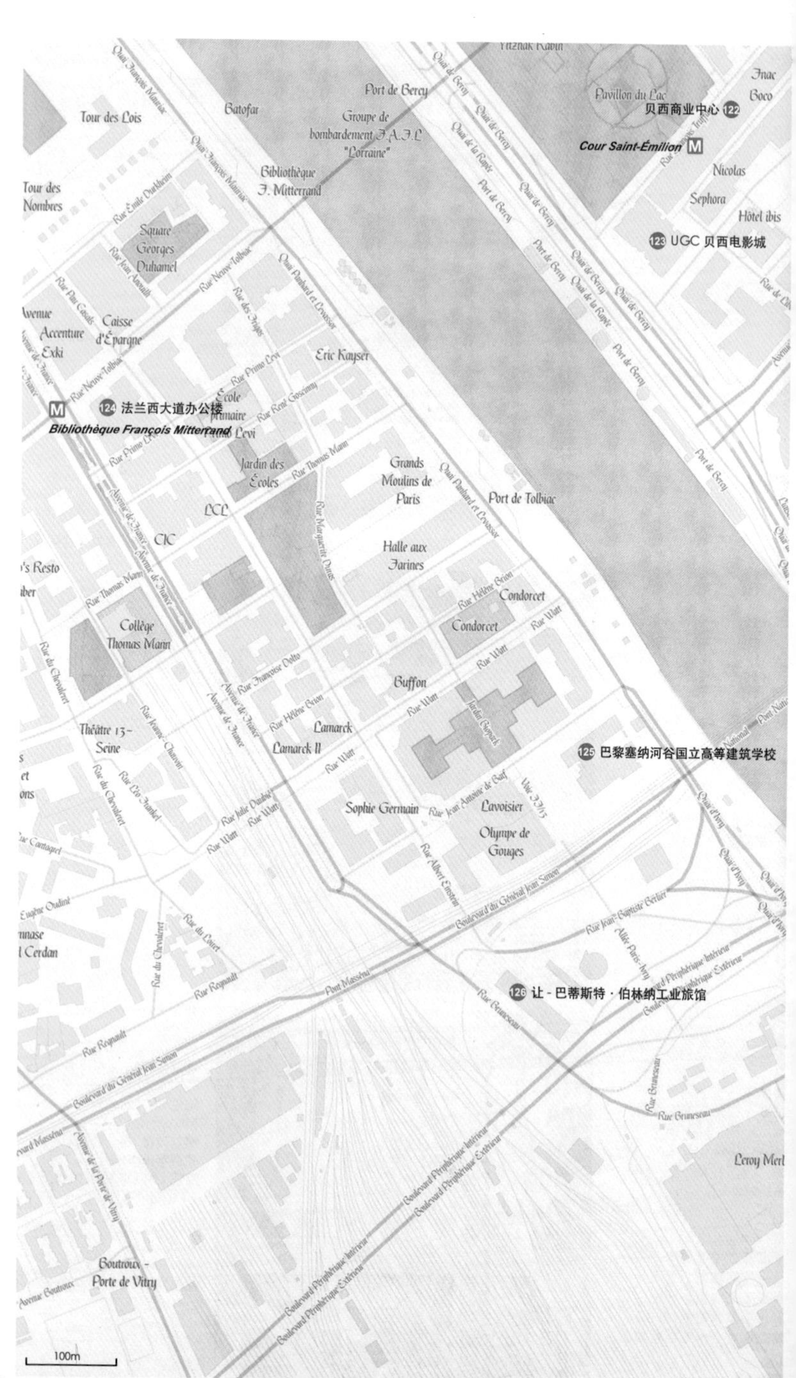
贝西商业中心 122
Cour Saint-Émilion
123 UGC 贝西电影城
124 法兰西大道办公楼
Bibliothèque François Mitterrand
125 巴黎塞纳河谷国立高等建筑学校
126 让 - 巴蒂斯特 · 伯林纳工业旅馆
Tour des Lois
Tour des Nombres
Batofar
Port de Bercy
Groupe de bombardement F.A.F.L "Lorraine"
Bibliothèque F. Mitterrand
Pavillon du Lac
Fnac
Boco
Nicolas
Sephora
Hôtel ibis
Square Georges Duhamel
Caisse d'Épargne
Accenture
Exki
Eric Kayser
École primaire
Jardin des Écoles
Grands Moulins de Paris
Port de Tolbiac
LCL
CIC
Halle aux Farines
Condorcet
Collège Thomas Mann
Buffon
Lamarck
Lamarck II
Théâtre 13-Seine
Sophie Germain
Lavoisier
Olympe de Gouges
Pont Masséna
Boulevard du Général Jean Simon
Leroy Merl
Boutroux - Porte de Vitry
100m

122 贝西商业中心
Centre Commercial Bercy Village

建筑师 :Denis Valode + Jean Pistre
地址 :28 Rue François Truffaut,75012 Paris
建筑类型 :商业建筑
建筑年代 :1994-2000
开放时间 :11:00-21:00，餐厅营业至次日 2:00

123 UGC 贝西电影城
UGC Ciné Cité Bercy

建筑师 :Pierre Chican
地址 :2 Cour Saint-Emilion,75012 Paris
建筑类型 :商业建筑
建筑年代 :1998

124 法兰西大道办公楼
Avenue de France

建筑师 :诺曼 · 福斯特 / Norman Foster (Foster + Partners)
地址 :Avenue de France
建筑类型 :办公建筑
建筑年代 :2000-2004

125 巴黎塞纳河谷国立高等建筑学校
École Nationale Supérieure d'Architecture de Paris-Val de Seine

建筑师 :Frédéric Borel
地址 :3 Quai Panhard et Levassor,75013 Paris
建筑类型 :科教建筑
建筑年代 :2005-2007

126 让 - 巴蒂斯特 · 伯林纳工业旅馆
Hôtel Industriel Jean-Baptiste Berlier

建筑师 :多米尼克 · 佩罗 / Dominique Perrault
地址 :26-34 Rue Bruneseau,75013 Paris
建筑类型 :办公建筑
建筑年代 :1990

贝西商业中心

商业中心改造自从贝西红酒交易中保留下来的红砖老酒仓，现为时尚的商店、酒铺、餐厅和健身俱乐部。

UGC 贝西电影城

电影城位于贝西商业中心的尽端，是老酒库翻新的延长部分。电影城分为三层，各层的放映厅被巨大的光锥垂直联系，具有明显的影城气氛。

法兰西大道办公楼

项目综合了现代城市办公建筑的核心要素，包括紧邻地铁站的良好可达性、可变性的办公空间和丰富的公共空间、游憩空间。

巴黎塞纳河谷国立高等建筑学校

从环城公路和塞纳河望去，这所建筑学校就像一个浓缩的城市，建筑形式的异质性象征着建筑学教育的多样。混凝土筒仓等工业时代遗留的构筑物仍然可见。建筑的功能布局从外部清晰可见，行政办公位于“支架平台”之上，平台下“悬挂”着报告厅，细长的体量中是工作室和研究室，一座步行桥通向图书馆、计算机室和展厅。

让 - 巴蒂斯特 · 伯林纳工业旅馆

项目为一座融合各种中等规模工业活动的开放空间，佩罗本人的工作室也在其中。建筑体量为一个简单的透明立方体，立面上的玻璃板外挂于横梁上，使框架消隐，建筑完全透明。

Ga
lletaneuse
Stains
ur-Seine
Dugny
Parc départemental Georges-Valbon
Parc départemental du Sausset
01
02
03
04
Saint-Denis
L'Autoroute du Nord
Le Bourget
Le Blanc-Mesnil
Aulnay-sous-Bois
La Courneuve
Drancy
05
Aubervilliers
06
Pont de Pierre
Saint-Ouen
Livr
Bobigny
Les Pavillons-sous-Bo
Bondy
Pant
07
Le Rainc
08
Noisy-le-Sec
Romainville
Villemomble
es Lilas
Rosny-sous-Bois
gnolet
Montreuil
N
uilly

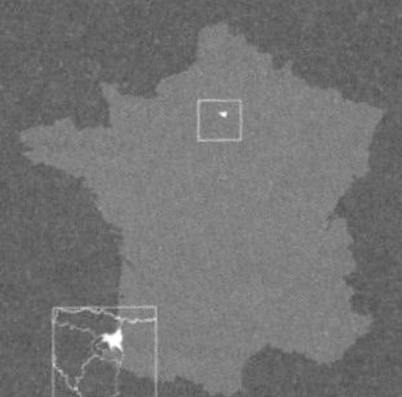

14 塞纳 - 圣但尼省
Seine-Saint-Denis

建筑数量 -09

01 巴黎第十三大学
Adrien Fainsilber
02 巴黎第八大学艺术系
Jacques Moussafir + Bernard Dufournet
03 爱尔莎 · 特奥莱学院
Ricardo Porro + Renaud de la Noue
04 Cour d'Angle 住宅
Henri Ciriani
05 法国电信公司办公楼
理查德 · 迈耶 / Richard Meier
06 库尔蒂利耶住宅
Emile Aillaud
07 国家舞蹈中心（原庞坦市行政中心）
Jacques Kalisz + Jean Perrottet（原建），Antoinette Robain + Claire Guieysse（改建）
08 兰西圣母教堂
奥古斯特 · 佩雷 / Auguste Perret
09 毕加索集合住宅
Manuel Núñez Yanowsky

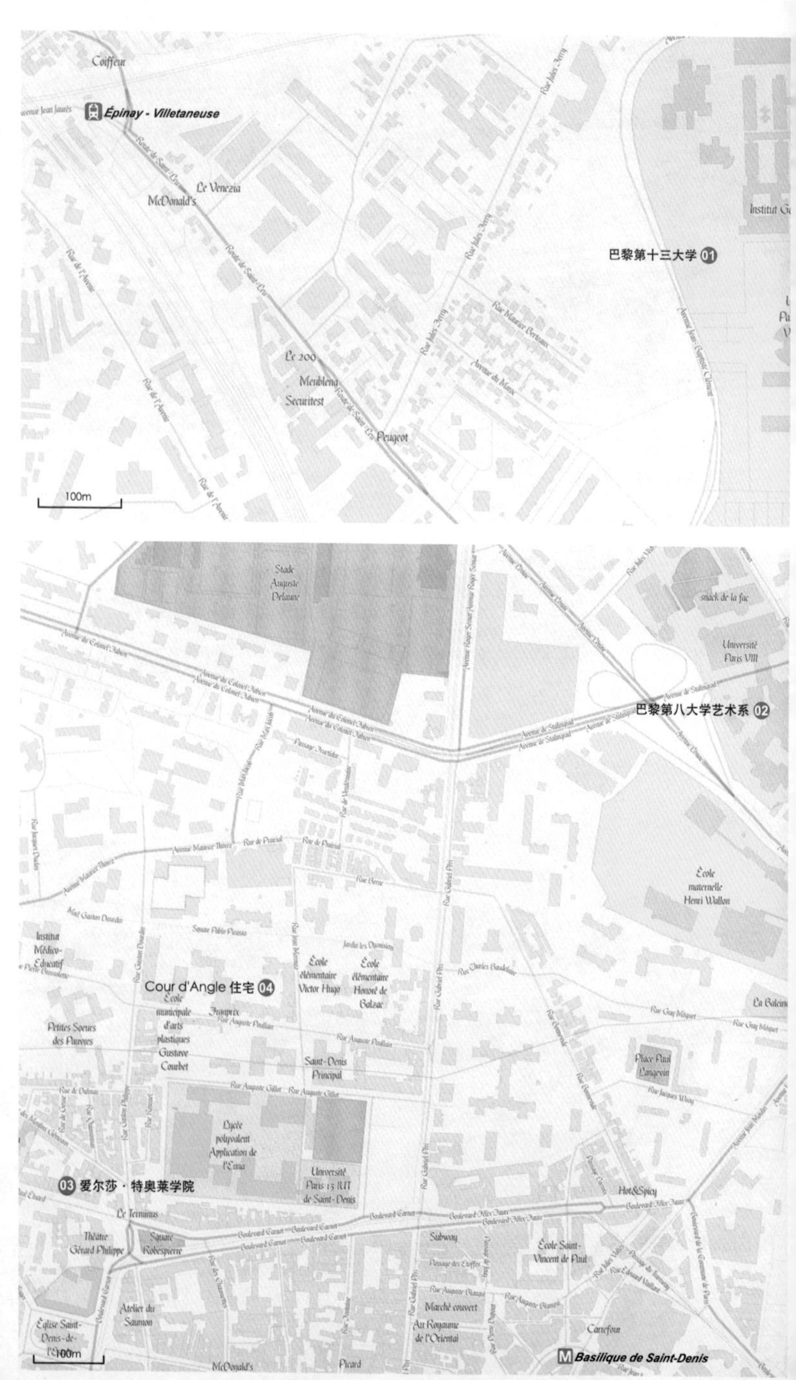
Épinay - Villetaneuse
巴黎第十三大学 01
100m
巴黎第八大学艺术系 02
Cour d'Angle 住宅 04
03 爱尔莎·特奥莱学院
Basilique de Saint-Denis
100m

Note Zone

01 巴黎第十三大学
Université Paris-Nord

建筑师 :Adrien Fainsilber
地址 :99 Avenue Jean Baptiste Clément,93430 Villetaneuse
建筑类型 :科教建筑
建筑年代 :1967-1977

02 巴黎第八大学艺术系
UFR Arts，University Paris 8

建筑师 :Jacques Moussafir + Bernard Dufournet
地址 :2 Rue de la Liberté,93200 Saint-Denis
建筑类型 :科教建筑
建筑年代 :1998-2000

03 爱尔莎 · 特奥莱学院
Collège Elsa Triolet

建筑师 :Ricardo Porro + Renaud de la Noue
地址 :Rue Paul Eluard,93200 Saint-Denis
建筑类型 :科教建筑
建筑年代 :1988-1990

04 Cour d'Angle 住宅
Logements La Cour d'Angle

建筑师 :Henri Ciriani
地址 :Rue Auguste Poullain 与 Rue Jean Mermoz 交口，93200 St Denis
建筑类型 :居住建筑
建筑年代 :1978-1982

巴黎第十三大学

Adrien Fainsilber 生于1932年，善于从法国传统中汲取设计原则，曾经赢得巴黎拉维莱特公园国家科学与工业城竞赛，因此而声名鹊起。

巴黎第八大学艺术系

建筑采用几何形体和光线限定出一系列空间，在大量的结构性元素、环形路径空间、存储空间和服务管道中设置了一系列随机空间，使空间的边界在幻觉和现实之间模糊不清。这个改造项目通过暗示一个由使用者对已有熟悉空间的回忆所构筑的精神空间，达到刺激记忆机制的效果。

爱尔莎 · 特奥莱学院

Richard Porro 是一名古巴建筑师，生于1925年。他是古巴革命期间众多杰出而富有争议的建筑创造者。他反对风靡一时的国际风格，而崇拜高迪和赖特这样的建筑师，善于从古巴文化中汲取灵感。

Cour d'Angle 住宅

建筑师力图证明他的“城市片段”理论有助于在新的邻里环境中形成秩序和活力。他擅长设计层次丰富的建筑立面，作为公共空间的围墙。

Note Zone

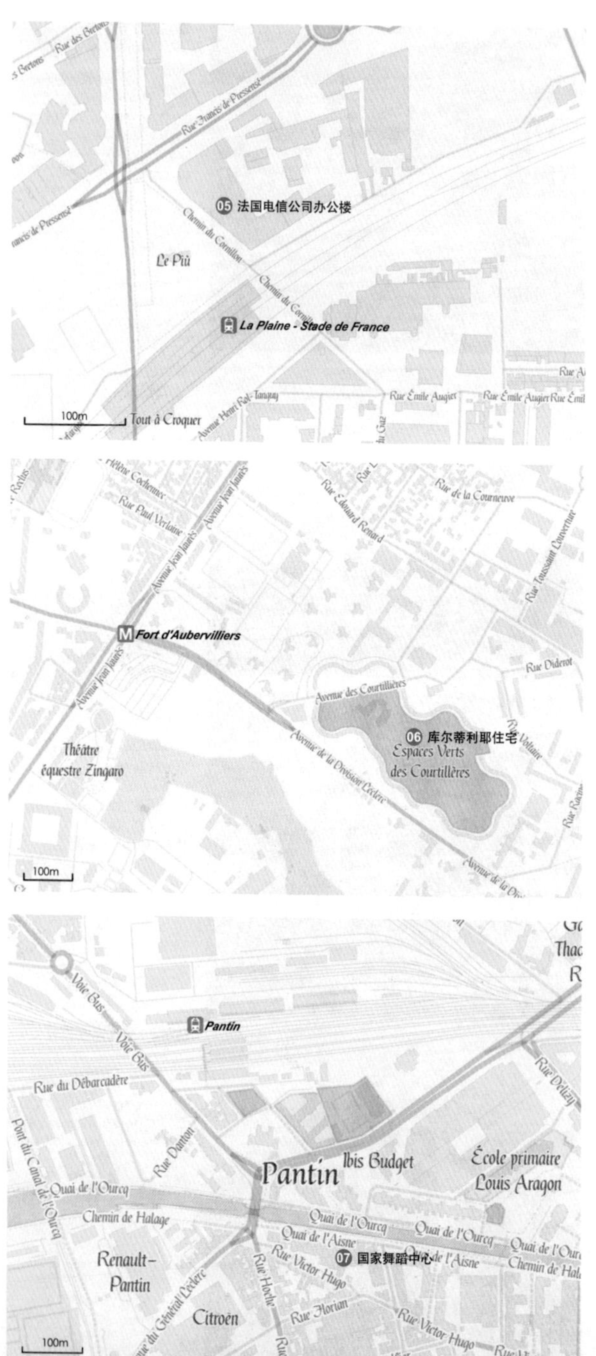

05 法国电信公司办公楼
La Plaine - Stade de France
Le Più
Rue Francis de Pressensé
Chemin du Cornillon
Rue Émile Augier
Tout à Croquer
100m
Fort d'Aubervilliers
Avenue Jean Jaurès
Rue Paul Verlaine
Rue de la Courneuve
Rue Édouard Renard
Rue Toussaint Louverture
Rue Diderot
Avenue des Courtillières
06 库尔蒂利耶住宅
Espaces Verts des Courtillères
Avenue de la Division Leclerc
Théâtre équestre Zingaro
100m
Pantin
Voie Bus
Rue du Débarcadère
Rue Danton
Rue Delizy
Pantin
Ibis Budget
École primaire Louis Aragon
Pont du Canal de l'Ourcq
Quai de l'Ourcq
Chemin de Halage
Quai de l'Aisne
07 国家舞蹈中心
Rue Victor Hugo
Rue Hoche
Rue Florian
Renault-Pantin
Citroën
Avenue du Général Leclerc
100m

Note Zone

⑤ 法国电信公司办公楼
Bureaux France Télécom

建筑师：理查德 · 迈耶 / Richard Meier
地址：Chemin du Cornillon，Rue Francis de Pressensé，Rue Fernand Grenier 之间，93210 Saint-Denis
建筑类型：办公建筑
建筑年代：2003-2009

⑥ 库尔蒂利耶住宅
Les Courtillières

建筑师：Emile Aillaud
地址：Avenue de la Division Leclerc,Pantin
建筑类型：居住建筑
建筑年代：1955-1960

⑦ 国家舞蹈中心（原庞坦市行政中心）
Centre National de la Danse (Centre Administratif de Pantin)

建筑师：Jacques Kalisz + Jean Perrottet（原建），Antoinette Robain + Claire Guieysse（改建）
地址：1 Rue Victor Hugo，93500 Pantin
建筑类型：文化建筑
建筑年代：1965-1972，2004
开放时间：周一至周五 9：00-19：00，周六 9：00-19：00。

法国电信公司办公楼

建筑的形式来自于对周围环境、场地和规划要求的回应。项目和人权广场的关系决定了建筑的朝向，从广场看，两座建筑在保持自身独特性的同时采用了同一套建筑语汇。两座建筑的体块在地面层和天庭处相连，并在地面层设置了一处拱廊以吸引人群。

库尔蒂利耶住宅

Emile Aillaud 的设计是基于花园郊区的理念。他提出将高层塔楼与近人尺度的低矮公寓结合，并吸引路人融入社区。这处社区的多处公共设施（学校、大学、图书馆、社区中心、医疗中心）都由 Emile Aillaud 设计并紧邻住宅。建筑使用了大型预制混凝土板。

国家舞蹈中心（原庞坦市行政中心）

舞蹈中心拥有一个舞蹈剧场、11 个正式的大舞蹈教室，以及音像室、图书馆、展览厅、教室和会议厅等。

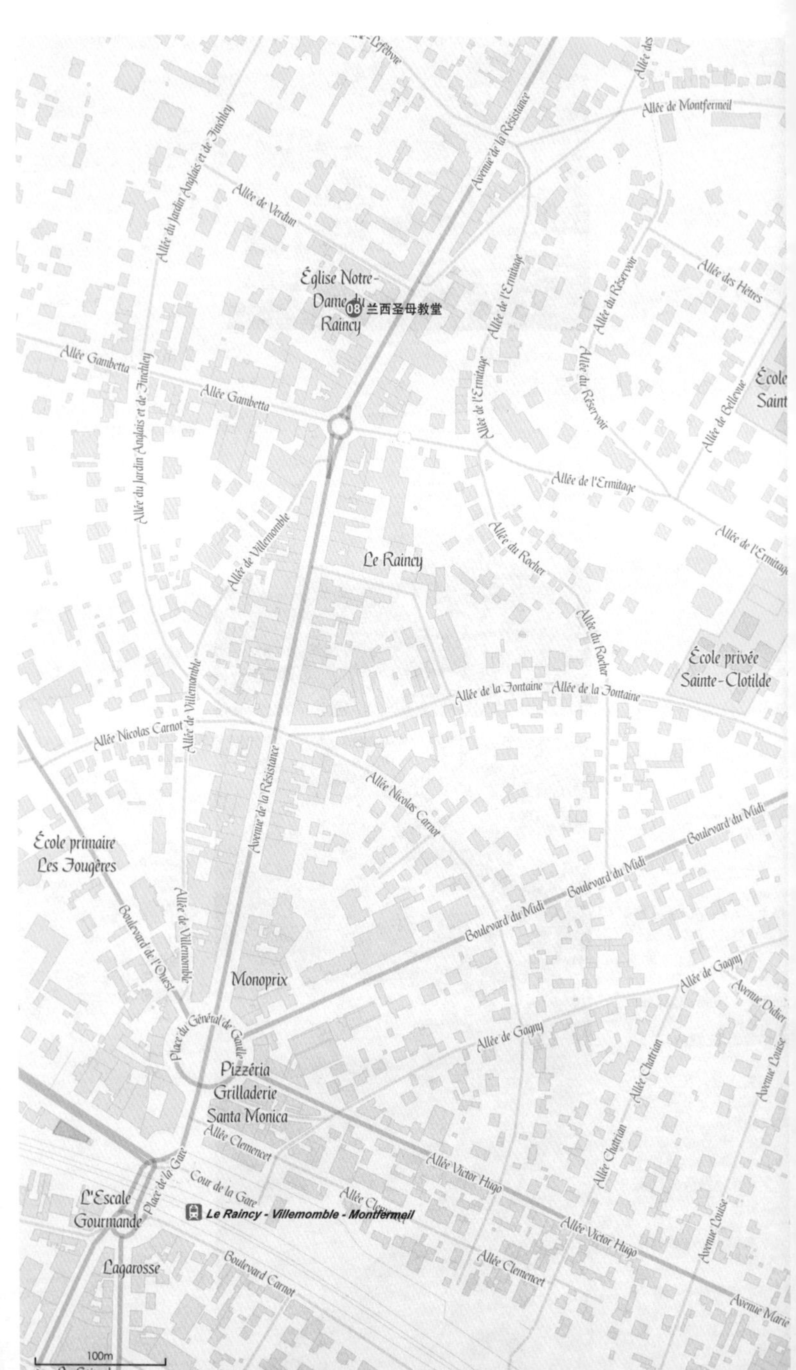
Église Notre-Dame du Raincy
08 兰西圣母教堂
Le Raincy
École privée Sainte-Clotilde
École primaire Les Fougères
Monoprix
Pizzéria Grilladerie Santa Monica
L'Escale Gourmande
Lagarosse
Le Raincy - Villemomble - Montfermeil
Avenue de la Résistance
Allée de Montfermeil
Allée du Jardin Anglais et de Finchley
Allée de Verdun
Allée Gambetta
Allée de l'Ermitage
Allée du Réservoir
Allée des Hêtres
Allée de Bellevue
Allée de Villemomble
Allée du Rocher
Allée de la Fontaine
Allée Nicolas Carnot
Boulevard du Midi
Boulevard de l'Ouest
Place du Général de Gaulle
Allée de Gagny
Avenue Didier
Avenue Louise
Allée Chatrian
Allée Clemencet
Allée Victor Hugo
Place de la Gare
Cour de la Gare
Boulevard Carnot
Avenue Marie
100m

Note Zone

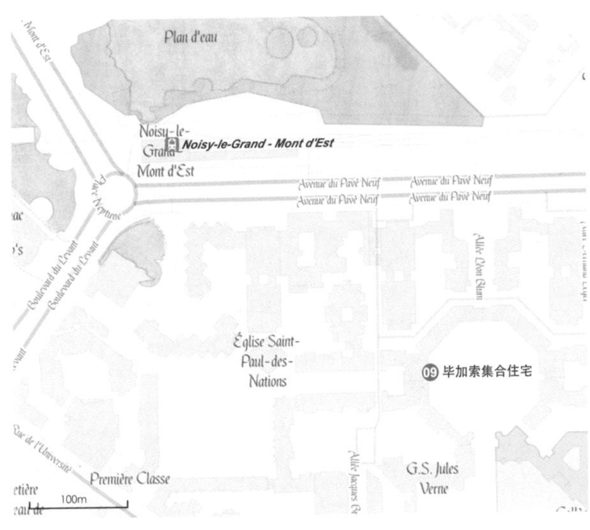

08 兰西圣母教堂
Église Notre-Dame du Raincy

建筑师：奥古斯特 · 佩雷 / Auguste Perret
地址：83 Avenue de la Résistance,93340 Le Raincy
建筑类型：宗教建筑
建筑年代：1922-1923

兰西圣母教堂

这是佩雷的第一个教堂作品，采用了类似于罗马或早期基督教建筑的矩形厅堂式平面，28 根纤细高耸的混凝土圆柱支撑起类似古典穹顶的浅筒拱。

09 毕加索集合住宅
Arènes de Picasso

建筑师：Manuel Núñez Yanowsky
地址：Place Pablo Picasso,93160 Noisy-le-Grand
建筑类型：居住建筑
建筑时期：1980-1984

毕加索集合住宅

Yanowsky 采用古典建筑语言来表现这座"庶民之城"的庄重与威严。建筑围绕着一个八角形绿色广场布置，在广场两端是两个巨大的圆盘形建筑立面，极为壮丽。

15
瓦勒德马恩省
Val-de-Marne

建筑数量 -06

01 贝西第二购物中心
伦佐·皮亚诺 / Renzo Piano (Renzo Piano Building Workshop)
02 公园城集合住宅
Jean Renaudie
03 爱因斯坦学校
Jean Renaudie
04 SAGEP 水处理厂
多米尼克·佩罗 / Dominique Perrault
05 卡尔·马克思学院
André Lurçat
06 克雷泰伊市政厅
Pierre Dufau

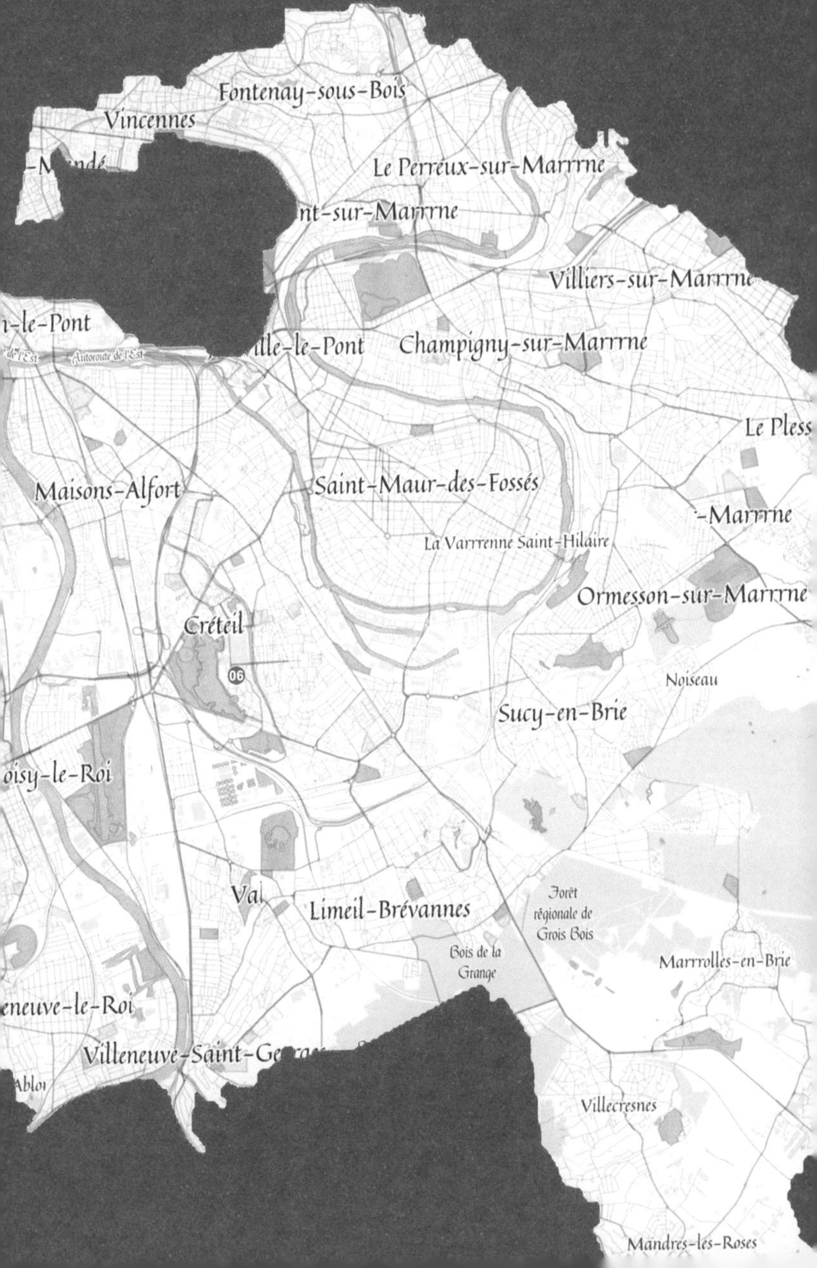

Fontenay-sous-Bois
Vincennes
Le Perreux-sur-Marrrne
nt-sur-Marrrne
Villiers-sur-Marrrne
-le-Pont
Autoroute de l'Est
ille-le-Pont
Champigny-sur-Marrrne
Le Pless
Maisons-Alfort
Saint-Maur-des-Fossés
-Marrrne
La Varrrenne Saint-Hilaire
Ormesson-sur-Marrrne
Créteil
06
Noiseau
Sucy-en-Brie
oisy-le-Roi
Val
Limeil-Brévannes
Forêt régionale de Grois Bois
Bois de la Grange
Marrolles-en-Brie
eneuve-le-Roi
Villeneuve-Saint-Ge
Ablo
Villecresnes
Mandres-les-Roses

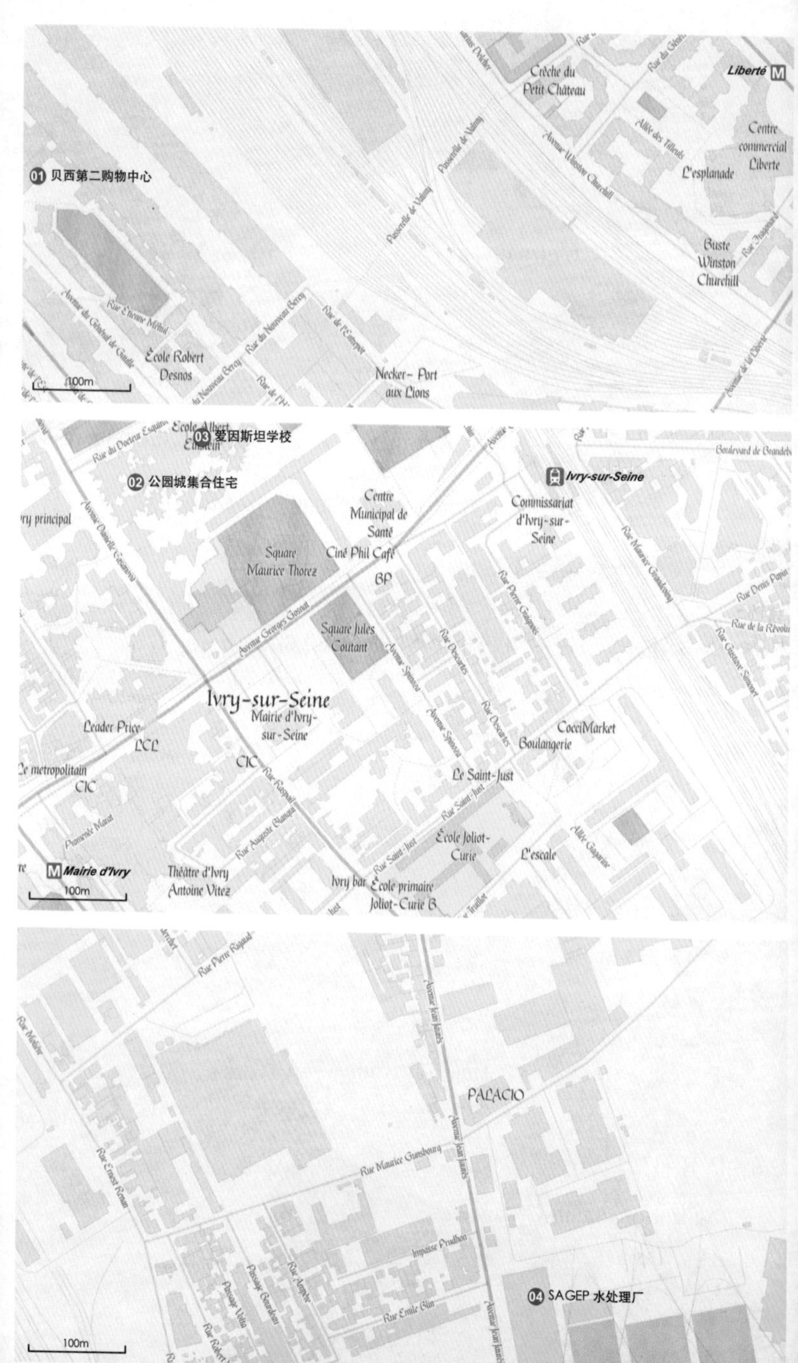
01 贝西第二购物中心
Liberté
Crèche du Petit Château
Centre commercial Liberte
L'esplanade
Buste Winston Churchill
École Robert Desnos
Necker- Port aux Lions
100m
03 爱因斯坦学校
02 公园城集合住宅
Ivry-sur-Seine
Commissariat d'Ivry-sur-Seine
Centre Municipal de Santé
Square Maurice Thorez
Ciné Phil Café
BP
Square Jules Coutant
Ivry-sur-Seine
Mairie d'Ivry-sur-Seine
Leader Price
LCL
CIC
Le metropolitain
CIC
CocciMarket
Boulangerie
Le Saint-Just
École Joliot-Curie
L'escale
Mairie d'Ivry
Théâtre d'Ivry Antoine Vitez
Ivry bar
École primaire Joliot-Curie B
100m
PALACIO
04 SAGEP 水处理厂
100m

Note Zone

01 贝西第二购物中心
Bercy 2 Centre Commercial

建筑师：伦佐·皮亚诺 / Renzo Piano (Renzo Piano Building Workshop)
地址：2 Place de l'Europe,94220 Charenton-le-Pont
建筑类型：商业建筑
建筑年代：1987-1990

02 公园城集合住宅
Cité du Parc

建筑师：Jean Renaudie
地址：Avenue Danielle Casanova,94200 Ivry-sur-Seine
建筑类型：居住建筑
建筑年代：1980-1982

03 爱因斯坦学校
École Albert Einstein

建筑师：Jean Renaudie
地址：Avenue Danielle Casanova,94200 Ivry-sur-Seine
建筑类型：科教建筑
建筑年代：1970-1981

04 SAGEP 水处理厂
Usine de Traitement des Eaux SAGEP

建筑师：多米尼克·佩罗 / Dominique Perrault
地址：28Avenue Jean Jaurès,94200 Ivry-sur-Seine
建筑类型：市政建筑
建筑年代：1993

贝西第二购物中心

银色水滴状的购物中心位于多条大道的交叉口处，屋顶面积达 2000 平方米，覆盖了 27000 块抛光的不锈钢板。为最大程度地实现钢板构件的标准化，屋顶进行了复杂的几何划分，屋顶下是覆盖隔热防水膜的壳体，中间形成通风换气层。

公园城集合住宅

大部分住宅平面为不规则形，住宅群围合成星状，从上到下跌落，错落的阳台覆以植被，组团之间通过开放走廊相连接，整个住宅群呈现出极具个性的形态。

爱因斯坦学校

Jean Renaudie 把建筑项目作为连接微观（个体、家庭、住宅）与宏观（城市、社会）的手段，认为每个项目面对的设计条件和问题都是独特的，不应盲从于建筑规范。

SAGEP 水处理厂

水处理厂为巴黎供给饮用水。占地 9 公顷，建筑面积 1900 平方米，兼具污水处理、实验室、办公功能。

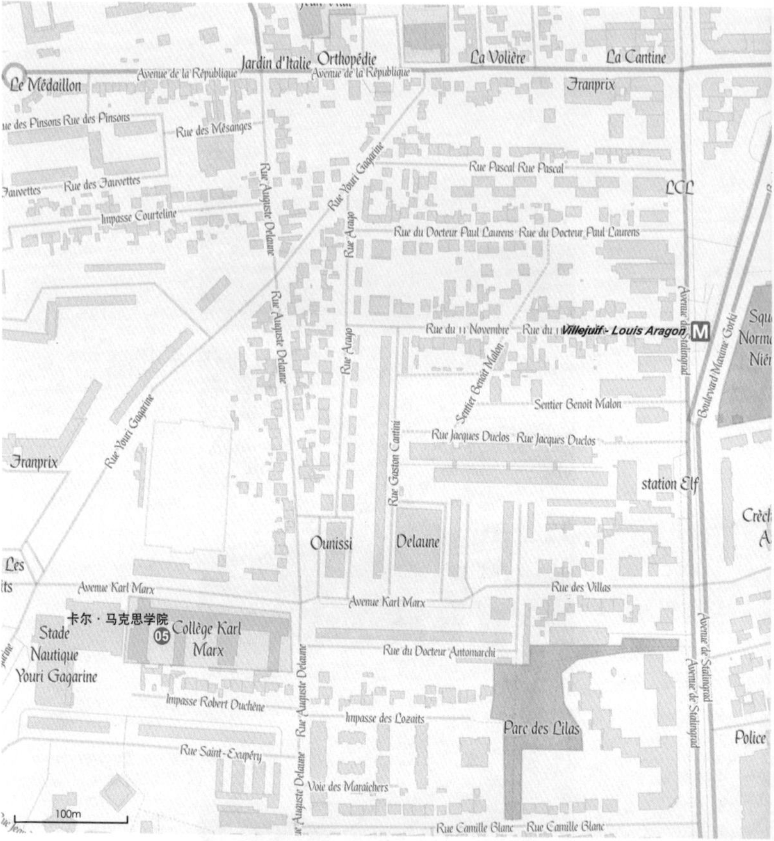

05 卡尔·马克思学院
École Karl Max

建筑师：André Lurçat
地址：Avenue Karl-Marx 与 Rue Auguste Delaune 交口，94800 Villejuif
建筑类型：科教建筑
建筑年代：1930-1933

建筑利用地段东西向的地势走向，采用了夸张的线性形态和连片的教室落地窗，使钢筋混凝土的结构在一定程度上呈现出轻盈的形态。

Note Zone

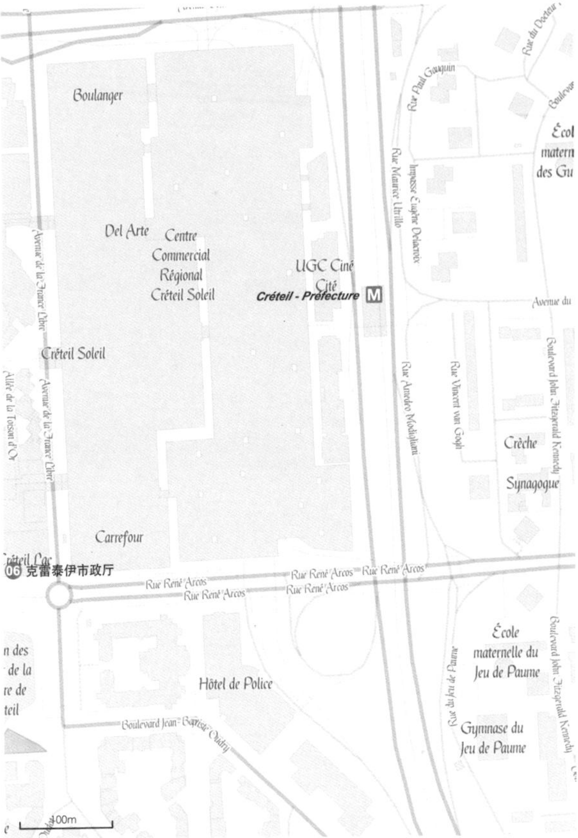

Boulanger
Del Arte
Centre Commercial Régional Créteil Soleil
UGC Ciné Cité
Créteil - Préfecture
Créteil Soleil
Carrefour
06 克雷泰伊市政厅
Rue René Arcos
Hôtel de Police
Boulevard Jean-Baptiste Oudry
Avenue de la France Libre
Allée de la Toison d'Or
Rue Maurice Utrillo
Impasse Eugène Delacroix
Rue Paul Gauguin
Rue Amedeo Modigliani
Rue Vincent van Gogh
Boulevard John Fitzgerald Kennedy
Crèche
Synagogue
École maternelle du Jeu de Paume
Gymnase du Jeu de Paume
Rue du Jeu de Paume
100m

06 克雷泰伊市政厅
Hôtel de Ville de Créteil

建筑师：Pierre Dufau
地址：1 Place Salvador Allende,94000 Créteil
建筑类型：办公建筑
建筑年代：1969-1973
开放时间：周一、四 8：30-19：00，周二、三 8：30-17：00，周六 9：30-11：30。

克雷泰伊市政厅

Pierre Dufau 生于1908年。他强调建筑师的职业性，起草了许多建筑师职责有关的文件。

-Eure
-Motel
Bû
Serville
Saint-Lubin
Dreux
Garrancières-en-Drouais
Brezolles
Croisilles
Tréon
Chaudon
Maillebois
Le Mesnil-Thomas
Épernon
Serazereux
Châteauneuf-en-Thymerais
Maintenon
Senonches
Gas
Clévilliers
Favières
Gallarrrdon
Belhomert-Guéhouville
Billancelles
Bailleau-l'Évêque
Lèves
La Loupe
Umpeau
Forêt de Montécot
Courville-sur-Eure
Charrrtres
01
Saint-Georges-sur-Eure
Champ
Sours
Voise
Saint-Denis-des-Puits
Thivarrrs
tigny
Les Corvées-les-Yys
Bailleau-le-Pin
Prunay-le-Gillon
Dammarrrie
Ermenonville-la-
Happonvilliers
Boisville-la-Saint
iron-Garrrdais
Illiers-Combray
Fresnay-le-Comte
villiers
Frazé
Vieuvicq
Montainville
Voves
Le Gault-Saint-Denis
Alluyes
Brou
Dangeau
Viabon
Unverre
Sancheville
Bonneval
Autels-Villevillon
Logron
Orgères-en-Beauc
zoche-Gouet
is
Marrrboué
Conie-Molitarrrd
rche
Arrrrou
Châteaudun
Péronville
Boisgasson
Douy
Thiville
Ozoir-le-Breuil

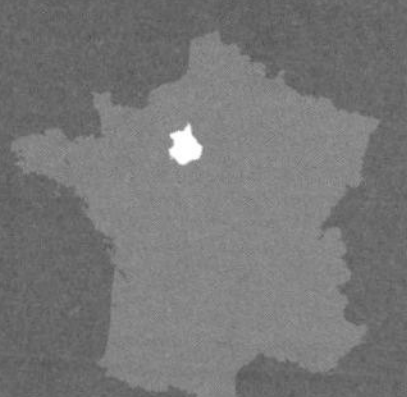

16
厄尔 - 卢瓦省
Eure-et-Loir

建筑数量 -01

01 沙特尔主教座堂

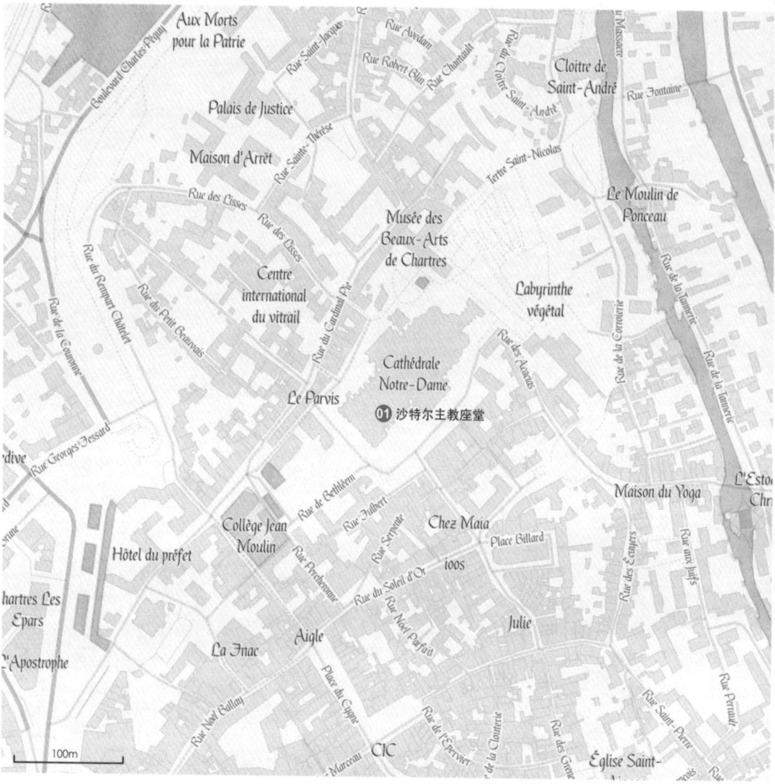

Aux Morts pour la Patrie
Boulevard Charles Péguy
Rue Saint-Jacques
Rue Avedam
Rue Robert Blin
Rue Chantault
Rue du Cloître Saint-André
Cloître de Saint-André
Rue Fontaine
Palais de Justice
Rue Sainte-Thérèse
Maison d'Arrêt
Tertre Saint-Nicolas
Rue des Lisses
Le Moulin de Ponceau
Musée des Beaux-Arts de Chartres
Centre international du vitrail
Labyrinthe végétal
Rue du Rempart Châtelet
Rue du Petit Beauvais
Rue de la Couronne
Rue du Cardinal Pie
Rue de la Tannerie
Cathédrale Notre-Dame
Rue des Acacias
Rue de la Corroierie
Le Parvis
01 沙特尔主教座堂
Rue Georges Fessard
Rue de Bethléem
Rue Fulbert
Maison du Yoga
Collège Jean Moulin
Rue Serpente
Chez Maia
Place Billard
Hôtel du préfet
Rue Percheronne
ioos
Rue des Écuyers
Rue aux Juifs
Rue du Soleil d'Or
Rue Noël Parfait
Julie
Aigle
La Fnac
L'Apostrophe
Place du Cygne
Rue Noël Ballay
Rue de l'Épervier
Rue de la Clouterie
Rue des Grenets
Rue Saint-Pierre
Rue Perrault
CIC
Église Saint-
100m

01 沙特尔主教座堂
Cathédrale de Chartres

地址:Cloître Notre-Dame, 28000 Chartres
建筑类型:宗教建筑
建筑年代:1145-1220
开放时间:5月2日至8月31日周一至周六 9:30-12:30、2:00-6:00，周日 2:00-6:00；9月1日至4月30日周一至周六 9:30-12:30、2:00-5:00，周日 2:00-5:00；关闭前30分钟停止售票;1月1日、12月25日关闭。
票价:全价 7.5 欧元，团体 6 欧元（20人以上），家庭参观 18 岁以下免费。

沙特尔主教座堂是法国哥特式建筑高峰时期的代表作，是此后法国多座主教座堂模仿的蓝本，被列为世界文化遗产。教堂西面的两座尖塔并不对称，南塔建于 1145 年至 1170 年间，属于晚期罗曼式建筑向哥特式建筑过渡的风格，北塔建于 1507 年，雕刻更为繁复，是典型的哥特风格。

沙特尔主教座堂

17 埃松省 Essonne

建筑数量 -01

01 **埃夫里复活大教堂**
马里奥 · 博塔 / Mario Botta

Note Zone

埃夫里复活大教堂

建筑形体为一个简单的巨型圆柱筒，圆柱筒顶部屋顶植树，展示出四季的变化。屋顶设有三角形金属支架支撑的有色玻璃窗，在室内投射出富有神秘感的光线。

01 埃夫里复活大教堂
Cathédrale de la Résurrection d'Évry

建筑师：马里奥·博塔 / Mario Botta
地址：Le Clos de la Cathédrale,91000 Évry
建筑类型：宗教建筑
建筑年代：1988-1995

1日
塞纳 - 马恩省
Seine-et-Marne

建筑数量 -10

01 迪士尼乐园综合体
弗兰克 · 盖里 / Frank Gehry
02 Verte 水塔
克利斯蒂安 · 德 · 鲍赞巴克 / Christian de Portzamparc
03 路易 · 卢米埃尔国立高等学校
Christian Hauvette
04 电气及电子工程大学
多米尼克 · 佩罗 / Dominique Perrault
05 国立路桥学院和国立地理科学学院
Philippe Chaix + Jean Paul-Morel
06 婴儿护理中心
Henri Ciriani
07 高等教育图书技术中心
多米尼克 · 佩罗 / Dominique Perrault
08 普罗万城
09 枫丹白露宫
10 内穆尔史前文明博物馆
Roland Simounet

France
Chelles
02
03-05
Lésigny
-la-Ville
Savigny-le-Temp
rgeau-Ponthierry
Dammar
École
Barrrbizon
Noisy-sur-École
La Chapelle-la-Reine
Amponville

Lizy-sur-Ourcq
Monthyon
Varrrreddes
Arri
Charrrny
Meaux
La Ferté-sous-Jouarrrre
Esbly
Jouarrrre
Marrrn
01
Crécy-la-Chapelle
Bellot
-Georges
07
Rebais
Coulommiers
Saint-Barrrthélemy
Mortcerf
La Ferté-Gaucher
Tournan-en-Brie
Lumigny-Nesles-Ormeaux
Amillis
Chevru
Fontenay-Trésigny
Sancy-lès-Provins
Rozay-en-Brie
Jouy-le-Châtel
La Chapelle-Iger
Villiers-Saint-Georg
Guignes
Chenoise
Mormant
-Carrrois
Châteaubleau
Léchelle
Moisenay
Nangis
Maison-Rouge
Provins
08
La Chapelle-Gauthier
Sourdun
Chalautre-
Le Châtelet-en-Brie
La Chapelle-Rablais
Longueville
Donnemarrrie-Dontilly
Gouaix
Pamfou
Forges
Châtenay-sur-Seine
Bray-sur-Seine
eau
sur-Seine
Montereau-Fault-Yonne
Montigny-le-
dier
Moret-sur-Loing
ontigny-sur-Loing
Ville
Dormelles
Voulx
Villemarrréchal
pes-sur-Loing
Égreville

Rue des Termes
Avenue Blanche Neige
Storybookland Canal
The Old Mill
It's a Small World
Star Tours
Captain EO
X-wing
Videopolis Hyperion
Space Mountain: Mission 2
Pizza Planet
Bella Note
Pirates of the Caribbean
Peter Pan's Flight
Blue Lagoon
01 迪士尼乐园综合体
Skull Rock
Ben Gunn's Cave
Temple Traders Boutique
Autopia
Disneyland Park
Parade Route
Main Street Motors
Coolpost
Colonel Hathi's Pizza Outpost
Liberty Arcade
Emporium
Disneyland Paris
Cowboy Cookout Barbecue
Marne-la-Vallée - Chessy
River Rogue Keelboats
Rivers of the Farr West
Boot hill
Inventions
Café Fantasia
Chaparral Theater
Coyote
Grand Canyon Diorama
Relay Petit Casino
Gaumont Disney Village
World of Disney
Catastrophe Canyon
Crush's Coaster
Animagique
Ratatouille: The Adventure
Mater
Walt Disney Studios Store
Imax
100m

01 迪士尼乐园综合体 Disney Village

建筑师：弗兰克·盖里 /Frank Gehry
地址：77777 Marne-la-Vallée
建筑类型：商业建筑
建筑年代：1992
开放时间：10:00-19:00

迪士尼村是集购物、餐饮、娱乐于一体的综合体，于1992年4月开放，占地约18000平方米。其中，迪士尼村商场由弗兰克·盖里设计，紧邻两个主题公园和酒店区域，采用若干个以氧化银和黄铜色不锈钢为立面材质的高耸体量。

Note Zone

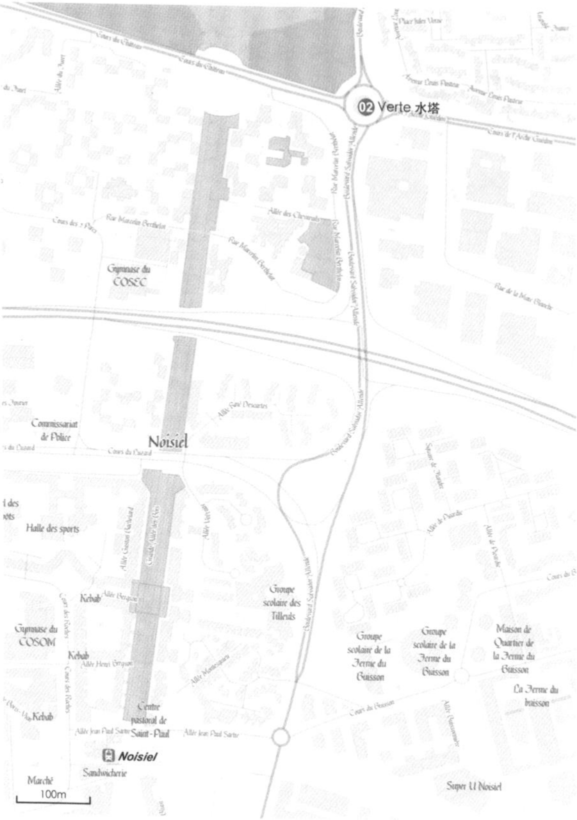

02 Verte 水塔
Tour Verte

建筑师:克利斯蒂安·德·鲍赞巴克 /Christian de Portzamparc
地址:Rond-point des 4 Pavés,77186 Noisiel
建筑类型:市政建筑
建筑年代:1971-1974

水塔位于一个交通环岛，呈螺旋形，外层铺有钢栅，上有凹沿形成的种植槽，水塔中的水流入凹沿浇灌植物。正如鲍赞巴克所言“任何建筑形式都存在于纪念性与功能性的斗争和平衡中”。

Noisy - Champs
03 路易・卢米埃尔国立高等学校
国立路桥学院和国立地理科学学院 05
04 电气及电子工程大学
Cité Descartes
100m
06 婴儿护理中心
Torcy
Cours des Lacs
Allée Louis Jouvet
Avenue Salvador Allende
Passage Georges Méliès
Rue Gérard Philipe
Rue Léon Blum
Torcy RER
100m
Bussy-Saint-Georges
Avenue du Général de Gaulle
Avenue Marie Curie
Avenue de l'Europe
高等教育图书技术中心 07
Autoroute de l'Est
100m

Note Zone

路易 · 卢米埃尔国立高等学校

学校的主要课程包括摄影和电影技术等，建筑位于新城的一个菱形地段，功能包括教室、实验室、摄影棚等，各个功能之间由两条平行通道串联。建筑立面大量使用了混凝土，与屋顶的金属构件一起带来强烈的现代感。

电气及电子工程大学

整个建筑形体是一个广阔的倾斜平面，在场地上延伸，"既不是屋顶，也不是立面"。倾斜面下容纳了学校的主要功能（图书馆、报告厅和餐厅），这些功能空间沿着一条作为建筑"主干道"的内街分布。内街上方为透明屋顶，两侧为玻璃幕墙，可以俯瞰远处的花园和小树林。

国立路桥学院和国立地理科学学院

这两所学校被一个宽敞的开放大厅连接在一起，大厅被作为两所学校共同的接待区和中央会议空间。

婴儿护理中心

该项目被提名1990年的密斯 · 凡 · 德罗建筑奖。

高等教育图书技术中心

该建筑用于存放、报纸、期刊类的文献以及用于维修和存储文献的设施，采用一套工业化的储藏方式。建筑立面和细部大量采用金属材质，和建筑内部的书架相呼应。

03 路易 · 卢米埃尔国立高等学校
École Nationale Supérieure Louis-Lumière

建筑师：Christian Hauvette
地址：7 Allée du Promontoire,93160 Noisy-le-Grand
建筑类型：科教建筑
建筑年代：1988

04 电气及电子工程大学
École Supérieure d'Ingenieurs en Électrotechnique et Électronique Esiee

建筑师：多米尼克 · 佩罗 / Dominique Perrault
地址：2 Boulevard Blaise Pascal,93162 Noisy-le-Grand
建筑类型：科教建筑
建筑年代：1987

05 国立路桥学院和国立地理科学学院
ENPC&ENSG (Ecole Nationale des Ponts et Chaussées)，ENSG (Ecole Nationale des Sciences Géographiques)

建筑师：Philippe Chaix + Jean Paul-Morel
地址：Cité Descartes,6-8 Avenue Blaise Pascal,77455 Champs-sur-Marne
建筑类型：科教建筑
建筑年代：1989-1996

06 婴儿护理中心
Maison de la Petite Enfance

建筑师：Henri Ciriani
地址：8 Rue Pierre Mendès France,77200 Torcy
建筑类型：医疗建筑
建筑年代：1986-1989

07 高等教育图书技术中心
Centre Technique du Livre de l'Enseignement Supérieur

建筑师：多米尼克 · 佩罗 / Dominique Perrault
地址：14 Avenue Gutenberg,77600 Bussy-Saint-Georges
建筑类型：文化建筑
建筑年代：1995
备注：不确定是否开放，联系电话 33(0)164762780，邮箱 webmestre@ctles.fr

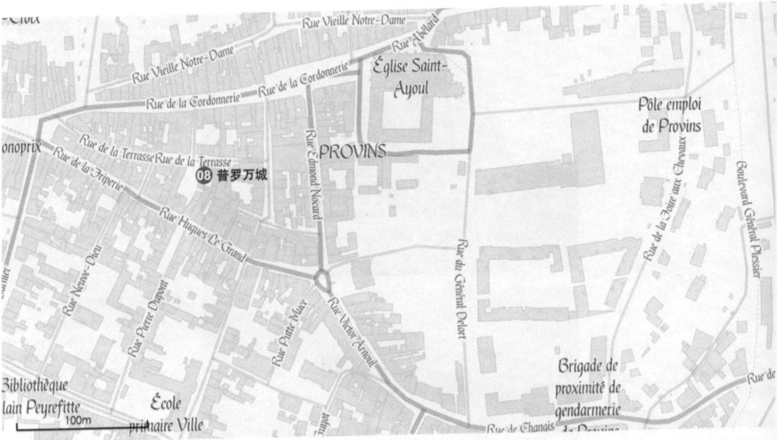

Rue Vieille Notre-Dame
Rue Abélard
Rue Vieille Notre-Dame
Église Saint-
Ayoul
Rue de la Cordonnerie
Rue de la Cordonnerie
Pôle emploi
de Provins
onoprix
Rue de la Terrasse
Rue de la Terrasse
Rue de la Friperie
PROVINS
Rue Edmond Nocard
08 普罗万城
Rue de la Foire aux Chevaux
Boulevard Général Plessier
Rue Hugues Le Grand
Rue du Général Delort
Rue Neuve-Dieu
Rue Pierre Dupont
Rue Victor Arnoul
Rue Pute Muce
Brigade de
proximité de
gendarmerie
Bibliothèque
lain Peyrefitte
École
primaire Ville
Rue de Changis
100m

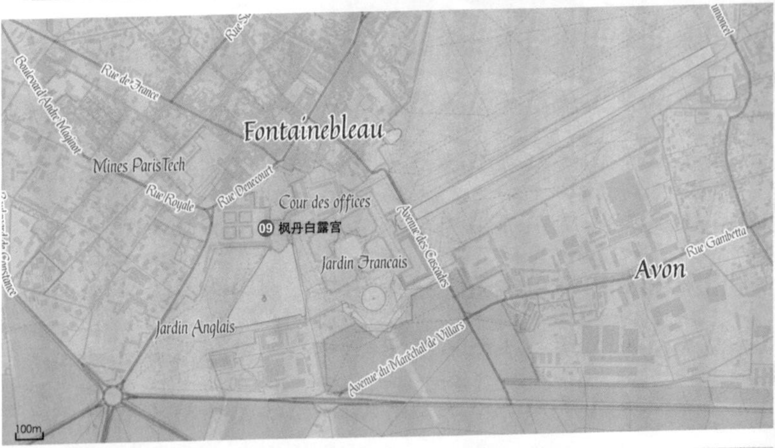

Rue de France
Boulevard André Maginot
Fontainebleau
Mines ParisTech
Rue Royale
Rue Denecourt
Cour des offices
09 枫丹白露宫
Avenue des Cascades
Jardin Francais
Rue Gambetta
Avon
Jardin Anglais
Avenue du Maréchal de Villars
100m

Nemours
Nemours - Saint-Pierre
内穆尔史前文明博物馆 10
100m

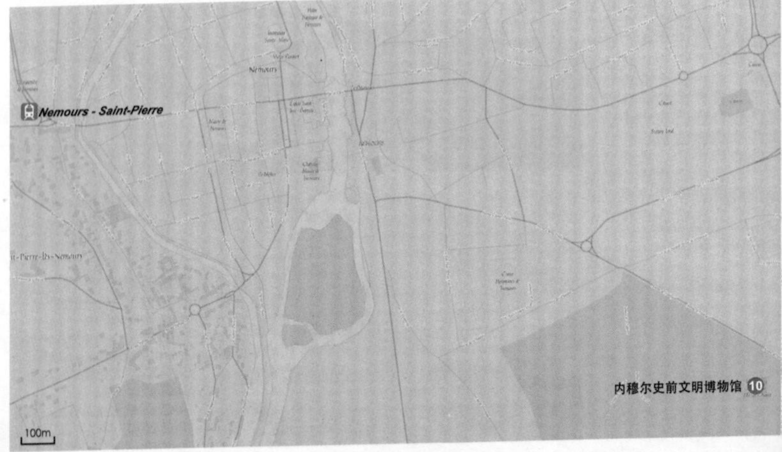

Note Zone

⑧ 普罗万城
Provins

地址：Provins, 77160
建筑类型：特色片区

⑨ 枫丹白露宫
Palais et Parc de Fontainebleau

地址：77300 Fontainebleau
建筑类型：其他建筑
建筑年代：12-16 世纪
开放时间：4 月至 9 月除周二外 9:30-18:00，10 月至次年 3 月除周二外 9:30-17:00，关闭前 45 分钟停止售票，1 月 1 日、5 月 1 日、12 月 25 日关闭。
票价：Grands Appartements 宫殿 11 欧元，Petits Appartements 宫殿 6.5 欧元，18 岁以下及学生免费。

⑩ 内穆尔史前文明博物馆
Musée Départemental de Préhistoire de Nemours

建筑师：Roland Simounet
地址：48 Avenue Étienne Dailly,77140 Nemour
建筑类型：文化建筑
建筑年代：1976-1980
开放时间：10:00-12:30、14:00-17:30，周三、六上午关闭，7、8 月延长至 18:00，1 月 1 日、5 月 1 日、12 月 25 日关闭。
票价：全价 3 欧元，折扣价 2 欧元，26 岁以下及学生免费。

普罗万城

普罗万城是中世纪西欧商业城市的典范。城内有精致的水网和蜿蜒的街道，以及原先商旅市集遗留的建筑遗迹。

枫丹白露宫

枫丹白露原义为“美丽的泉水”，从 12 世纪起成为国王行宫，是法国最大的王宫之一，包括六座王宫、五处院落、四座花园和一座塔楼，建筑内部有华丽的会议厅、狄安娜壁画长廊、瓷器廊、弗郎索瓦一世长廊等。

内穆尔史前文明博物馆

Roland Simounet 于 1927 年出生于阿尔及利亚，在巴黎完成学业后回到阿尔及利亚开办事务所，第一个工作便是和哈桑·法赛研究贫民住房问题，擅长运用材料协调建筑与气候的关系。

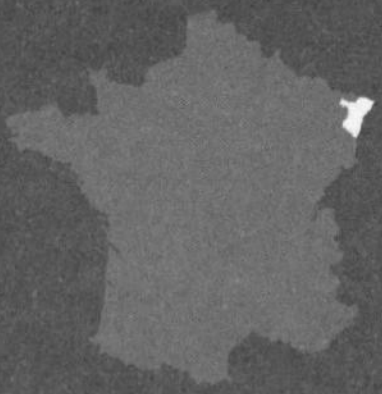

19
下莱茵省
Bas-Rhin

建筑数量 -04

01 奥内姆北站
扎哈·哈迪德 / Zaha Hadid
02 欧洲人权法院
理查德·罗杰斯 / Richard Rogers
03 斯特拉斯堡大岛
04 斯特拉斯堡主教座堂

Oermu
Sarrrre-Union
Wolfskirchen
Hirschland
Pl
Saulxu
Saales

Dambach
Lembach
Cleebourg
Reichshoffen
Wœrth
Soultz-sous-Forêts
Wingen-sur-Moder
Durrenbach
Betschdorf
Petersbach
Ingwiller
Mertzwiller
Neuwi
Bouxwiller
Haguenau
Batzendorf
Bischwiller
Druser
Dettwiller
Hochfelden
Saverne
Brumath
Herrlisheim
Hœrdt
Marrrmoutier
Willgottheim
Truchtersheim
Vendenheim
Wasselonne
Souffelweyersheim
enbourg-Engenthal
Westhoffen
01
02
04
03
Strasbourg
Holtzheim
Oberhaslach
Molsheim
Illkirch-Graffenstaden
Lutzelhouse
Grendelbruch
Rosheim
Obernai
Erstein
Barrrr
Le Hohwald
Benfeld
Epfig
Villé
Scherwiller
Hilsenheim
Sélestat
Arrrtolsheim
Marrrckolsheim

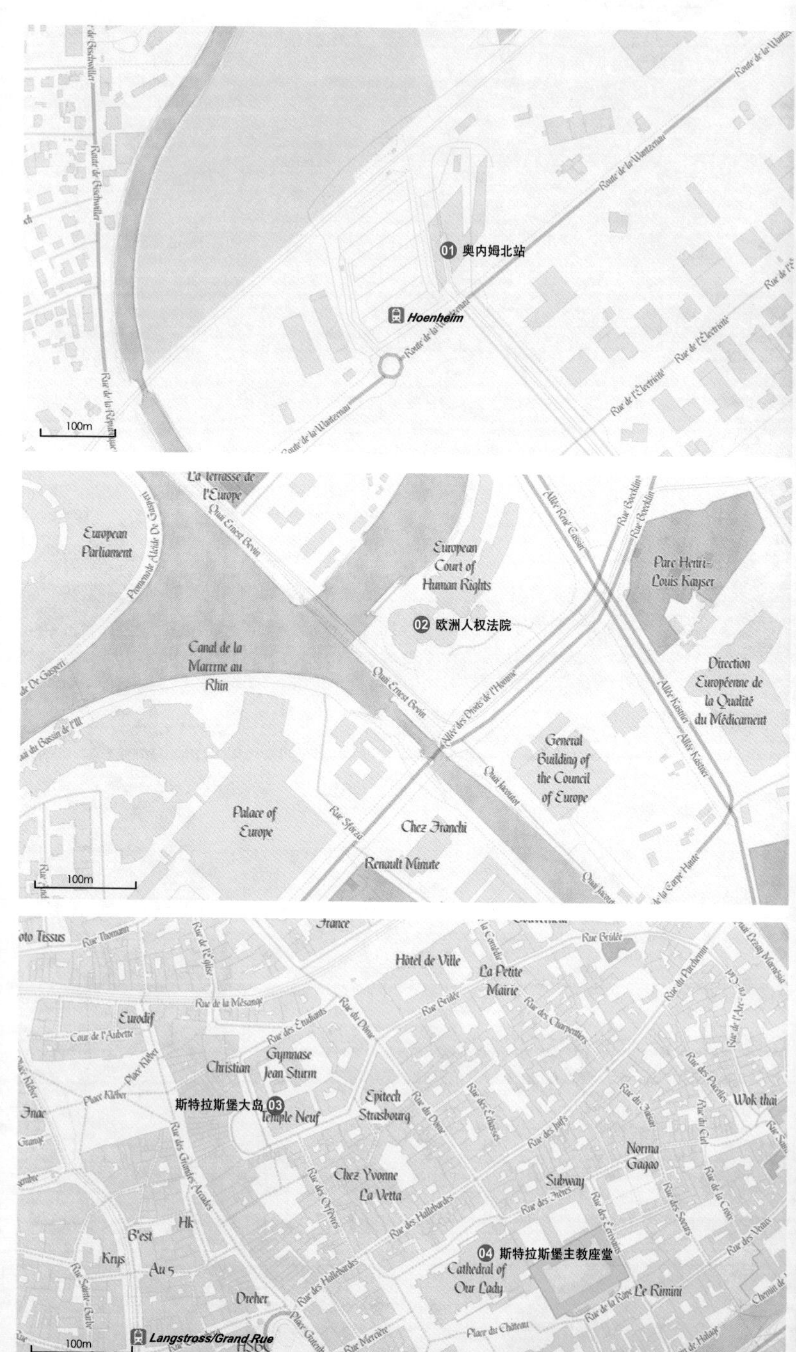
01 奥内姆北站
Hoenheim
Route de la Wantzenau
Rue de l'Electricité
Route de Bischwiller
100m
European Parliament
European Court of Human Rights
02 欧洲人权法院
Parc Henri-Louis Kayser
Canal de la Marne au Rhin
Direction Européenne de la Qualité du Médicament
General Building of the Council of Europe
Palace of Europe
Chez Franchi
Renault Minute
Quai Ernest Bevin
Allée des Droits de l'Homme
Allée René Cassin
Allée Kastner
Quai Jacoutot
Rue Sforza
100m
Hôtel de Ville
La Petite Mairie
Eurodif
Christian
Gymnase Jean Sturm
斯特拉斯堡大岛 03
Temple Neuf
Epitech Strasbourg
Wok thai
Norma Gagao
Subway
Chez Yvonne
La Vetta
Hk
B'est
Krys
Au 5
Dreher
04 斯特拉斯堡主教座堂
Cathedral of Our Lady
Le Rimini
Langstross/Grand Rue
HSBC
Place Kléber
Rue des Grandes Arcades
Rue des Hallebardes
Rue du Dôme
Place du Château
100m

Note Zone

01 奥内姆北站
Terminus Hoenheim-Nord

建筑师：扎哈·哈迪德 /Zaha Hadid
地址：Hoenheim Gare,Rue du Chêne,67800 Hoenheim
建筑类型：交通建筑
建筑年代：2001
开放时间：每天 7:00-20:00

02 欧洲人权法院
Cour Européenne des Droits de l'Homme

建筑师：理查德·罗杰斯 / Richard Rogers
地址：Allée Droits de l'homme,67000 Strasbourg
建筑类型：办公建筑
建筑年代：1995
备注：参观需预约，电话 +33(0)390215217，邮箱 ECHRvisitors@echr.coe.int

03 斯特拉斯堡大岛
Strasbourg-Grande île

地址：24 Rue Thomann,67000 Strasbourg
建筑类型：特色片区
票价：提供讲解，时长 1.5 小时，全价 6.8 欧元，学生及 12 岁至 18 岁 3.4 欧元，12 岁以下免费。
备注：http://www.otstrasbourg.fr/

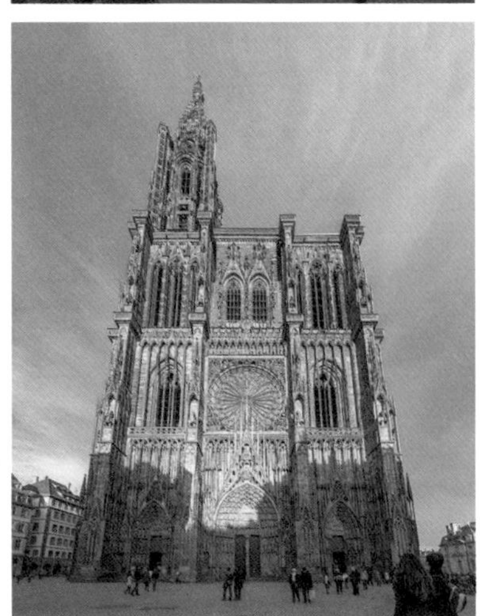

04 斯特拉斯堡主教座堂
Cathédrale Notre-Dame de Strasbourg

地址：Place de la Cathédrale,67000 Strasbourg
建筑类型：宗教建筑
建筑年代：1176-1439
开放时间：每天 7:00-11:20、12:40-19:00。
票价：免费，提供讲解、参观天文钟及观景平台将收取一定费用。

奥内姆北站

该项目是为斯特拉斯堡市新电车线路建设的车站，配套有 700 个车位的停车场。哈迪德力图通过空间中的开口和照明使车站流线清晰并富有活力。

欧洲人权法院

该项目是为数不多的“新欧洲”代表性建筑之一，它致力于成为一处亲切的、充满人性的地标，而并非森严的、盛气凌人的纪念碑。两个主要部门——法院和委员会分别占据两个不锈钢圆形体量，而入口大厅则充满阳光，视野良好。

斯特拉斯堡大岛

大岛是斯特拉斯堡的历史中心区，是伊尔河中的一个岛屿，在相当小的范围内耸立着著名的古迹建筑群，包括斯特拉斯堡主教堂（1176-1439，全世界第四高的教堂）、四个古代教堂和罗汉宫（主教们以前的住所），体现了斯特拉斯堡从 15 至 18 世纪的发展变迁，被列为世界文化遗产。

斯特拉斯堡主教座堂

斯特拉斯堡主教座堂是中世纪时期最重要的历史建筑之一，高 142 米，在 1647 至 1874 年间是世界上最高的建筑，在 1880 年以前是世界上最高的教堂。教堂以正立面的不对称为特色，由于当时的财力限制，只在一侧建成了一座 142 米的尖塔。

20
伊勒 - 维莱纳省
Ille-et-Vilaine

建筑数量 -05

01 **圣马洛城墙**
02 **富热尔城堡**
03 **布列塔尼地区审计法院**
Christian Hauvette
04 **布列塔尼建筑学校**
Patrick Berger
05 Les Champs Libres **综合体**
克利斯蒂安 · 德 · 鲍赞巴克 / Christian de Portzamparc

La Fresnais
Cherrueix
Dol-de-Bretagne
Sains
La Boussac
Sougéal
Monthault
Louvigné-du-
Lanhélin
Cuguen
Antrain
Poilley
Bazouges-la-Pérouse
Combourg
Saint-Brice-en-Coglès
Le Châtellier
La Chapelle-aux-Filtzméens
Marrcillé-Raoul
Saint-Marrc-le-Blanc
Dingé
02
Tinténiac
Saint-Ouen-des-Alleux
Montreuil-sur-Ille
Gaharrd
Billé
La Chapelle-Chaussée
Saint-Aubin-d'Aubigné
Saint-Aubin-du-Cormier
Romillé
Gévezé
Melesse
Liffré
Forêt domaniale de Rennes
Montautour
Bédée
Betton
La Bouëxière
Val-d'Izé
Pacé
Thorigné-Fouillarrrd
Champeaux
04
03
Rennes
05
Cesson-Sévigné
Vitré
Le Rheu
Châteaubourg
Erbrée
Mordelles
Saint-Jacques-de-la-Lande
Domagné
Torcé
Vern-sur-Seiche
Châteaugiron
Chancé
Bruz
Goven
Amanlis
Domalain
Lassy
Laillé
Corps-Nuds
Guichen
Janzé
La Guerche-de-Bretagne
Bourg-des-Comptes
Guignen
Retiers
Drouges
Lohéac
Pancé
Tresbœuf
Thourie
Bain-de-Bretagne
Ercé-en-Lamée
Marrrtigné-Ferchaud
Guipry
Saint-Ganton
La Dominelais
Langon
Grand-Fougeray

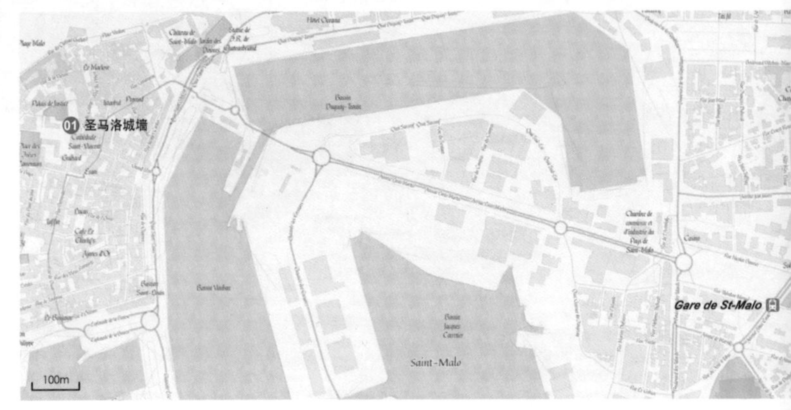

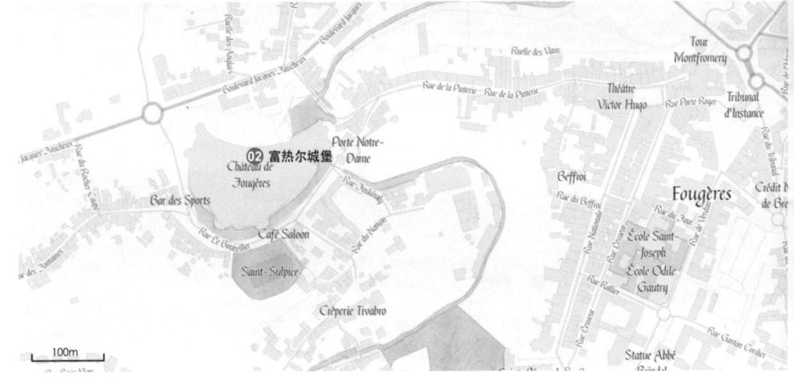

01 圣马洛城墙
Ramparts de Saint-Malo

地址:Saint-Malo
建筑类型:其他建筑
建筑年代:12 世纪 -
备注:免费开放，提供讲解。

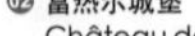

02 富热尔城堡
Château de Fougères

地址:83 Place Pierre Symon,35300 Fougères
建筑类型:其他建筑
建筑年代:12 世纪
开放时间:5 月除周一外 10:00-19:00，6 至 9 月 10:00-19:00，10 月至次年 4 月除周一外 10:00-12:30、14:00-17:30，12 月 25 日、1 月 1 日关闭。
票价:全价 8 欧元，学生及 6 岁至 25 岁 5 欧元，团体 4 欧元(15 人以上),6 岁以下免费。

圣马洛城墙

城墙约 1.2 英里，自 12 世纪起陆续建造，在 17 至 18 世纪曾成为反抗英国威胁的中心港口，大部分城墙在“二战”期间遭受损毁并于战后被重建。在城墙上可看到圣马洛老城的建筑、海湾以及河口的岛屿。

富热尔城堡

富热尔城堡是中世纪最大的防御性城堡之一。城堡整体呈梯形，墙体厚度超过 3 米，与另 13 座高塔一起形成完整的防御体系。

03 布列塔尼地区审计法院
Préfecture
Chemin de la Cloustière
Rue Robert d'Arbrissel
Promenade du Cimon
Rue de Saint-Malo
Rue Olivier de Serres
Boulevard des Trois Croix
Avenue Charles-Tillon
Square des Trois Croix
Lidl
Belasie
Conseil Général d'Ille-et-Vilaine
100m

布列塔尼建筑学校 04
Ecole d'Architecture
Centre Urgences Réanimations
PONTCHAILLOU
Grand bloc
El Cubanacan
Marché
Le cheval bleu
Anatole France
Le Combi Bar
Square Antoine Jaqu
Square Jean de Malestroit
Halte garderie Croc'Mahon
DINAN
100m

布列塔尼建筑学校

建筑学校位于两河交汇处，由新旧两部分组成，旧建筑拥有古老的历史，要追溯到19世纪，而它现在的功能是学校行政办公的所在地。新建筑简洁有力，木头和花岗岩是主要的建筑材料，但建筑师在使用传统材料的同时表达出现代的气息。

布列塔尼地区审计法院

Christian Hauvette生于1944年，在同代建筑师中最先对高科技混凝土、金属与玻璃进行使用，作品充满了复杂性和高技风格。

03 布列塔尼地区审计法院
Chambre Régionale des Comptes de Bretagne

建筑师：Christian Hauvette
地址：3 Rue Robert d'Arbrissel,35000 Rennes
建筑类型：办公建筑
建筑年代：1985-1989

04 布列塔尼建筑学校
Ecole d'Architecture de Bretagne

建筑师：Patrick Berger
地址：44 Boulevard de Chézy,35000 Rennes
建筑类型：科教建筑
建筑年代：1986-1990

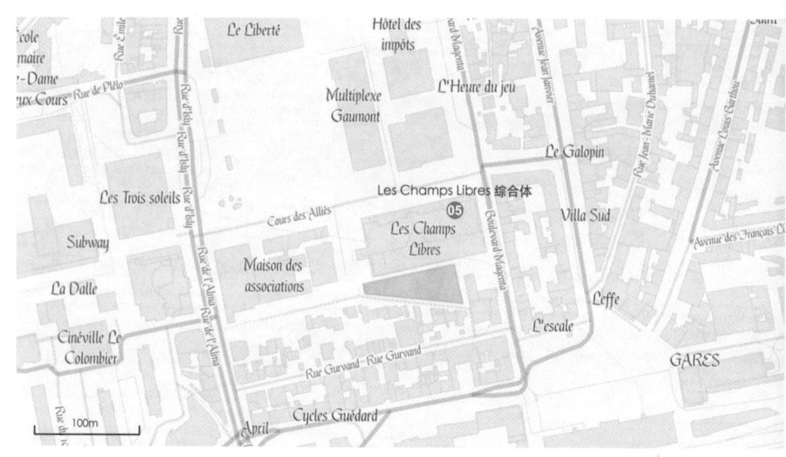

Les Champs Libres综合体／克里斯蒂安・德・鲍赞巴克

⑮ Les Champs Libres 综合体
Les Champs Libres

建筑师：克里斯蒂安·德·鲍赞巴克 /Christian de Portzamparc
地址：Les Champs Libres, 10 Cours des Alliés, 35000 Rennes
建筑类型：文化建筑
建筑年代：1993-2006

建筑所在的广场原先为一处大型停车场，后被雷恩市市长 Edmond Hervé 选定为一处科技、历史、艺术中心。建筑内部容纳了三家科技与艺术机构，分别为布列塔尼博物馆、市图书馆和一家文化科技中心。该设计试图在融合三家机构的同时保持他们各自的存在感。

21
卢瓦雷省
Loiret

建筑数量 -02

01 科学图书馆
Florence Lipsky + Pascal Rollet
(Integral Lipsky+Rollet Architectes)
02 卢瓦河畔苏利城堡

Sermaises
Engenville
Manchecourt
Puiseaux
Estouy
Pithiviers
Escrennes
Boynes
Sceaux-du-Gâtinais
Ferrières-en-Gâtinais
Beaune-la-Rolande
Chambon-la-Forêt
Lorcy
Girolles
Nibelle
Ladon
Montarrrgis
Ingrannes
Bellegarrrde
Amilly
Sury-aux-Bois
Chailly-en-Gâtinais
Vitry-aux-Loges
Thimory
Montcresson
Lorris
Châteauneuf-sur-Loire
Nogent-sur-Vernisson
Saint-Benoît-sur-Loire
Tigy
Boismorand
02
La Bussière
Viglain
Vannes-sur-Cosson
Saint-Gondon
Gien
Villemurlin
Isdes
Briarrre
Cerdon
Coullons
Autry-le-Châtel
Châtillon-sur-Loire
Bonny-sur-Loire

Note Zone

UFR Sciences
UFR de Droit, Économie et Gestion
Université-Parc Floral
Université de mathématiques
UFR Sciences Administration
UFR de Physique-Chimie
Université d'informatique, Bat 3IA-LIFO
UFR de Droit, Économie et Gestion
UFR de Droit, Économie et Gestion
Université d'Orléans-Campus de la Source
Bibliothèque Universitaire des Sciences
01 科学图书馆
Restaurant Universitaire-L'Agora
Amphithéâtre de l'UFR de Sciences
Restaurant Universitaire-Le Lac
Polytech'Orléans
Centre d'Innovation
100m
Avenue de Béthune
Château de Sully-sur Loire
02 卢瓦河畔苏利城堡
Rue Maréchal Foch
100m

科学图书馆

图书馆位于环境优美的大学内，此前一直较为孤立，随着公交线路的加入，这一区域逐渐被激活。建筑很好地融入了湖水和树林的环境之中，面向湖面有巨大的混凝土门廊，在入口处设有一个小的玻璃盒子作为内外空间的过渡，使参观者能够安静地进入阅览空间。

卢瓦河畔苏利城堡

苏利城堡是是卢瓦尔河谷东面的门户，它特色鲜明，高大的塔楼和城楼都有圆锥形的屋顶。塔楼由当时的城堡主人吉德拉 · 太姆依邀请了卢浮宫的建筑师雷蒙 · 德汤普拉进行设计，被列为世界文化遗产。

01 科学图书馆
Bibliothèque Universitaire des Sciences

建筑师：Florence Lipsky + Pascal Rollet (Integral Lipsky+Rollet architectes)
地址：U.F.R. Sciences,45100 Orleans
建筑类型：文化建筑
建筑年代：2005

02 卢瓦河畔苏利城堡
Château de Sully-sur-Loire

地址：Chemin de la Salle Verte,45600 Sully-sur-Loire
建筑类型：其他建筑
建筑年代：14-18 世纪
开放时间：2、3、10、11、12月除周一外 10:00-12:00、14:00-17:00，4、5、6、9 月除周一外 10:00-18:00，1月及 12 月 15 日关闭。
票价：全价 7 欧元，6 岁至 17 岁 3.5 欧元，6 岁以下免费。

卢瓦河畔苏利城堡

22
约讷省
Yonne

建筑数量 -01

01 韦兹莱教堂和山丘

Thorigny-sur-Oreuse
Courgenay
Voisines
Les Sièges
Theil-sur-Vanne
Cerisiers
Villechétive
Arrrces
Chailley
Dixmont
Bussy-en-Othe
Saint-Florentin
Joigny
Migennes
Vergigny
Bassou
Héry
Ligny-le-Châtel
Cheney
Mélisey
Appoigny
Maligny
Tonnerre
Tanlay
Monéteau
Charrrbuy
Chablis
Auxerre
Ancy
Poilly-sur-Serein
Sambourg
Pourrain
Chevannes
Champs-sur-Yonne
Diges
Annay-sur-Serein
Pasilly
Migé
Étive
Vermenton
Sacy
Nitry
Sarrrry
Ouanne
Grimault
Châtel-Gérarrrd
Joux-la-Ville
Courson-les-Carrrrières
Arrrcy-sur-Cure
Mailly-le-Château
Bierry
L'Isle-sur-Serein
Sermizelles
Étaule
Châtel-Censoir
Asnières-sous-Bois
Avallon
01
Vézelay
Saint-Brancher

Note Zone

Chemin de Ronde
Route d'Asquins
École primaire
Basilique Sainte-Madeleine
01 韦兹莱教堂和山丘
Centre Sainte-Madeleine
Mairie de Vezelay
Rue du Chapitre
Rue de la Porte Neuve
Rue des Écoles
Rue Saint-Étienne
Vézelay
Vival
Musée Zervos
100m

01 韦兹莱教堂和山丘
Basilique et Colline de Vézelay

地址：Place de la Basilique,89450 Vézelay
建筑类型：宗教建筑
建筑年代：1096-1150
开放时间：7月至8月7:00-21:00，9月至次年6月每天日出至日落。
票价：免费。

韦兹莱教堂和山丘

韦兹莱是中世纪最重要和最具影响力的城镇之一。在中世纪，这里和耶路撒冷、罗马及圣雅克一起被称作基督教四大圣地。中世纪的房屋墙、罗马酒窖、曲折的小巷使它至今仍是法国最秀丽的小镇之一。

韦兹莱教堂和山丘

Aubure
Ribeauvillé
Fréland
Kaysersberg
Orbey
Houssen
01
Colmarrr
Kunheim
Munster
Breisach
Metzeral
Sainte-Croix-en-Plaine
Dessenheim
Oberhergheim
Rouffach
Lautenbach
Fessenheim
Guebwiller
Hirtzfelden
Ensisheim
Munchhouse
Wattwiller
Thann
Cernay
Wittelsheim
Illzach
Guewenheim
02
Mulhouse
03
Balschwiller
Illfurth
Sierentz
Rantzwiller
Dannemarrrie
Altkirch
Blotzheim
Waldighofen
Ferrette
04

23 上莱茵省
Haut-Rhin

建筑数量 -04

01 **科尔马旧城**
02 Mul(ti)House **住宅**
坂茂 / Shigeru Ban
03 **利口乐欧洲工厂**
赫尔佐格与德梅隆 /Jacques Herzog + Pierre de Meuron(Herzog & de Meuron)
04 Rudin **住宅**
赫尔佐格与德梅隆 /Jacques Herzog + Pierre de Meuron(Herzog & de Meuron)

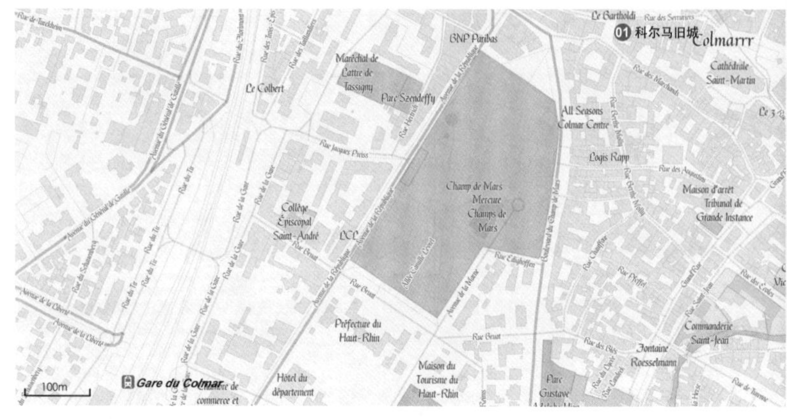

01 科尔马旧城
Colmar

地址：Colmar
建筑类型：特色片区
建筑年代：13 世纪 -（主要建筑）

02 Mul(ti)House 住宅
Mul(ti)House

建筑师：坂茂 /Shigeru Ban
地址：Rue Jean Jaurès,Mulhouse
建筑类型：居住建筑
建筑年代：2005

科尔马旧城

科尔马旧城未遭法国大革命和战争损害，至今仍保持着统一的肌理，城内有多条河道穿过，被称为“小威尼斯”。此外，它和附近的里屈维尔镇是宫崎骏动画片《哈儿的移动城堡》中城市景观的灵感来源。

Mul(ti)House 住宅

该项目是 Mulhouse 的第一个社会住宅项目。建筑共用中心墙体的 12 个居住单元在墙的南北线性排列，和周边旧的住房一同构成了新的城市环境。

Note Zone

利口乐欧洲工厂

该项目是利口乐公司的一处包装和分发基地。经过丝网印刷处理的聚碳酸酯面板的建筑立面是该建筑的主要特色，面板印有类似于树木和树叶的图案，与周边的灌木和森林相呼应，并起到将阳光过滤为柔和光线的作用。

Rudin 住宅

建筑的形体简单直接，“使人想到儿童画中人们对于‘房子’最原初的理解”。焦油板屋顶和清水混凝土墙面之间的无缝衔接使建筑具有结实的体量，而下方带支脚的平台又使建筑好像悬浮在缓坡上。

03 利口乐欧洲工厂
Ricola Europe Mulhouse

建筑师：赫尔佐格与德梅隆 / Jacques Herzog + Pierre de Meuron (Herzog & de Meuron)
地址：1 Rue de l'Ill, 68350 Brunstatt
建筑类型：工业建筑
建筑年代：1995

04 Rudin 住宅
Maison Rudin

建筑师：赫尔佐格与德梅隆 / Jacques Herzog + Pierre de Meuron (Herzog & de Meuron)
地址：Rue du Waldeck, 68220 Leymen
建筑类型：居住建筑
建筑年代：1998
备注：宜开车前往

24
大西洋岸卢瓦尔省
Loire-Atlantique

建筑数量 -07

01 **阿普克利斯工厂**
多米尼克 · 佩罗 / Dominique Perrault
02 **圣埃尔布兰商业中心**
理查德 · 罗杰斯 / Richard Rogers + Graham Stirk + Ivan Harbour(Rogers Stirk Harbour+Partners)
03 ONYX **文化中心**
让 · 努韦尔 / Jean Nouvel
04 **布列塔尼公爵城堡**
05 **南特司法大厦**
让 · 努韦尔 / Jean Nouvel
06 Caps Horniers **住宅**
多米尼克 · 佩罗 / Dominique Perrault
07 **南特布里埃森林公寓**
勒 · 柯布西耶 / Le Corbusier

Rougé
ndes
Sion-les-Mines
Châteaubriant
Masserac
Lusanger
Derval
Saint-Vincent-des-Landes
Erbray
Guémené-Penfao
Treffieux
Moisdon-la-Rivière
Marrrsac-sur-Don
Nozay
Vay
Abbarrretz
La Meilleraye-de-Bretagne
Plessé
Forêt Domaniale du Gâvre
Riaillé
Saffré
Joué-sur-Erdre
Blain
La Chevallerais
Teillé
Nort-sur-Erdre
mpbon
Fay-de-Bretagne
Héric
Ligné
Petit-Marrrs
Notre-Dame-des-Landes
Saint-Marrrs-du-Désert
Savenay
Malville
Oudon
Sucé-sur-Erdre
Vigneux-de-Bretagne
Treillières
01
-sur-Loire
La Ch
Carrrquefou
Saint-Étienne-de-Montluc
Sainte-Luce-sur-Loire
Frossay
Marais Jean-Jacques Audubon
Le Loroux-Bottereau
02
03
04
Nantes
05
Couëron
06
07
La Sicaudais
Rouans
Bouguenais
Vertou
Vallet
Bouaye
Marrrtin
Château-Thébaud
rrrthon-en-Retz
Réserve Naturelle du lac de Grand-Lieu
Sainte-Pazanne
La Chevrolière
Aigrefeuille-sur-Maine
Saint-
Geneston
rgneuf-en-Retz
Saint-Philbert-de-Grand-Lieu
Machecoul
Vieillevigne
Paulx

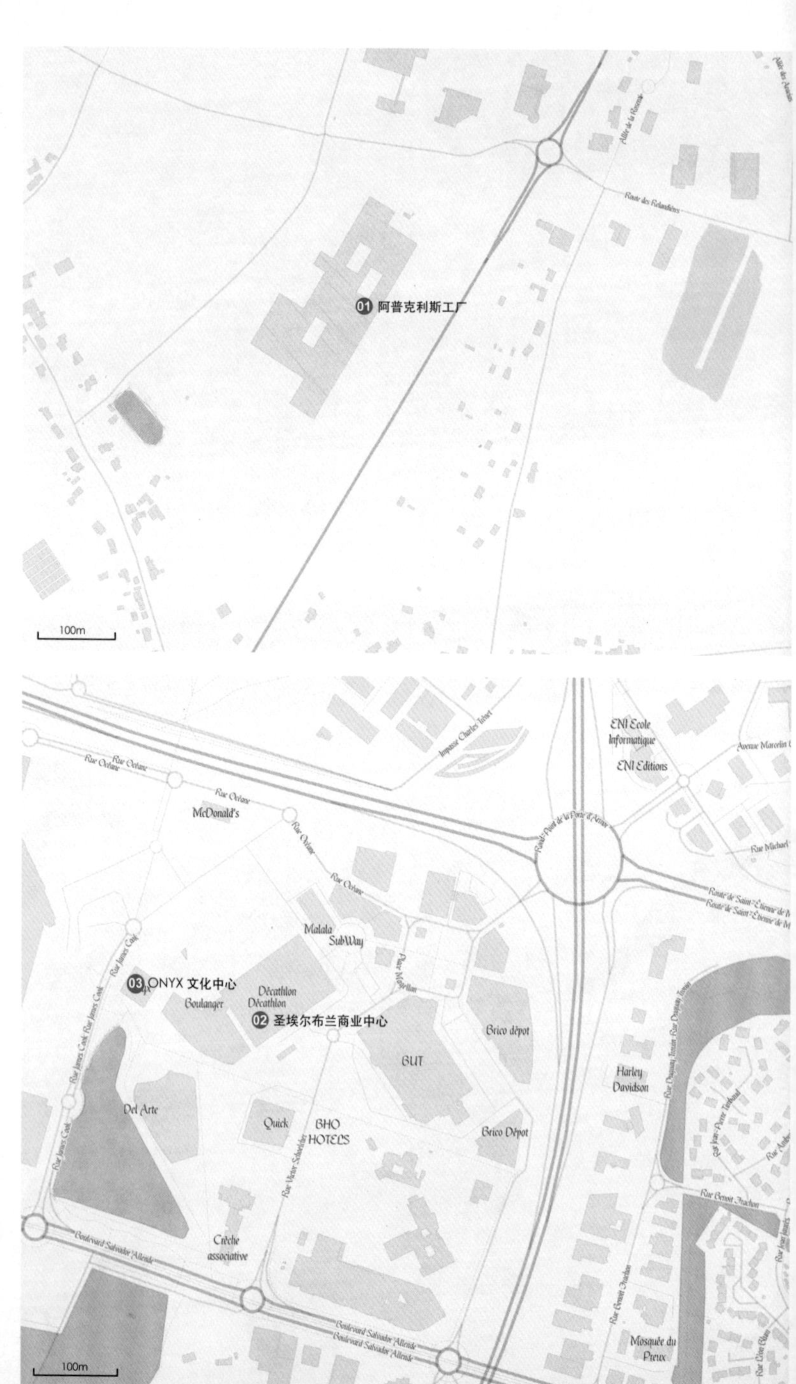

01 阿普克利斯工厂
Route des Relandières
100m
ENI Ecole Informatique
ENI Editions
Rue Océane
McDonald's
Malala
SubWay
03 ONYX 文化中心
Boulanger
Décathlon
Décathlon
02 圣埃尔布兰商业中心
Brico dépot
BUT
Harley Davidson
Del Arte
Quick
BHO HOTELS
Brico Dépot
Crèche associative
Boulevard Salvador Allende
Rue Benoit Frachon
Mosquée du Preux
Route de Saint-Etienne de Montluc
Rue James Cook
Rue Victor Schoelcher
Impasse Charles Trénet
100m

Note Zone

01 阿普克利斯工厂
Usine Aplix

建筑师：多米尼克·佩罗 / Dominique Perrault
地址：ZA Les Relandières Nord,RN23,44850 Le Cellie
建筑类型：工业建筑
建筑年代：1999

02 圣埃尔布兰商业中心
Centre Commercial Saint-Herblain

建筑师：理查德·罗杰斯 /Richard Rogers + Graham Stirk + Ivan Harbour (Rogers Stirk Harbour+Partners)
地址：Place Océane,44800 Saint-Herblain
建筑类型：商业建筑
建筑年代：1986-1987

03 ONYX 文化中心
ONYX

建筑师：让·努韦尔 /Jean Nouvel
地址：1 Rue Océane, 44800 Saint-Herblain
建筑类型：文化建筑
建筑年代：1988
开放时间：周二、三、五 10:00-18:00，周一、四 13:30-17:30。
票价：全价 19 欧元，25 岁以下 10 欧元。

阿普克利斯工厂

在该建筑中，公司的活动围绕一条内部街道展开，街道串联起 20 米见方的模块，每个模块容纳一种功能，使功能得到了灵活有效的安排。工厂镜面式的立面有 300 米长，映射出周边风景——工厂的立面即是自然，反映出极少主义的设计思想。

圣埃尔布兰商业中心

业主对造价和设计时间的控制非常严格，并要求建筑既适应动态零售的需求又能够适应其他用途。建筑平面简洁清晰，由一座铁桥通向两层高的接待大厅，“桅杆森林”使建筑显得轻盈优雅。

ONYX 文化中心

场地南北两侧的人工环境和自然环境截然二分，北侧是一个占地四公顷的购物中心和工厂，南侧是一个围绕湖水的休闲公园。建筑试图使场地具有连续性，通过强调建筑元素的特点与组合来应对场地强烈的反差，在这些反差的冲突中释放出一种强烈的、诗意的建筑形象。

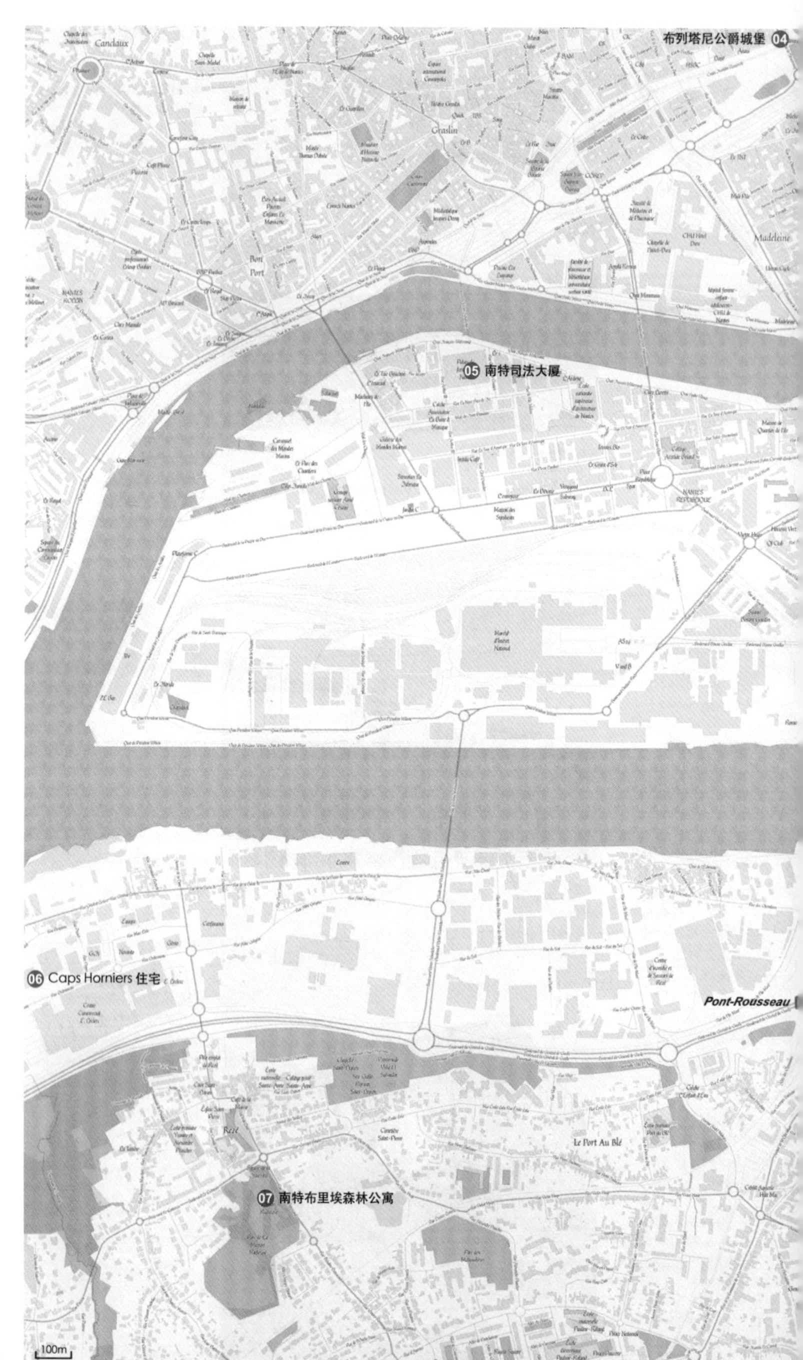
布列塔尼公爵城堡 04
05 南特司法大厦
06 Caps Horniers 住宅
07 南特布里埃森林公寓
Canclaux
Graslin
Madeleine
Pont-Rousseau
Le Port Au Blé
Rezé
100m

Note Zone

04 **布列塔尼公爵城堡**
Château des Ducs de Bretagne

地址：4 Place Marc Elder,44000 Nantes
建筑类型：其他建筑
建筑年代：13-16 世纪
开放时间：中庭和城墙每天 10:00-19:00，其中 6 月 21 日至 8 月 31 日 9:00-20:00（周六开放至 23:00）；博物馆除周一外每天 10:00-18:00，其中 6 月 27 日至 8 月 31 日 10:00-19:00，关闭前 30 分钟停止售票；1 月 1 日、5 月 1 日、11 月 1 日、12 月 25 日关闭。
票价：全价 5 欧元，18 岁至 26 岁 3 欧元，18 岁以下免费。

05 **南特司法大厦**
Palais de Justice

建筑师：让 · 努韦尔 /Jean Nouvel
地址：19 Quai François Mitterrand,44200 Nantes
建筑类型：办公建筑
建筑年代：2000

06 Caps Horniers **住宅**
Logements Les Caps Horniers

建筑师：多米尼克 · 佩罗 / Dominique Perrault
地址：Rue Rio,44400 Rezé
建筑类型：居住建筑
建筑年代：1986

07 **南特布里埃森林公寓**
Unité d'habitation de Rezé

建筑师：勒 · 柯布西耶 /Le Corbusier
地址：Rue Théodore Brossaud,44400 Rezé
建筑类型：居住建筑
建筑年代：1952
备注：提供讲解，时间为每周三 16:00、每周六 9:30 和 11:00（散客），每周二、周五下午及周四上午（团体）。

布列塔尼公爵城堡

这是卢瓦尔河融入大西洋之前的最后一处城堡。城堡在靠近南特城一侧为一座被 400 米长环路包围的堡垒，其上分布着七座由城墙连接的高塔；内院一侧为一座 15 世纪的公爵府邸，石灰石建造，文艺复兴风格；其余建筑建于 16 至 18 世纪。它们颜色鲜白，曲线优雅，精雕细刻，与外城墙的粗犷风格形成对照，被列为世界文化遗产。

南特司法大厦

在这个项目中，努韦尔试图对“公正”的建筑予以重新定义，将公平、平等、尊严等词语转译为适当的建筑元素表现出来。

Caps Horniers 住宅

项目包含 40 个房间，可供出租，佩罗试图通过公共空间的组织、公寓的类型学与建筑学考量等提高镇区边缘废弃区域的地位。

南特布里埃森林公寓

勒 · 柯布西耶是 20 世纪最著名的建筑大师、城市规划师和作家，是现代主义建筑的主要倡导者机器美学的重要奠基人。这是柯布战后的集合住宅设计之一，与马赛公寓等具有相似的外观，内部结构，户型组合甚至建造方式，是“理想居住单元”的尝试。

Châtelais
Morannes
Contigné
Marrigné
Saint-Marrrtin-du-Bois
Segré
Châteauneuf-sur-Sarrrthe
Durtal
Andigné
Barrracé
Lézigné
Le Lion-d'Angers
Loiré
Tiercé
Vern-d'Anjou
Soulaire-et-Bourg
Seiches-sur-le-Loir
La Pouëze
Jarrzé
Le Louroux-Béconnais
Place
Montreuil-Juigné
Saint-Sylvain-d'Anjou
Lué-en-Baugeois
Beaucouzé
01
Angers
Corné
Villemoisan
Trélazé
Beaufort-en-
Bouchemaine
Champt
Saint-Georges-sur-Loire
Saint-Saturnin-sur-Loire
La
Chalonnes-sur-Loire
Mozé-sur-Louet
Brissac-Quincé
02
Les Rosiers-sur-
Saint-Laurent-de-la-Plaine
Les Alleuds
Saint-Lambert-du-Lattay
Chanzeaux
Thouarrrcé
Ambillou-Château
Saint-Lézin
Marrrtigné-Briand
Chemillé
Valanjou
Beaupréau
Jallais
Doué-la-Fontaine
Melay
Montilliers
Andrezé
Les Verchers-sur-Layon
Vihiers
Coron
Trémentines
Nueil-sur-Layon
Nuaillé
Cléré-sur-La
La Plaine
Cholet
Toutlemonde
Somloire

25 曼恩 - 卢瓦尔省 Maine-et-Loire

建筑数量 -05

01 昂热城堡
02 布里萨克城堡
03 索米尔城堡
04 布雷泽城堡
05 丰特莱修道院

---

01 **昂热城堡**
Château d'Angers

地址：2 Promenade du Bout du Monde, 49100 Angers
建筑类型：其他建筑
建筑年代：13-16 世纪
开放时间：5 月 2 日至 9 月 4 日 9:30-18:30，9 月 5 日至 4 月 30 日 10:00-17:30，关闭前 45 分钟停止售票，1 月 1 日、5 月 1 日、11 月 1 日、11 月 11 日、12 月 25 日关闭。
票价：全价 8.5 欧元，18 岁至 25 岁 5.5 欧元，团体 6.5 欧元（20 人以上），18 岁以下免票。

昂热城堡

昂热城堡是一座典型的中世纪防御型城堡，建于 1230 至 1240 年间，被列为世界文化遗产。城堡所处地势险峻，一面紧临卢瓦尔河，另三面由 17 个高耸的塔楼和长达 1 公里的围墙进行保护。城堡主体高 30 米。

Note Zone

02 布里萨克城堡
Château de Brissac

地址：Rue Louis Moron,49320 Brissac-Quincé
建筑类型：其他建筑
建筑年代：11-17 世纪
开放时间：4、5、6、9、10月除周二外 10:00-12:15、14:00-18:00，7、8月 10:00-18:00，11月至次年 3月仅节假日开放，关闭前 30 分钟停止售票。
票价：全价 10 欧元，学生 8.5 欧元，8 岁至 16 岁 4.5 欧元，8 岁以下免费。

03 索米尔城堡
Château de Saumur

地址：49400 Saumur
建筑类型：其他建筑
建筑年代：10-16 世纪
开放时间：3月10日至6月14日及9月16日至11月3日（淡季）除周一外 10:00-13:00、14:00-17:30，6月15日至9月15日（旺季）10:00-18:30。
票价：淡季全价 5 欧元，折扣价 3 欧元，团体 3.5 欧元（12 人以上）；旺季全价 9 欧元，折扣价 5 欧元，团体 6 欧元（12 人以上）。

布里萨克城堡

布里萨克城堡是法国封建时期的遗迹，被列为世界文化遗产。它的塔楼和防御工事高大厚重，各个立面充满了不对称之美。

索米尔城堡

索米尔城堡建立于 11 世纪末，被列为世界文化遗产。它的功能在不同历史时期也在不断更迭，历经防御工事、休闲别墅、王室高级官员在索米尔的住所、监狱、存放武器弹药的仓库等。1906 年，索米尔市政府从国家收购了城堡，进行部分修复，如今城堡的一部分被作为市政博物馆。

Note Zone

丰特莱修道院

布雷泽城堡

布雷泽城堡是迄今依然保留的最精致、最罕见的新哥特及新文艺复兴风格的室内设计典范之一，被列为世界文化遗产。在这里能够见到昔日领主的防御性住宅、开凿的巡查道、洞穴吊桥、领主储藏室、地下工场、厨房、面包房、冰窖等，以及 19 世纪穆兰市侯爵——皮埃尔·德勒·布雷泽的套房。

04 布雷泽城堡
Château de Brézé

地址：Château de Brézé,2 Rue du Château,49260 Brézé
建筑类型：其他建筑
建筑年代：16-19 世纪
开放时间：4、5、6、9 月 10:00-18:30，7、8 月 10:00-19:30，10 月至次年 3 月除周一外 10:00-18:00，12 月 24、25、31 日关闭，关闭前 45 分钟停止售票。
票价：全价 11 欧元，学生及团体（20 人以上）9.5 欧元，6 岁至 17 岁 6 欧元，6 岁以下免费。

丰特莱修道院

丰特莱的西多会修道院的教堂是古罗马西多会建筑的典型代表，是法国最古老的教堂，也是欧洲最古老的西多会修道院之一，被列为世界文化遗产。

05 丰特莱修道院
Abbaye de Fontevraud

地址：49590 Fontevraud l'Abbaye
建筑类型：宗教建筑
建筑年代：1101-1792
开放时间：1 月 25 日至 3 月 29 日 10:00-17:30，3 月 30 日至 6 月 30 日 9:30-18:30，7 月 1 日至 8 月 31 日 9:30-19:00，9 月 1 日至 11 月 11 日 9:30-18:30，11 月 12 日至 12 月 31 日 10:00-17:00，每周一关闭，1 月 1 日至 24 日及 12 月 25 日关闭。
票价：全价 9.5 欧元，学生 7 欧元，8 岁以下免费。

Chemillé-sur-Dême
Les Hermites
Marrrray
Saint-Paterne-Racan
Saint-Laurent-en-Gâtines
Château-la-Vallière
Neuillé-Pont-Pierre
Nouzilly
Semblançay
Monnaie
Reugny
Channay-sur-Lathan
Ambillou
Savigné-sur-Lathan
Notre-Dame-d'Oé
Fondettes
Tours
02
Montlouis-sur-Loire
Mazières-de-Touraine
03
Ballan-Miré
04
Vallères
Druye
Veigné
Monts
Truyes
Rivarrennes
05
Huismes
Forêt
Saint-Branchs
Villeperdue
Louans
06
Neuil
Dol
Saint-Épain
Manthelan
Ligré
L'Île-Boucharrrd
Mouzay
Champigny-sur-Veude
Chezelles
Bournan
Nouâtre
Draché
Ligueil
La Celle-Saint-Avant
Marrrigny-Marrrmande
Abilly

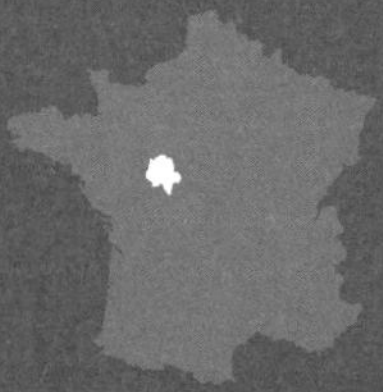

26
安德尔 - 卢瓦尔省
Indre-et-Loire

建筑数量 -07

01 昂布瓦斯城堡
02 Vinci 会议中心
让 · 努韦尔 / Jean Nouvel
03 维朗德里城堡和花园
04 朗热城堡
05 阿泽勒丽多城堡
06 希侬城堡
07 洛什王家旧城

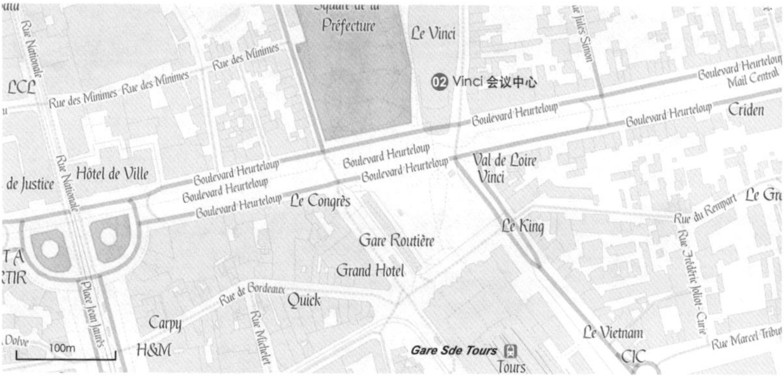

⓪① 昂布瓦斯城堡
Château d'Amboise

地址:37400 Amboise
建筑类型:其他建筑
建筑年代:15-16 世纪
开放时间:随月份调整，请参阅官方网站。
票价:全价 10.5 欧元，学生 9 欧元，7 岁至 18 岁 7.2 欧元。

⓪② Vinci 会议中心
Le Vinci

建筑师:让・努韦尔 /Jean Nouvel
地址:67 Rue Bernard Palissy,37000 Tours
建筑类型:办公建筑
建筑年代:1993

昂布瓦斯城堡

昂布瓦斯城堡是文艺复兴时期卢瓦尔河畔最负盛名的城堡之一，风格典雅，显示出瓦卢瓦王朝的辉煌，被列为世界文化遗产。在这一时期，许多杰出的意大利艺术家移居到法国。

Vinci 会议中心

建筑师着眼于场地现状，最大化地释放场地价值。这个设计解决了城市纪念性项目和较小的地块规模以及周边大型车站之间的矛盾。努韦尔的设计既是纪念碑，又是来源于场地的自然结果。从大道和车站看去，会议中心像是一颗朝向公园的箭头。

Note Zone

维朗德里城堡和花园 03

Villandry

Le Racinapras

100m

01 朗热城堡

Langeais

100m

③ 维朗德里城堡和花园
Château et Jardins de Villandry

地址：3 Rue Principale, 37510 Villandry
建筑类型：其他建筑
建筑年代：16-18 世纪
开放时间：随月份调整，请参阅官方网站。
票价：全价 10 欧元，8 岁至 18 岁及 26 岁以下学生 6.5 欧元，团体 8 欧元（15 人以上）。

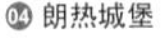

④ 朗热城堡
Château de Langeais

地址：Place Pierre de Brosse,37130 Langeais
建筑类型：其他建筑
建筑年代：10-15 世纪
开放时间：2、3 月 9:30-17:30，4、5、6、9、10 月及 11 月 1 日至 11 日 9:30-18:30，7、8 月 9:00-19:00，11 月 12 日至次年 1 月 31 日 10:00-17:00（12 月 25 日 14:00-17:00）。
票价：全价 8.8 欧元，18 岁至 25 岁 7.2 欧元，10 岁至 17 岁 5 欧元，10 岁以下免费。

维朗德里城堡和花园

维朗德里城堡是卢瓦尔河畔最后一座文艺复兴时期的大型城堡，以它的三层花园而著名，被列为世界文化遗产。

朗热城堡

朗热城堡位于卢瓦尔河谷中部，安茹省和图兰省的交界处，被列为世界文化遗产。城堡主要包括两部分：富尔克·纳勒塔楼（法国最古老的塔楼）和路易十一城堡。城堡面向城市的一面以法国封建时期建筑风格为主，面向庭院的一面则具有文艺复兴风格。

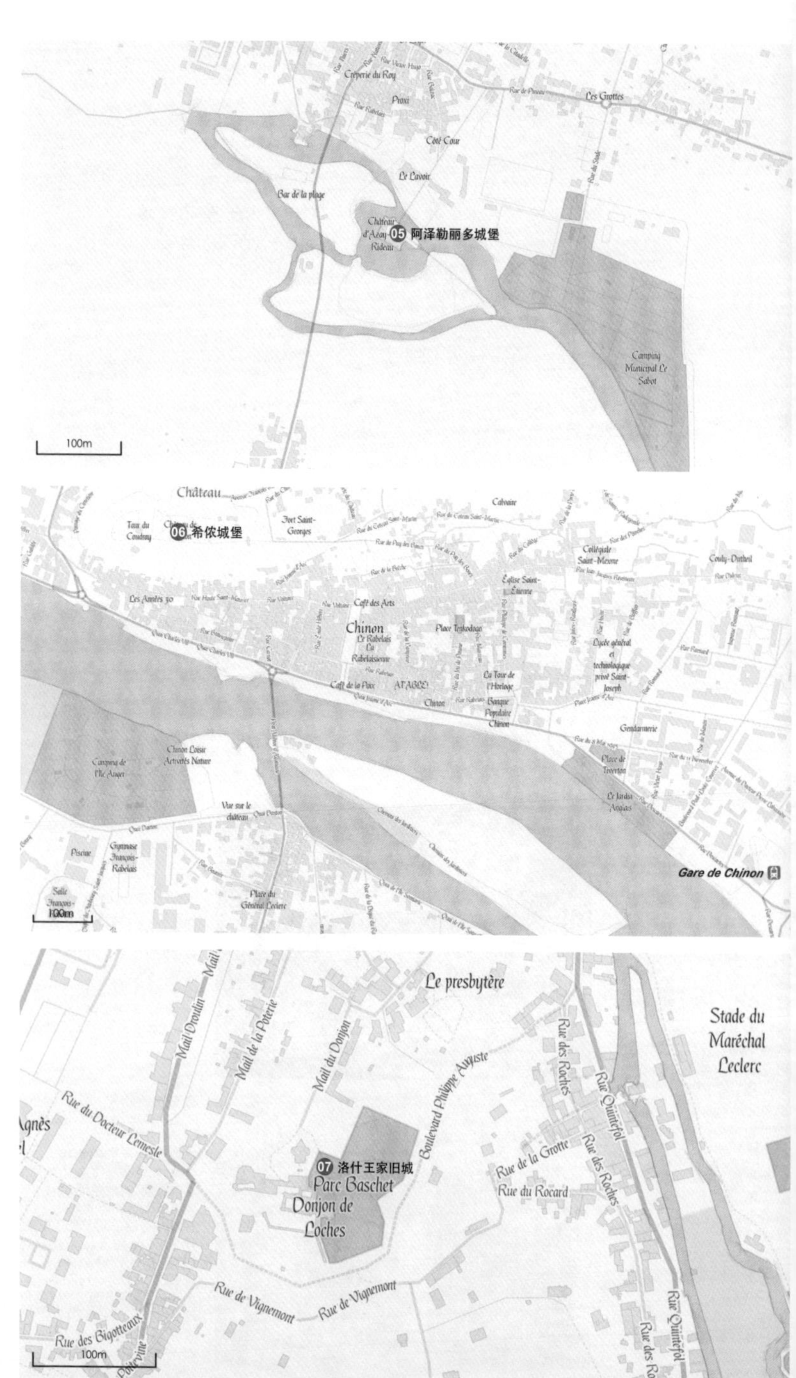
Crêperie du Roy
Proxi
Les Grottes
Côté Cour
Le Lavoir
Bar de la plage
Château d'Azay-Rideau
05 阿泽勒丽多城堡
Camping Municipal Le Sabot
100m
Château
Tour du Coudray
06 希侬城堡
Fort Saint-Georges
Calvaire
Collégiale Saint-Mexme
Couly-Dutheil
Les Années 30
Café des Arts
Église Saint-Étienne
Chinon
Le Rabelais
La Rabelaisienne
Place Tenkodogo
Lycée général et technologique privé Saint-Joseph
Café de la Paix
La Tour de l'Horloge
Banque Populaire Chinon
Gendarmerie
Camping de l'Ile Auger
Chinon Loisir Activités Nature
Place de Treerton
Le Jardin Anglais
Vue sur le château
Piscine
Gymnase François-Rabelais
Place du Général Leclerc
Gare de Chinon
100m
Le presbytère
Stade du Maréchal Leclerc
Mail Droulin
Mail de la Poterie
Mail du Donjon
Boulevard Philippe Auguste
Rue des Roches
Rue Quintefol
Rue du Docteur Lemeste
Rue de la Grotte
Rue du Rocard
07 洛什王家旧城
Parc Baschet
Donjon de Loches
Rue de Vignemont
Rue des Bigotteaux
100m

05 阿泽勒丽多城堡
Château d'Azay-le-Rideau

地址：Château d'Azay-le-Rideau,Rue de Pineau,37190 Azay-le-Rideau
建筑类型：其他建筑
建筑年代：16-19 世纪
开放时间：4 至 6 月及 9 月 9:30-18:00，7、8 月 9:30-19:00，10 月至次年 3 月 10:00-17:15，关闭前 1 小时停止售票，1 月 1 日、5 月 1 日、12 月 25 日关闭。
票价：全价 8.5 欧元，折扣价 5.5 欧元，18 岁以下免费，团体 6.5 欧元（20 人以上）。

阿泽勒丽多城堡也位于卢瓦尔河谷中部，相对于其他城堡体量较小。它呈现了法国文艺复兴初期建筑的精致和细腻，结合了法国与意大利的建筑艺术，被列为世界文化遗产。城堡初建于 11 世纪，在英法百年战争中被摧毁，在弗朗索瓦一世时期又得以重建。

06 希侬城堡
Forteresse Royale de Chinon

地址：Forteresse Royale de Chinon,37500 Chinon
建筑类型：其他建筑
开放时间：3、4、9、10 月 9:30-18:00，5 月至 8 月 9:30-19:00，1、2、11、12 月 9:30-17:00，关闭前 30 分钟停止售票，1 月 1 日、12 月 25 日关闭。
票价：全价 7.5 欧元，折扣价 5.5 欧元，11 岁以下免费。

希侬城堡古老而庄严，具有重要的战略意义，金雀花王朝、圣女贞德、查里七世都曾在古堡居住，现被列为世界文化遗产。

07 洛什王家旧城
Cité Royale de Loches

地址：37600 Loches
建筑类型：特色片区
建筑年代：10-15 世纪
开放时间：4 月至 9 月 9:00-19:00，10 月至次年 3 月 9:30-17:00，1 月 1 日、12 月 25 日关闭。
票价：全价 7.5 欧元，学生、教师、团体及持旅游签证者 5.5 欧元，11 岁以下免费。

小镇洛什原先只是安德尔河谷从昂布瓦兹到普瓦捷的古商路上的一座驿站，公元 1000 年左右，安茹公爵若弗鲁瓦一世迁都于这里并开始兴建教堂与塔楼。

Le Gault-P
Droué
Boursay
Clo
ndoubleau
Chauvigny-du-Perche
Saint-Jean-Froidmentel
Verdes
Beauchêne
La Ville-aux-Clercs
Épuisay
Danzé
Morée
Ouzouer-le-Marrch
La Colombe
Pezou
Azé
Saint-Laurent-des-Bois
Oucques
Marrrchenoir
Lunay
Vendôme
Villetrun
Josnes
Talcy
-Loir
Villiersfaux
Crucheray
Cham
La Chapelle-Sain
Mer
Saint-Laurent-Nouan
Saint-Amand-Longpré
Pray
La Chapelle-Vendômoise
Villerbon
Suèvres
La Ferté-Saint-
uthon
Cro
Réserve nationale de se et faune sauvage de Chambord
01
Herbault
Saint-
02
Blois
Huisseau-sur-Cosson
Dhuizon
Santenay
Chambon-sur-Cisse
Foret de Boulogne
Mont-près-Chambord
Chailles
Cour-Cheverny
03
gne
Vernou-en-So
Onzain
Les Montils
Courmemin
Sambin
Vallières-les-Grandes
Contres
Soings-en-Sologne
Veilleins
Pontlevoy
Couddes
Ron
Montricharrrd
Chémery
Gy-en-
Thésée
Pruniers-en-Sol
Billy
Selles-sur-Ch
Saint-Aignan

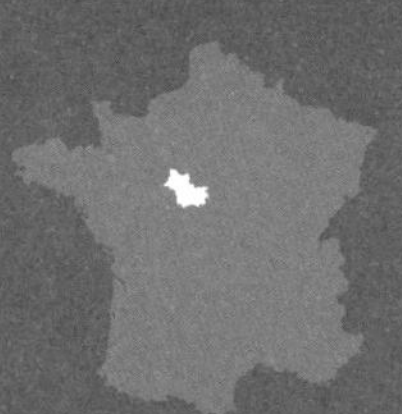

27
卢瓦 - 谢尔省
Loir-et-Cher

建筑数量 -03

01 香堡
02 布卢瓦城堡
03 雪瓦尼领地

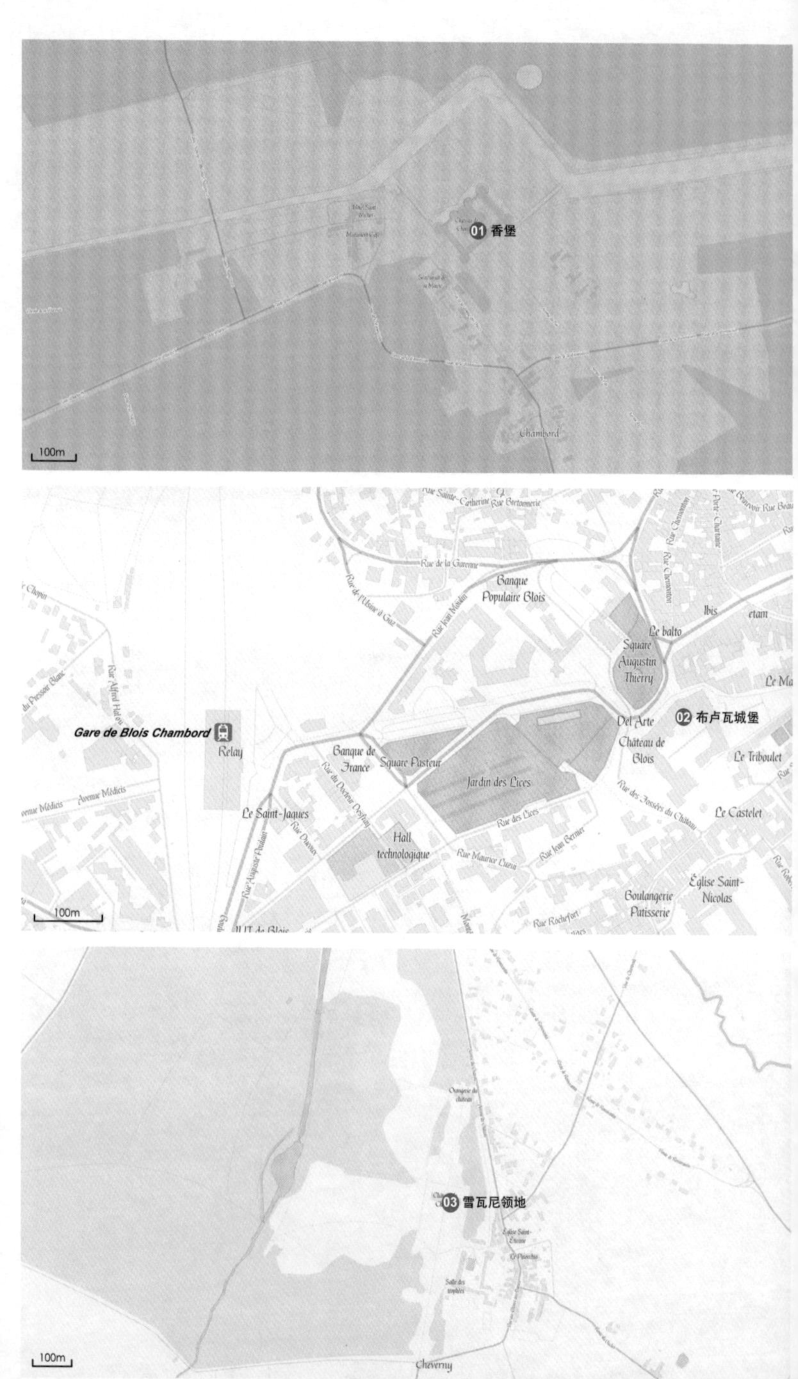
01 香堡
Chambord
100m
Rue de la Garenne
Banque Populaire Blois
Square Augustin Thierry
Le balto
Ibis
02 布卢瓦城堡
Del Arte
Château de Blois
Le Triboulet
Gare de Blois Chambord
Relay
Banque de France
Square Pasteur
Jardin des Lices
Le Saint-Jaques
Rue des Lices
Hall technologique
Rue des Fossées du Château
Le Castelet
Église Saint-Nicolas
Boulangerie Patisserie
Rue Rochefort
Avenue Médicis
Rue Alfred Halou
100m
03 雪瓦尼领地
Cheverny
100m

Note Zone

01 香堡
Château de Chambord

地址：Château de Chambord,41250 Chambord
建筑类型：其他建筑
建筑年代：1519-1550
开放时间：4月至9月9：00-18：15，10月至次年3月9：00-17：30，关闭前30分钟停止售票，1月1日、5月1日、12月25日关闭。
票价：全价7欧，18岁至25岁4.5欧元，7月14日及10月至3月第一个周日免费。

02 布卢瓦城堡
Royal Château de Blois

地址：6 Place du Château,41000 Blois
建筑类型：其他建筑
建筑年代：13-17世纪
开放时间：1月至3月9:00-12:30、13:30-17:30（1月1日关闭），4月至6月9:00-18:30，7、8月9:00-19:00，9月9:00-18:30，10月1日至11月3日9:00-18:00，11月4日至12月31日9:00-12:30、13:30-17:30(12月24日、31日16:30关闭)，关闭前30分钟停止售票。
票价：全价9.8欧元，学生价7.5欧元，6岁至17岁5欧元。

03 雪瓦尼领地
Domaine de Cheverny

地址：Château de Cheverny,41700 Cheverny
建筑类型：其他建筑
建筑年代：1624-1634
开放时间：4、5、6月9：15-18:15，7、8月9:15-18:45，9月9:15-18:15，10月9:45-17:30，11月至次年3月9:45-17:00。
票价：全价9.5欧元，25岁以下学生及7岁以上儿童6.5欧元，7岁以下免费，团体6.9欧元（20人以上）。

香堡

香堡是卢瓦尔河谷城堡群中最大的一个，是法国君王狩猎的行宫，被誉为“法国最美的城堡”，被列为世界文化遗产。

布卢瓦城堡

布卢瓦城堡曾在长达一个世纪的时间中被作为法兰西的皇城，被列为世界文化遗产。在城堡的高塔上，整个布卢瓦老城和圣尼古拉教堂尽收眼底。

雪瓦尼领地

雪瓦尼城堡是法国式建筑风格的开始，具有强烈的理性色彩，被列为世界文化遗产。城堡屋顶为灰蓝色、外墙为粉白色，建筑造型完全对称。

Belan-sur-Ource
Montigny-sur-Aube
Villedieu
Brion-sur-Ource
Louesme
Larrrrey
Montliot-et-Courcelles
Châtillon-sur-Seine
Bissey-la-Pierre
Lucey
Buncey
Voulaines-les-Templiers
Gurgy-le-Château
Chambain
Chamesson
Aisey-sur-Seine
Montmoyen
Mauvilly
Arrrrans
Saint-Broing-les-Moines
Villaines-en-Duesmois
Aignay-le-Duc
Minot
Touillon
Étalante
Montbarrrd
01
Salives
Lucenay-le-Duc
Baigneux-les-Juifs
Léry
Venarrrey-les-Laumes
Moloy
Frôlois
Genay
Chanceaux
Pouillenay
Semur-en-Auxois
Chaignay
Boux-sous-Salmaise
Vaux-Saules
Saussy
Courcelles-lès-Semur
Arrrnay-sous-Vitteaux
Saint-Marrrtin-du-Mont
Villy-en-Auxois
Messigny-et-Vantoux
Vitteaux
Précy-sous-Thil
Clamerey
Blaisy-Bas
Saint-Mesmin
Lantenay
La Motte-Ternant
Mâlain
Ouche
03
Dijon
04
Sombernon
Chenôve
Mont-Saint-Jean
02
Thoisy-la-Berchère
Pouilly-en-Auxois
Gissey-sur-Ouche
Saint-Victor-sur-Ouche
Chambœuf
Fénay
Arrrconcey
Censerey
Essey
Morey-Saint-Denis
Veuvey-sur-Ouche
Brazey-en-Morvan
Messanges
Painblanc
Manlay
Arrrnay-le-Duc
Bouilland
Nuits-Saint-Georges
Magnien
Bligny-sur-Ouche
Comblanchien
Lacanche
Arrrgilly
Ladoix-Serrigny
Viévy
Iandelot
Ivry-en-Montagne
Beaune
Meursanges
Meursault

28 科多尔省 Côte-d'Or

建筑数量 -04

01 丰特莱的西多会修道院
02 勃艮第运河博物馆
坂茂 / Shigeru Ban
03 第戎旧城
04 Antipodes 学生公寓
赫尔佐格与德梅隆 /Jacques Herzog + Pierre de Meuron(Herzog & de Meuron)

Note Zone

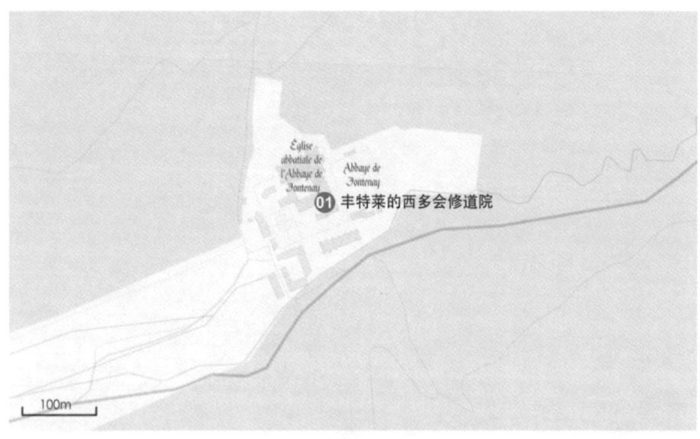

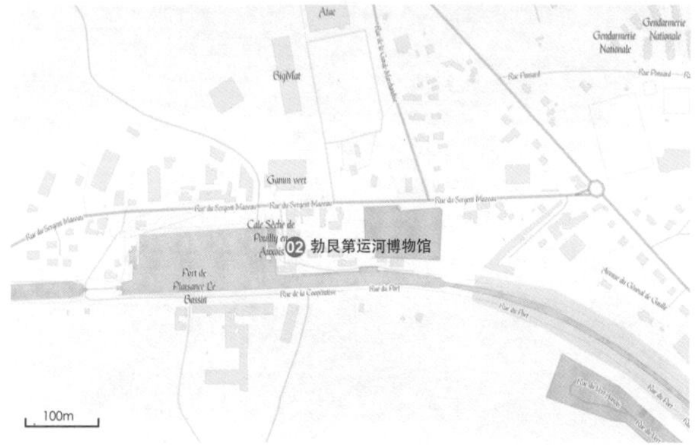

01 丰特莱的西多会修道院
Abbaye Cistercienne de Fontenay

地址：Abbaye de Fontenay,21500 Montbard
建筑类型：宗教建筑
建筑年代：12 世纪
开放时间：4 月 1 日至 11 月 11 日 10:00-18:00，11 月 12 日至 3 月 31 日每天 10:00-17:00。
票价：团体 7.8 欧元（15 人以上），青少年团体（26 岁以下，15 人以上）3.7 欧元。

02 勃艮第运河博物馆
Centre d'Interpretation du Canal de Bourgogne

建筑师：坂茂 /Shigeru Ban
地址：Shigeru Ban Canopy,Rue du Port,21320 Pouilly-en-Auxois
建筑类型：文化建筑
建筑年代：2005

丰特莱的西多会修道院

丰特莱隐修院是欧洲最古老的西多会隐修院之一，被列为世界文化遗产。修道院的教堂、回廊、餐厅、宿舍、面包房和钢铁厂共同显示了早期西多会隐修士自给自足的理想生活。

勃艮第运河博物馆

项目位于运河沿岸，包括一座纸筒结构的船坞和一座透明玻璃盒子造型的博物馆，船坞内有一艘旧船展出，博物馆兼具展览与教育功能。

Note Zone

第戎旧城

第戎建有大量教堂，包括第戎圣母教堂、圣菲利贝尔教堂、圣米歇尔教堂、第戎大教堂等，城内建筑涵盖了哥特、文艺复兴等过去一千年中的主要建筑风格，城中心区仍在使用的房屋也建于18世纪或更早。当地建筑以勃艮第彩瓷屋顶为特色，采用红、绿、黄、黑色瓷砖拼出几何图案。

Antipodes 学生公寓

该建筑的设计由建筑师与艺术家雷米·佐格合作完成，极为简约。建筑由一系列住宅单元线性排列，外立面采用现浇黑色混凝土和含有铝制框架的预制浅灰色混凝土板。

03 第戎旧城
Vieille Ville de Dijon

地址：Dijon
建筑类型：特色片区
建筑年代：11-18 世纪

04 Antipodes 学生公寓
Résidence Antipodes

建筑师：赫尔佐格与德梅隆 / Jacques Herzog + Pierre de Meuron (Herzog & de Meuron)
地址：24 Avenue Alain Savary,21000 Dijon
建筑类型：居住建筑
建筑年代：1992

Corre
Polaincourt-et-Clairefontaine
Saint-Loup-sur-Semouse
Fougerolles
Saint-Remy
Jussey
Vitrey-sur-Mance
Conflans-sur-Lanterne
Luxeuil-les-Bains
Amance
Faverney
Villers-lès-Luxeuil
Preigney
Neurey-en-Vaux
Citers
Conflandey
La Roche-Morey
Combeaufontaine
Port-sur-Saône
Saulx
Auxon
Vauconcourt
Scey-sur-Saône-et-Saint-Albin
Pusey
Lavoncourt
Vesoul
Noroy-le-Bourg
Traves
Échenoz-la-Méline
Noidans-le-Ferroux
Dampierre-sur-Salon
Vallerois-le-Bois
Mailley-et-Chazelot
Dampierre-sur-Linotte
Fretigney-et-Velloreille
La Chapell
Montbozon
Velesmes-Échevanne
Oiselay-et-Grachaux
Rioz
Gy
Choye

29 上索恩省 Haute-Saône

建筑数量 -02

01 朗香教堂
勒·柯布西耶 / Le Corbusier
02 朗香圣克莱尔修道院
伦佐·皮亚诺 / Renzo Piano (Renzo Piano Building Workshop)

Note Zone

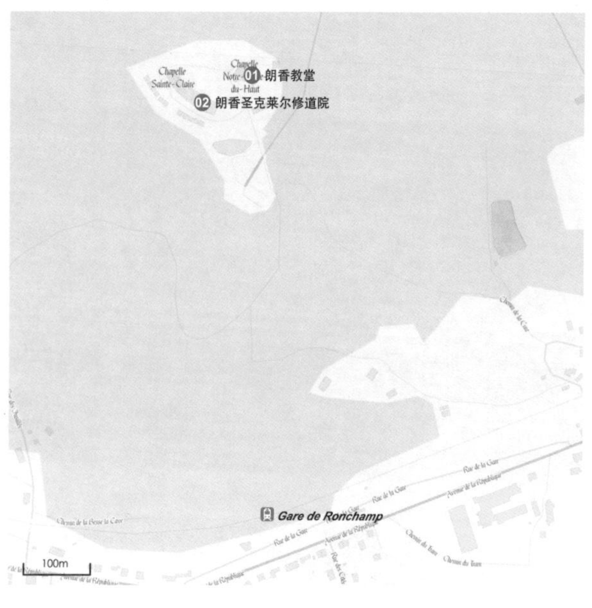

01 朗香教堂
Chapelle Notre-Dame du Haut de Ronchamp

建筑师：勒 · 柯布西耶 /Le Corbusier
地址：Colline de Bourlémont,70250 Ronchamp
建筑类型：宗教建筑
建筑年代：1950-1955
开放时间：4 月至 9 月 9:00-19:00，10 月至次年 3 月 10:00-17:00，关闭前 15 分钟停止售票。
票价：全价 8 欧元，学生 (26 岁以下) 6 欧元，儿童 (8 岁至 17 岁) 4 欧元，8 岁以下免费，团体 6.5 欧元 (20 人以上)。

02 朗香圣克莱尔修道院
Monastère Sainte-Claire

建筑师：伦佐 · 皮亚诺 / Renzo Piano (Renzo Piano Building Workshop)
地址：Rue de la Chapelle,70250 Ronchamp
建筑类型：宗教建筑
建筑年代：2006-2011

朗香教堂

朗香教堂位于孚日山脉最远端的山丘上，俯瞰索恩平原。柯布西耶认为建筑造型“是一种无法更改的数学，一种不可抗拒的物理，为呈现在眼前的形式注入生命；它们的和谐，它们的相互依存，以及将它们凝聚在一起的群体与种族的精神，引发了建筑的表达；这是一种现象，类似听觉，一样柔软，一样精确，一样难以捉摸，一样不容更改”。他突破了惯用的模式，用一个曲率复杂的黑色屋顶覆盖在弯曲的墙面上，南面的“光墙”留有一些不规则的空洞，室外开口小，而室内开口大。这些做法使室内产生非常奇特的光线效果，而产生了一种神秘感。

朗香圣克莱尔修道院

修道院位于著名的朗香教堂旁边，主要建筑材料为玻璃和钢，低矮的单层建筑绵延几百米。建筑采用覆土处理，充分地景化，由覆土下的建筑主体、延伸的挡土墙和景观绿地组成，并引导了从山下到山顶朗香教堂的神圣之路。

朗香教堂／勒·柯布西耶

30
安德尔省
Indre

建筑数量 -01

01 瓦朗塞城堡

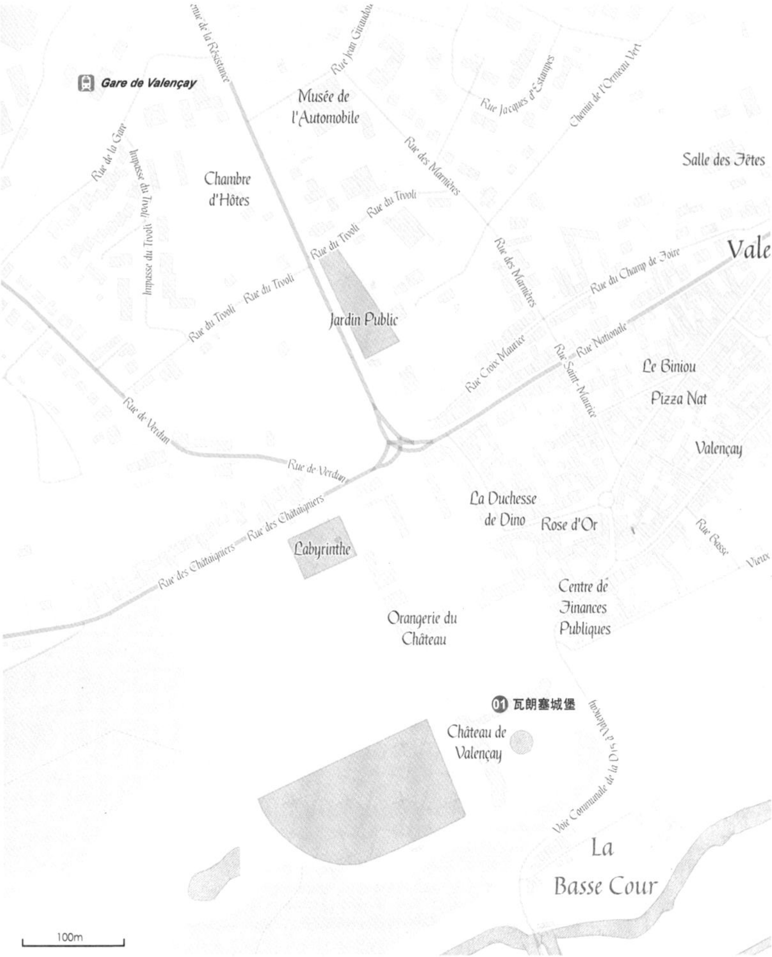

Gare de Valençay
Musée de l'Automobile
Chambre d'Hôtes
Jardin Public
Salle des Fêtes
Vale
Le Biniou
Pizza Nat
Valençay
La Duchesse de Dino
Rose d'Or
Labyrinthe
Centre de Finances Publiques
Orangerie du Château
01 瓦朗塞城堡
Château de Valençay
La Basse Cour
Rue de la Résistance
Rue Jean Giraudoux
Rue Jacques d'Estampes
Chemin de l'Orneau Vert
Rue des Marnières
Rue de la Gare
Impasse du Tivoli
Rue du Tivoli
Rue du Champ de Foire
Rue Nationale
Rue Croix Maurice
Rue Saint-Maurice
Rue de Verdun
Rue des Châtaigniers
Rue Basse
Voie Communale de la Cris d'Valençay
100m

瓦朗塞城堡

城堡中的法式花园是法国园林的典范，城堡连同花园被列为世界文化遗产。城堡是由 Estampes 家族于 1540 年兴建，位于法国卢瓦尔河流域。法国小说家乔治·桑称瓦朗塞城堡为世界上最美丽的建筑之一。这种建筑风格可以在卢瓦尔河谷地区很多文艺复兴时期的城堡中看到。

01 瓦朗塞城堡
Château de Valençay

地址：2 Rue de Blois,36600 Valençay
建筑类型：其他建筑
建筑年代：10-17 世纪
开放时间：3 月 22 日至 4 月 30 日 10：30-18：00，5 月 10：00-18：00，6 月 9：30-18：30，7、8 月 9：30-19：00，9 月 10：00-18：00，10 月 1 日至 11 月 16 日 10：30-17：30，关闭前 45 分钟停止售票。
票价：全价 12 欧元，7 岁至 17 岁及学生 9 欧元，4 岁至 6 岁 4 欧元，4 岁以下及生日当天免费。

31
谢尔省
Cher

建筑数量 -01

01 布尔日大教堂

Note Zone

Halles Saint-Bonnet
Éclope
Halles Saint-Bonnet
Le Guillotin
Église Saint-Bonnet
MCB° Cinéma
Librairix
Carrefour City
Fnac
Le Central
Le Louis XI
D'antan Sancerrois
Bourges Louis XI
Cake Thé
Le Sancerre
Escapade
Cathédrale Saint-Étienne
01 布尔日大教堂
La Poterne
Conseil général du Cher
Mairie
Jardin de l'Archevêché
Bourges
Kiepenkerl
Maison de la Culture
Lycée général et technologique privé Sainte-Marie-Saint-Dominique
Crypte gallo-romaine de Sainte-Blandine
Collège privé Sainte-Marie-Saint-Dominique
Auberge de jeunesse de Bourges
Descente de Séraucourt
100m

01 布尔日大教堂

Église Notre-Dame de Royan

地址：14 Place Étienne Dolet,18000 Bourges
建筑类型：宗教建筑
建筑年代：12-13 世纪
开放时间：4、9 月 9:45-11:45、14：00-17:30，5 月 2 日至 6 月 30 日 9:30-11:30、14:00-18:00，7、8 月 9:30-12:30、14:00-18:00，10 月至次年 3 月 9:30-11:30、14:00-16:45，关闭前 30 分钟停止售票，1 月 1 日、5 月 1 日、11 月 1 日、11 月 11 日、12 月 25 日关闭。
票价：全价 5.5 欧元，18 岁至 25 岁 4 欧元，团体 4.5 欧元（20 人以上）。

布尔日大教堂

布尔日大教堂是法国最早的哥特式建筑之一，是中世纪基督教的权力中心。教堂中央大厅宽 15 米、高 37 米，拱廊高 20 米，被列为世界文化遗产。

32
杜省
Doubs

建筑数量 -02

01 沃邦堡垒（贝桑松城堡）
02 阿尔克 - 塞南皇家盐场
Claude-Nicolas Ledoux

Arrrcey
Montbéliarrrd
Abbenai
Rougemont
Bavans
ier-Fontaine
Soye
L'Isle-sur-le-Doubs
Mésandans
Clerval
Pont-de-Roide
Dambelin
Baume-les-Dames
Roulans
Saint-Hippoly
Servin
Sancey-le-Grand
Champlive
Thise
Passavant
Belleherbe
Landresse
Laviron
Maîche
Nancray
Saône
Pierrefontaine-les-Varrrans
Charrquer
Vercel-Villedieu-le-Camp
Trépot
Le Russey
Étalans
Valdahon
-Château
Orchamps-Vennes
La Chenalotte
Ornans
Chasnans
Vuillafans
Morteau
Arrrc-sous-Cicon
Gilley
Amancey
Évillers
La Longeville
Goux-les-Usiers
Maisons-du-Bois-Lièvremo
Levier
mont
Pontarrrlier
Boujailles
Frasne
Les Fourgs
Vaux-et-Chantegrue
Remoray-Boujeons
Jougne
Mouthe

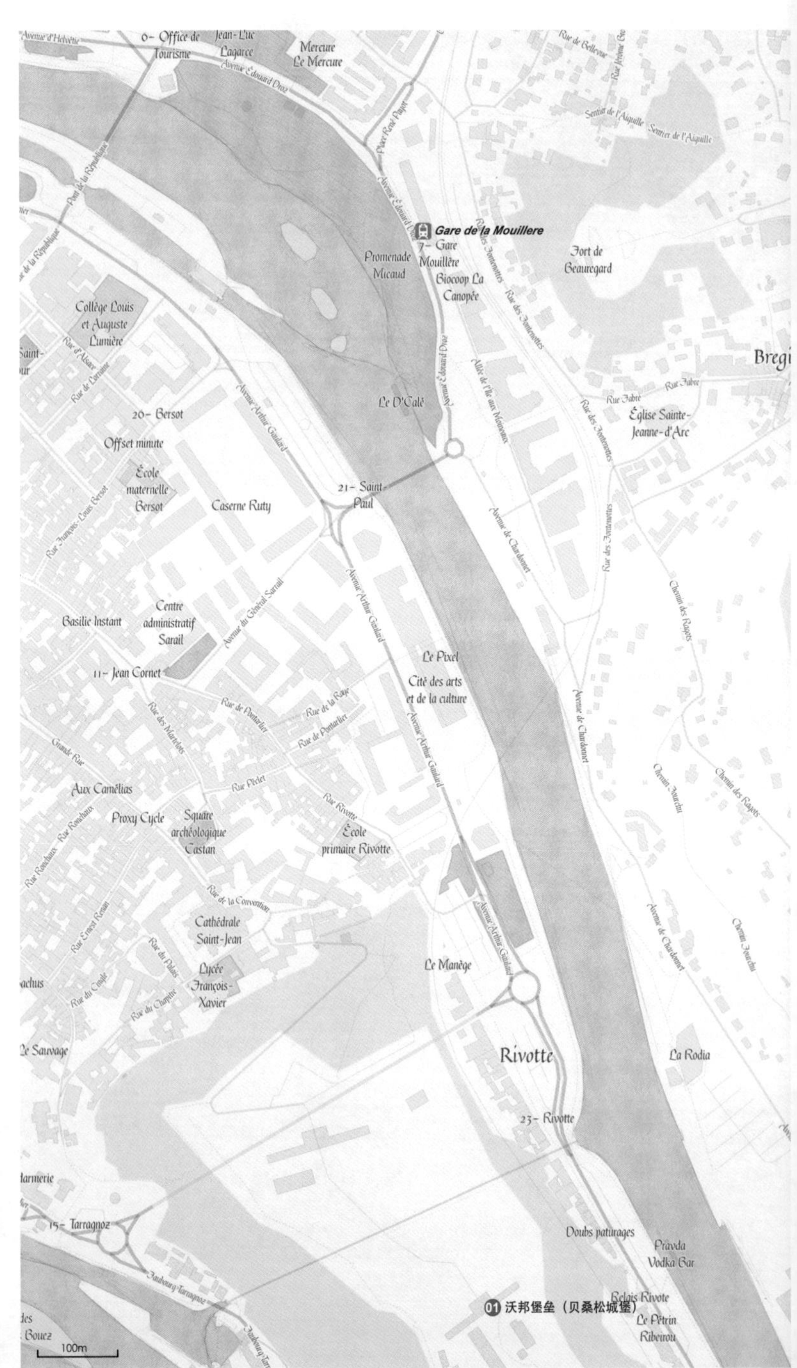

Gare de la Mouillere
6- Office de Tourisme
Jean-Luc Lagarce
Mercure Le Mercure
7- Gare Mouillère
Biocoop La Canopée
Promenade Micaud
Fort de Beauregard
Collège Louis et Auguste Lumière
Le D'Calé
Église Sainte-Jeanne-d'Arc
20- Bersot
Offset minute
École maternelle Bersot
Caserne Ruty
21- Saint-Paul
Basilic Instant
Centre administratif Sarail
11- Jean Cornet
Le Pixel
Cité des arts et de la culture
Aux Camélias
Proxy Cycle
Square archéologique Castan
École primaire Rivotte
Cathédrale Saint-Jean
Lycée François-Xavier
Le Manège
Rivotte
La Rodia
23- Rivotte
15- Tarragnoz
Doubs paturages
Pravda Vodka Bar
Relais Rivote
Le Pétrin Ribeirou
100m
01 沃邦堡垒（贝桑松城堡）

Note Zone

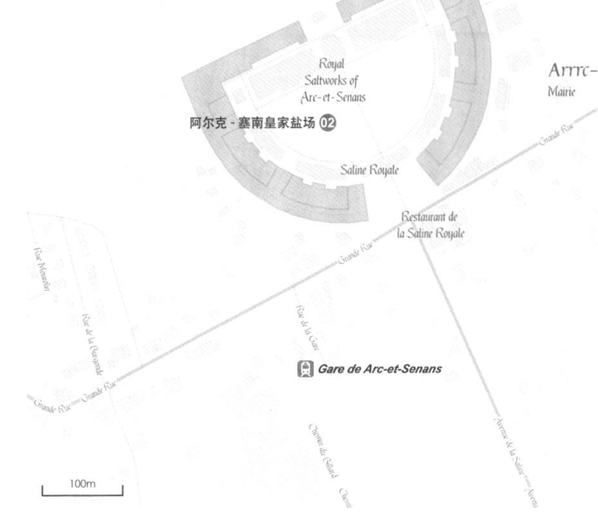

沃邦堡垒（贝桑松城堡）

沃邦防御工事包括12个防御建筑及设施群落，部署在法国西部、北部及东部边境线上，是路易十四时期的军事工程师塞巴斯蒂安·勒普雷斯特雷·沃邦（1633–1707年）的作品。沃邦关注建筑与周边地形的关系，在这些讲究实用性的军事建筑上将审美性和功能性很好融合，被列为世界文化遗产。

贝桑松城堡地势险要，与其后的山岩融为一体，位于杜河的改道处，俯瞰战略要地。它一度由路易十四投入了大量资金被装点得金碧辉煌，成为了路易十四的兵营和军校。

阿尔克 – 塞南皇家盐场

这座盐场是法国工业建筑的第一项重大成就，反映了18世纪启蒙运动的理想，被列为世界文化遗产。盐场呈现为一座宽阔的、半圆形的工业综合体，服务于工业生产的需要。原计划以盐场为基础建设一座理想城市，但这一设想最终未能实现。

01 **沃邦堡垒（贝桑松城堡）**
Fortifications de Vauban (Besançon)

地址：99 Rue des Fusillés de la Résistance,25000 Besançon
建筑类型：其他建筑
建筑年代：1668-1711
开放时间：4月至6月及9、10月9:00-18:00，7、8月9:00-19:00，11月至次年3月10:00-17:00。
票价：全价7.8欧元，4岁至14岁4.5欧元。

02 **阿尔克 - 塞南皇家盐场**
Saline Royale d'Arc-et-Senans

建筑师：Claude-Nicolas Ledoux
地址：Saline Royale d'Arc-et-Senans,25610 Arc-et-Senans
建筑类型：其他建筑
建筑年代：18世纪
开放时间：11月至次年3月10:00-17:00，4、5、10月9:00-18:00，6、9月：9:00-18:00，7、8月：9:00-19:00，公共假期及5月长周末9:00-18:00。
票价：全价8.8欧元，16岁至25岁6欧元，6岁至15岁4.5欧元，6岁以下免票。

33 维埃纳省
Vienne

建筑数量 -01

01 圣塞文 - 梭尔 - 加尔坦佩教堂

Note Zone

Route de Saint-Savin
Rue du Pont du Jour
Rue de Hartley
Saint-Savin
Rue des Bans
Abbatiale de Saint-Savin sur-Gartemple
01 圣塞文 - 梭尔 - 加尔坦佩教堂
100m

01 圣塞文 - 梭尔 - 加尔坦佩教堂
Abbatiale de Saint-Savin sur Gartempe

地址：Place de la Libération,86310 Saint-Savin
建筑类型：宗教建筑
建筑年代：11 世纪、17 世纪
开放时间：2、3、11、12 月 10：00-12:00、14:00-17:00，周日上午关闭；4、5、6、9、10 月 10：00-12:00、14:00-18:00，周日上午关闭；7、8 月 10:00-19:00；1 月、11 月 11 日、12 月 25 日、12 月 31 日关闭。
票价：全价 6 欧元，折扣价 4.5 欧元，12 岁以下免票，团体 5.5 欧元。

圣塞文 - 梭尔 - 加尔坦佩教堂

教堂长 42 米、宽 17 米，体量巨大，被誉为“法国的罗马西斯廷教堂”。教堂内保存着大量 11 - 12 世纪壁画，画作的布置与建筑和谐统一。

34
滨海夏朗德省
Charente-Maritime

建筑数量 -04

01 **沃邦堡垒（圣马丹德雷城堡）**
沃邦 / Sebastien Prestre Vauban
02 **拉罗歇尔旧港**
03 **赛科斯住宅**
勒·柯布西耶 / Le Corbusier
04 **鲁瓦扬圣母教堂**
Guillaume Gillet

Marrrans
Saint-Jean-de-Liversay
Andilly
Saint-
Saint-Sauveur-d'Aunis
Bouhet
Saint-Georges-du-Bois
Marrrsais
Aigrefeuille-d'Aunis
Surgères
Villeneuve-la-Comtesse
Bernay-Saint-Marrrtin
Dampierre-sur-Boutonne
Ciré-d'Aunis
Muron
Vin
Yves
La Benâte
Aulnay
Saint-Denis-du-Pin
Breuil-Magné
Tonnay-Boutonne
Néré
rrques
Rochefort
rrrente
Arrrchingeay
Saint-Jean-d'Angély
Cressé
Asnières-la-Giraud
Beauva
Saint-Savinien
Aumagne
Matha
Saint-Agnant
Geay
Beurlay
Pont-l'Abbé-d'Arrrnoult
Écoyeux
Mons
Fontcouverte
Corme-Royal
Saintes
Le Gua
Chaniers
Chérac
Saujon
Rétaud
Thénac
La Jarrrd
Médis
Corme-Écluse
Tesson
Pérignac
Saint-André-de-Lidon
Pons
Gémozac
Jarrrnac-Champagne
Éparrrgnes
Arrrchiac
Champagnolles
Clion
Jonzac
Saint-Ciers-du-Taillon
Saint-Maigrin
Saint-Simon-de-Bordes
Mirambeau

Note Zone

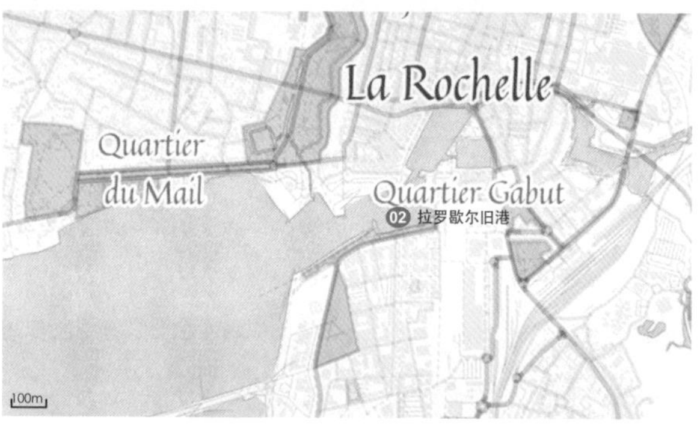

01 沃邦堡垒（圣马丹德雷城堡）
La citadelle el l'enceinte de Saint-Martin-de-Ré

建筑师:沃邦 /Sebastien Prestre Vauban
地址:17410 Saint-Martin-de-Ré
建筑类型:其他建筑
建筑年代:1681-1685
票价:全价 6 欧元，5 至 12 岁 2.5 欧元。
备注:提供讲解（10 人以上），时间为 7、8 月每周二、周五 10:30，其他月份每周二 10:30。

城堡半径 1.5 公里，城墙长 14 公里，建成速度极快，由一处巨大的、纪念性的大门进入。城堡内规划人口为 1200 人，包括营房、军械库、教堂等建筑，是沃邦第一代防御系统中保存最好的案例，被列为世界文化遗产。

02 拉罗歇尔旧港
Vieux-Port de La Rochelle

地址:17000 La Rochelle
建筑类型:特色片区
建筑年代:10 世纪 -

拉罗歇尔是法国最美的海滨小镇之一。

Note Zone

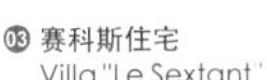

03 赛科斯住宅
Villa "Le Sextant"

建筑师 :勒 · 柯布西耶 /Le Corbusier
地址 :17 Avenue de l'Océan,17570 Les Mathes
建筑类型 :居住建筑
建筑年代 :1935

04 鲁瓦扬圣母教堂
Église Notre-Dame de Royan

建筑师 :Guillaume Gillet
地址 :1 Rue de Foncillon,17200 Royan
建筑类型 :宗教建筑
建筑年代 :1954-1958

赛科斯住宅

这是一栋低造价住宅，由于预算不足以支付建筑师前往工地的费用，因此细木工（门、窗、橱柜等）和各种填充材料（玻璃、胶合板等）都采用了预先确定的统一标准。

鲁瓦扬圣母教堂

鲁瓦扬圣母教堂是建筑师 Guillaume Gillet 的代表作品。Guillaume Gillet 曾经在奥古斯特 · 佩雷工作室学习，在职业生涯中以宗教建筑闻名，在他去世之后，按照他的意愿被安葬于鲁瓦扬圣母教堂之中。教堂具有强烈的雕塑感，V 字形支撑结构由预应力混凝土构成。可容纳 2000 人的大厅在抛物线拱顶下获得了一种与传统不同的神圣气氛。

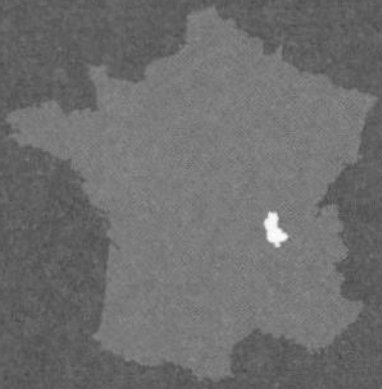

35
罗讷省
Rhône

建筑数量 -11

01 **拉图雷特修道院**
勒·柯布西耶 / Le Corbusier
02 **里昂国际城**
伦佐·皮亚诺 / Renzo Piano (Renzo Piano Building Workshop)
03 **里昂建筑学校**
Françoise-Hélène Jourda + Gilles Perraudin
04 **里昂老城**
05 **富维耶圣母院**
Pierre Bossan
06 **里昂歌剧院**
让·努韦尔 / Jean Nouvel
07 **里昂主教座堂**
08 **罗讷 - 阿尔卑斯大区政府**
克利斯蒂安·鲍赞巴克 / Christian de Portzamparc
09 **里昂岛住宅综合体**
Massimiliano and Doriana Fuksas
10 **露西·奥布拉克媒体图书馆**
多米尼克·佩罗 / Dominique Perrault
11 **集合住宅**
Jean Renaudie

Ouroux
Monsols
La C
Villié-Morgon
Beaujeu
Quincié-en-Beaujolais
Bellevill
Saint-Nizier-d'Azergues
Saint-Georges-de-
Grandris
aint-Just-d'Avray
Villefranche-sur
Létra
Anse
Le Bois-d'Oingt
Tarrrarrre
Chazay-d'Azergues
Neuville-sur-Saône
Saint-Forgeux
L'Arrrbresle
01
Limonest
Montrottier
Saint-Pierre-la-Palud
02
03
Meyzieu
Écully
04-07
Lyon
08-09
Craponne
nt-Laurent-de-Chamousset
Bron
Genas
Vénissieux
10
Saint-Bonnet-de
Saint-Marrrtin-en-Haut
Saint-Symphorien-d'Ozon
Symphorien-sur-Coise
Mornant
Saint
11
Échalas

Eveux

Couvent de la Tourette

Couvent de la Tourette

01 拉图雷特修道院

100m

Note Zone

01 拉图雷特修道院
Couvent Sainte-Marie de la Tourette

建筑师：勒·柯布西耶 /Le Corbusier
地址：Route de la Tourette,69210 Éveux
建筑类型：宗教建筑
建筑年代：1953
备注：参观需预约，电话 +33(4)72191090，邮箱 accueil.couventdelatourette@orange.fr。

拉图雷特修道院是柯布西耶后期代表作之一。在这个建筑中柯布西耶继续展现其设计原则："用细柱抬高建筑离开地面，让连续的绿地在建筑下面通过；由大柱距的结构体系带来开敞的平面布局，在其中安装隔断来划分空间；矩形窗不受开间尺寸的限制，采光更为高效；外墙不承重，隔断和围护墙自由设置"。

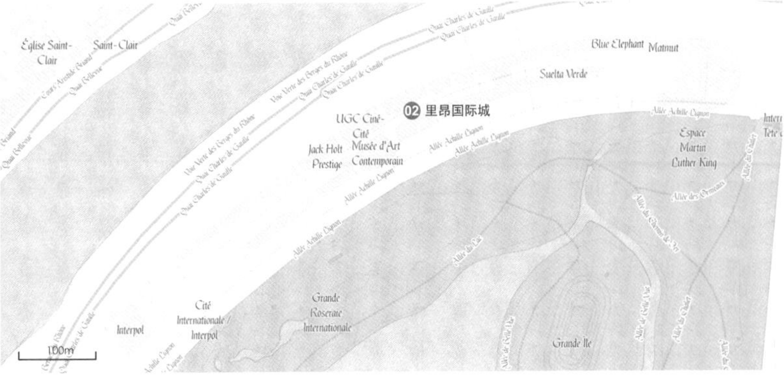

02 里昂国际城
Cité Internationale

建筑师：伦佐·皮亚诺 / Renzo Piano (Renzo Piano Building Workshop)
地址：66 Quai Charles de Gaulle,69006 Lyon
建筑类型：特色片区
建筑年代：2006

03 里昂建筑学校
Ecole d'Architecture de Lyon

建筑师：Françoise-Hélène Jourda + Gilles Perraudin
地址：3 Rue Maurice Audin,69120 Vaulx-en-Velin
建筑类型：科教建筑
建筑年代：1981-1987

里昂国际城

国际城占地15公顷，包含办公、住宅、会议中心、酒店、赌场、电影院、现代艺术博物馆等多种功能。为使整个街区协调统一，建筑立面统一采用了固定尺寸的陶瓦面材和玻璃面板，形成皮亚诺所说的“点彩派”风格。

里昂建筑学校

建筑内部通过一条街道组织功能空间，在一层连接着各个工作室，街道上方为玻璃屋顶。屋顶结构和立面处理的精细使大厅显得通透。

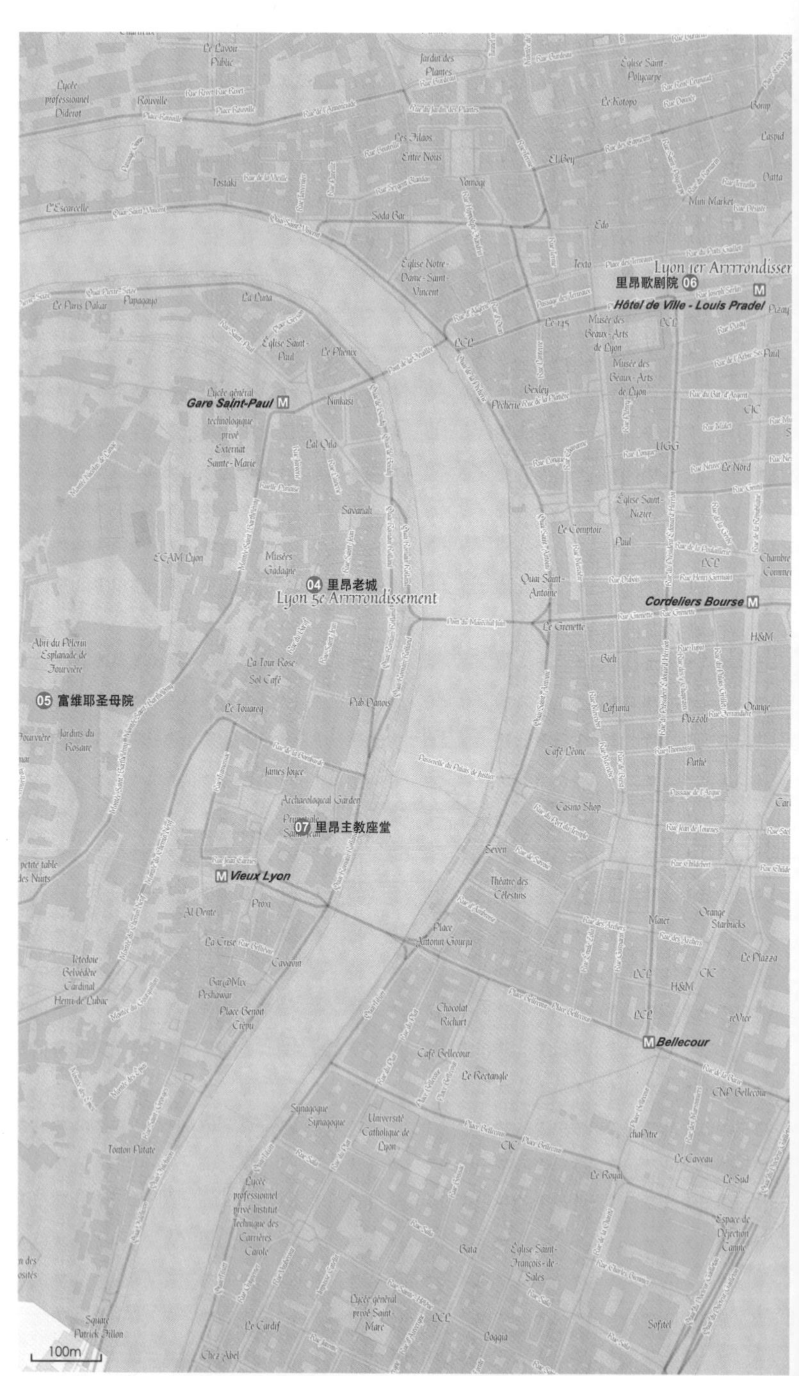

里昂歌剧院 06
Hôtel de Ville - Louis Pradel
Lyon 1er Arrrrondisser
Gare Saint-Paul
04 里昂老城
Lyon 5e Arrrrondissement
Cordeliers Bourse
05 富维耶圣母院
07 里昂主教座堂
Vieux Lyon
Bellecour
100m

Note Zone

04 里昂老城
Site historique de Lyon

地址 :Lyon
建筑类型 :特色片区
建筑年代 :公元前 43-

05 富维耶圣母院
Basilique Notre-Dame de Fourvière

建筑师 :Pierre Bossan
地址 :8 Place de Fourvière,69005 Lyon
建筑类型 :宗教建筑
建筑年代 :1872-1884
开放时间 :7:00-19:00。
票价 :免费。

06 里昂歌剧院
Opéra de Lyon

建筑师 :让 · 努韦尔 /Jean Nouvel
地址 :1 Place de la Comédie,69001 Lyon
建筑类型 :观演建筑
建筑年代 :1993
开放时间 :随演出变化。
票价 :随演出变化。

07 里昂主教座堂
Cathédrale Saint Jean-Baptiste

地址 :Place Saint-Jean,69005 Lyon
建筑类型 :宗教建筑
建筑年代 :1180-1480
开放时间 :周一至周六 8:15-19:45，周日 8:00-19:00。
票价 :免费。

里昂老城

里昂是一座历史悠久的城市，于公元前 1 世纪由罗马人创建，在欧洲政治、经济和文化发展中发挥了重要作用。里昂的城市建设从建城至今保持了高度的连续性，各个历史时期的大量精美古建筑均获得了完好的保存，生动的诠释着它二十多个世纪的变迁。整个历史片区约 500 公顷，漫步其中好似在时光中行走。

富维耶圣母院

圣母院是一座天主教次级圣殿，位于富维耶山山顶，俯瞰城市，并且成为城市的象征。圣母院是作为基督教战胜 1870 年巴黎公社运动的标志而建造的，兼具罗马和拜占庭风格，包含上下两座教堂，上教堂非常华丽，而下教堂非常简朴。

里昂歌剧院

这是一个扩建加改造项目，东、南、西三个方向的一、二层宏伟立面都得到了保留，和周围的办公建筑保持和谐，拱状的屋顶标志了建筑的现代性。无论日夜，歌剧院都是城市的新地标，不仅因为它创新性地回应了历史环境，也因为它在综合体空间组织上的品质。

里昂主教座堂

这是天主教里昂总教区的主教座堂，位于里昂老城的中心，于 12 世纪重建于 6 世纪教堂废墟上。教堂内部长 80 米，宽 20 米，中殿高 32.5 米，曾是里昂最雄伟的建筑。

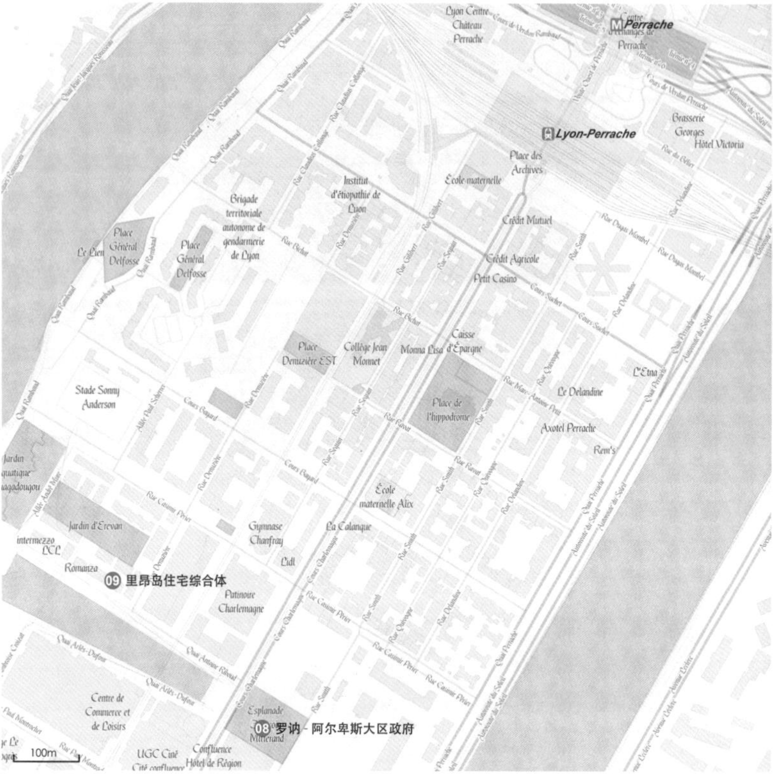

09 里昂岛住宅综合体

08 罗讷-阿尔卑斯大区政府

100m

08 罗讷-阿尔卑斯大区政府
Hôtel de Région Rhône-Alpes

建筑师:克利斯蒂安·鲍赞巴克 /Christian de Portzamparc
地址:1 Esplanade François Mitterrand,69002 Lyon
建筑类型:办公建筑
建筑年代:2006-2011

09 里昂岛住宅综合体
Lyon Island

建筑师:Massimiliano and Doriana Fuksas
地址:7 Quai Antoine Riboud, 69002 Lyon
建筑类型:居住建筑
建筑年代:2005-2010

罗讷－阿尔卑斯大区政府

透明的入口使人们在城市街道上就可以观看到建筑内部景观，虚实的相互渗透创造出一处可见的集会空间与政治场所。

里昂岛住宅综合体

项目位于公园和码头之间的极佳位置，因此与场地的呼应是设计的出发点。建筑体量沿公园和码头展开，建筑群的西侧向远山打开，建筑之间的间隙相互错开以形成不同的观景角度，建筑表皮也采用具有反射性的材料以消解体形。

Note Zone

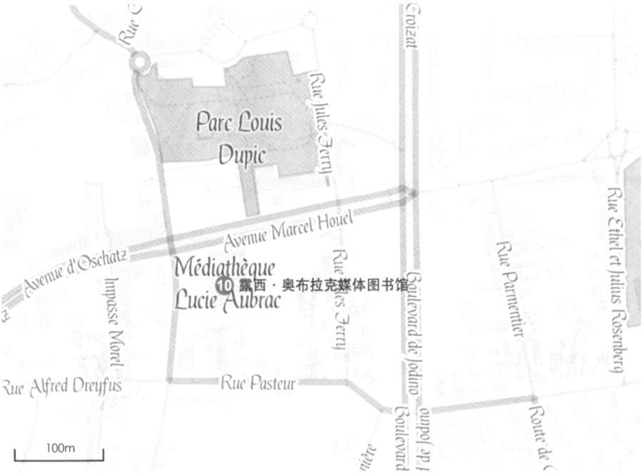

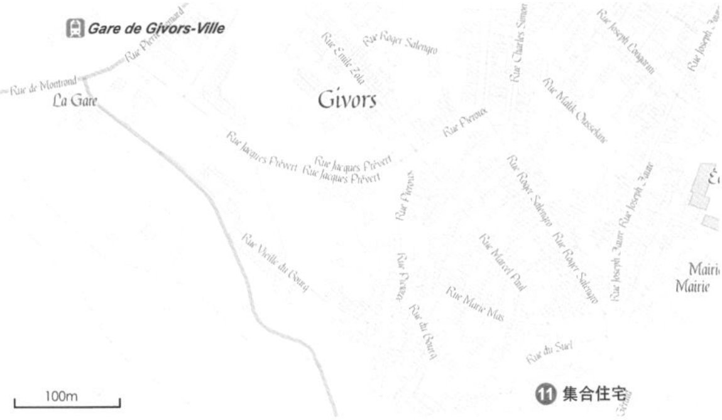

Parc Louis Dupic
Rue Jules Ferry
Croizat
Avenue Marcel Houel
Avenue d'Oschatz
Médiathèque Lucie Aubrac
⑩ 露西·奥布拉克媒体图书馆
Impasse Morel
Boulevard de Jodino
Rue Parmentier
Rue Ethel et Julius Rosenberg
Rue Alfred Dreyfus
Rue Pasteur
100m

Gare de Givors-Ville
La Gare
Givors
Rue Jacques Prévert
Mairie
100m
⑪ 集合住宅

露西·奥布拉克媒体图书馆

图书馆对城镇和周边环境开放。建筑师希望设计一个没有内部楼层划分的玻璃盒子，所有功能都在同一水平面上。图书馆一侧面向绿地，一侧面向城镇，屋顶有天窗为室内提供自然光线。建筑最打动人的地方在于其简洁性。

集合住宅

Jean Renaudie 在伊夫里和吉沃设计的两座住宅综合体是 20 世纪五六十年代两个非常成功的建筑城市化案例。它们容纳了真实的城市密度，混合了多个社会阶层，模糊了私密和公共领域的边界，并且为每套公寓提供了一个小型花园。

⑩ 露西·奥布拉克媒体图书馆
Médiathèque Lucie-Aubrac

建筑师：多米尼克·佩罗 / Dominique Perrault
地址：5 Avenue Marcel Houel,69200 Vénissieux
建筑类型：文化建筑
建筑年代：2001
开放时间：周二、三 10:00-12:00、14:00-19:00，周四、五 14:00-19:00，周六 10:00-12:30、14:00-17:00

⑪ 集合住宅
Ensemble d'Habitation

建筑师：Jean Renaudie
地址：Place du Coteau,69700 Givors
建筑类型：居住建筑
建筑年代：1974-1981

36
吉伦特省
Gironde

建筑数量 -12

01 Contre Plongée **住宅**
让 · 努韦尔 / Jean Nouvel + Mia Hägg
+ Sandrine Forais (Habiter Autrement)
02 **佩贝朗塔**
03 **波尔多司法大厦**
理查德 · 罗杰斯 / Richard Rogers
04 Groupe Scolaire Nuyens **学校改扩建**
Nathalie Franck + Yves Ballot
05 **松林住宅**
让 · 努韦尔 / Jean Nouvel
+ Mia Hägg + Sandrine Forais (Habiter Autrement)
06 **波尔多月亮港**
07 Lemoine **住宅**
OMA
08 **圣詹姆斯酒店**
让 · 努韦尔 / Jean Nouvel
09 **弗吕日佩萨克居住区**
勒 · 柯布西耶 / Le Corbusier
10 **法国电力公司地区总部**
诺曼 · 福斯特 / Norman Foster (Foster + Partners)
11 **艺术大厦**
Massimiliano Fuksas
12 **拉索夫修道院废墟**

Bégadan
Lesparrrre-Médoc
Conneau
Cissac-Médoc
Sémignan
Saint-Laurent-Médoc
Listrac-Médoc
Brach
Castelnau-de-Médoc
Soussans
Arrrsac
Ludon-Médoc
Sainte-Hélène
Salaunes
Saint-Médarrrd-en-Jalles
Saint-Jean-d'Illac
Cestas
Marrcheprime
Mios
Le Barrrp
Salles
Belin-Béliet
Lugos
Hostens
Louchats
Saint-Ciers-sur-Gironde
Étauliers
Reignac
Carrrteligue
Saugon
Saint-Savin
Blaye
Berson
Cézac
Pugnac
Bourg
Peujarrrd
Larrruscade
Saint-André-de-Cubzac
Saint-Ciers-d'Abzac
Coutras
Le Fieu
Saint-Denis-de-Pile
Lugon-et-l'I
Ambarrrès-et-Lagrave
Ile de la Dordogne
Libourne
Puisseguin
Vayres
Saint-Émilion
01
Lormont
04
05
02-03
06
07
08
09-11
Pompignac
Génissac
Castillon-la-Bataille
Saint-Quentin-de-Barron
Saint-Pey-de-Castets
Villenave-d'Ornon
Sadirac
Créon
12
Rauzan
Ruch
Romagne
Frontenac
Saint-Médarrrd-d'Eyrans
Capian
Sauveterre-de-Guyenne
La Brède
Saucats
Saint-Morillon
Podensac
Gornac
Morizès
La Réole
Pujols-sur-Ciron
Langon
Castets-en-Dorthe
Guillos
Roaillan
Coimères
Auros
Balizac
Noaillan
Aillas
Uzeste
Saint-Symphorien
Bazas
Gajac
Préchac
Grignols
Bourideys
Bernos-Beaulac
Cazalis
Lerm-et-Musset
Captieux
Giscos

Note Zone

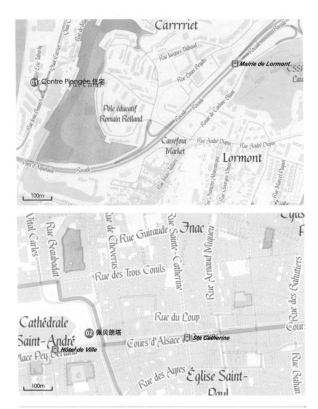

01 Contre Plongée 住宅
Logements Contre Plongée

建筑师：让·努韦尔 /Jean Nouvel + Mia Hägg + Sandrine Forais (Habiter Autrement)
地址：7-9 Rue Jean Bonnin,33310 Lormont
建筑类型：居住建筑
建筑年代：2011

02 佩贝朗塔
Tour Pey-Berland

地址：Place Pey Berland,33000 Bordeaux
建筑类型：其他建筑
建筑年代：1440-1446
开放时间：6 月至 9 月 10:00-13:15、14:00-18:00，10 月至次年 5 月除周一外 10:00-12:30、14:00-17:30，关闭前 30 分钟停止售票，1 月 1 日、5 月 1 日、12 月 25 日关闭。
票价：全价 5.5 欧元，折扣价 4 欧元，团体 4.5 欧元（20 人以上），18 岁以下免费。

Contre Plongée 住宅

让·努韦尔建筑设计的一个突出特点就是现代与传统的交流。他对传统文化加以继承和现代化的转换，进而设计出既富有传统文化底蕴又体现时代精神的建筑作品。

佩贝朗塔

佩贝朗塔得名于当时的佩贝朗总主教，总高66米，位于佩贝朗广场，被列为世界文化遗产。

Note Zone

波尔多司法大厦

项目试图通过一座透明与开放的建筑树立法国法律体系的积极形象。酒罐形象和葡萄酒瓶般透明的立面，都显示了与众不同的公众策略。

Groupe Scolaire Nuyens 学校改扩建

法国建筑师 Yves Ballot 生于 1956 年，毕业于凡尔赛建筑学校，现任教于波尔多国家建筑与景观学校，Groupe Scolaire Nuyens 学校改扩建是他与建筑师 Nathalie Franck 合作的重要项目。建筑给人以温和的感觉，微妙的出挑强调了共有价值，功能和场地布置同时强调了公共特性。

03 **波尔多司法大厦**
Palais de Justice de Bordeaux

建筑师：理查德·罗杰斯 / Richard Rogers
地址：10 Rue des Frères Bonie,33080 Bordeaux
建筑类型：办公建筑
建筑年代：1998

04 Groupe Scolaire Nuyens **学校改扩建**
Réhabilitation du Groupe Scolaire Nuyens

建筑师：Nathalie Franck + Yves Ballot
地址：Ecole Maternelle Nuyens,18 Rue Nuyens,33100 Bordeaux
建筑类型：科教建筑
建筑年代：2007

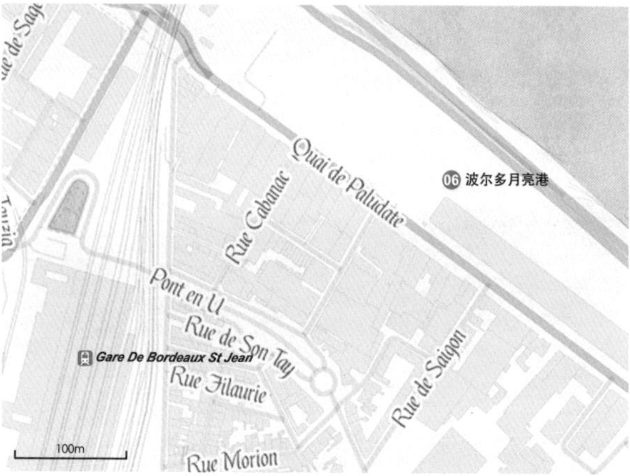

Note Zone

Avenue Jean Zay
Rocade
École primaire Vincent Van Gogh
8 Mai 1945
松林住宅 05
Chemin d'Artigues
Avenue Georges Clemenceau
La Marrrègue
Rue d'Austerlitz
Cimetière Saint-Paul
École primaire Jules Michelet
100m

Rue de Saigon
Quai de Paludate
06 波尔多月亮港
Rue Cabanac
Pont en U
Rue de Son Tay
Gare De Bordeaux St Jean
Rue Filaurie
Rue Morion
100m

05 松林住宅
Logements La Pinède

建筑师：让·努韦尔 /Jean Nouvel + Mia Hägg + Sandrine Forais (Habiter Autrement)
地址：Rue Pierre Mendès France 与 Avenue Georges Clemenceau 交口，33150 Cenon
建筑类型：居住建筑
建筑年代：2011

06 波尔多月亮港
Bordeaux，Port de la Lune

地址：59 Quai de Paludate,33800 Bordeaux
建筑类型：特色片区
建筑年代：18 世纪 -

松林住宅

对于传统社会住房单调性的批判促成了这个设计，努韦尔的设计在布局和立面材料上都有新的考量，并考虑了地域特色。

波尔多月亮港

波尔多是除巴黎外法国文物保护建筑最多的城市。月亮港形成于法国启蒙运动时期，汇集了大量杰出的建筑与城市景观，被列为世界文化遗产。两千多年来，特别是12世纪法国同英国及低地国家开始商业往来以来，月亮港作为文化交流的中心发挥了重要的历史作用。18世纪初期，这一片区的城市规划和建筑群设计体现了创造性古典主义和新古典主义趋势，并实现了城市设计与建筑设计的完美结合与统一。这里的城市形态也是哲学家的胜利——城市成为了人文主义、普遍性和文化的熔炉。

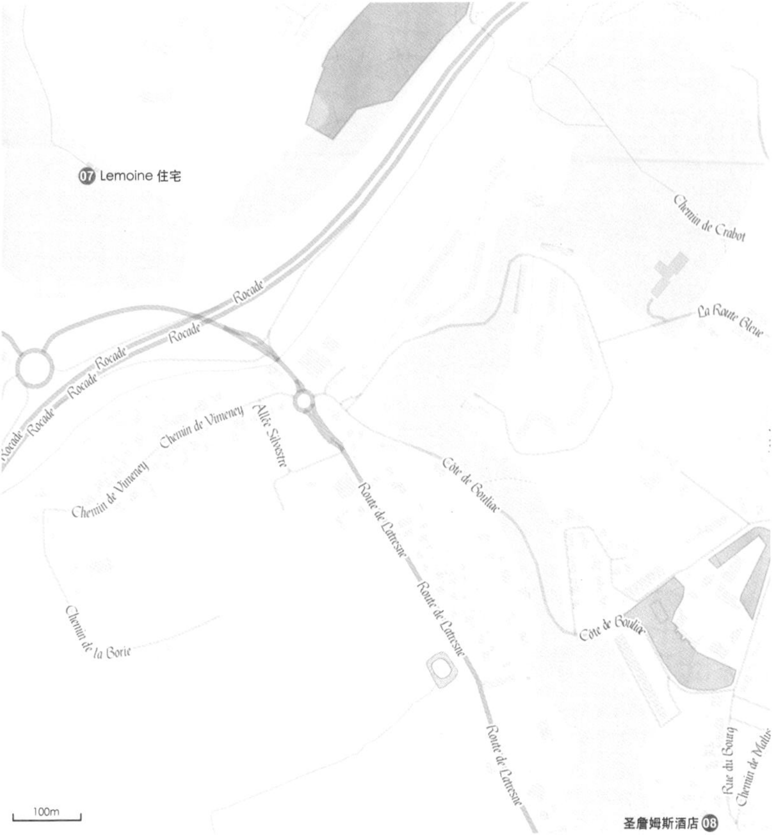

07 Lemoine 住宅

Chemin de Crabot

La Route Bleue

Rocade

Chemin de Vimeney

Allée Silvestre

Côte de Bouliac

Route de Latresne

Chemin de la Borie

Rue du Bourg

Chemin de Malus

100m

圣詹姆斯酒店 08

Lemoine 住宅

住宅由三个相互叠在一起的单元组成，最下面的单元用来容纳最为私密的家庭活动，中间的单元是作为起居室的玻璃体量，最上面的单元是夫妇和孩子的房间。住宅的男主人因车祸受伤而必须使用轮椅，住宅中还设计了一个 3m × 5m 的电梯，可以在 3 个垂直单元之间移动。

圣詹姆斯酒店

酒店用现代的语言继承了传统，营造出了诗意的享受空间。

07 Lemoine 住宅
Maison Lemoine

建筑师 :OMA
地址 :60 Avenue Gaston Cabannes,33270 Floirac
建筑类型 :居住建筑
建筑年代 :1998

08 圣詹姆斯酒店
Hôtel Saint James

建筑师 :让 · 努韦尔 /Jean Nouvel
地址 :3 Place Camille Hostein,33270 Bouliac
建筑类型 :宾馆建筑
建筑年代 :1989

Note Zone

09 弗吕日佩萨克居住区
Quartiers Modernes Frugès

建筑师：勒·柯布西耶 /Le Corbusier
地址：Rue le Corbusier, 33600 Pessac
建筑类型：居住建筑
建筑年代：1925
开放时间：周三、五 14:00-18:00，周四 10:00-12:00、14:00-18:00，周六、日 14:00-18:30。

10 法国电力公司地区总部
Electricité de France Regional Headquarters

建筑师：诺曼·福斯特 / Norman Foster (Foster + Partners)
地址：740 Cours de la Libération,33400 Talence
建筑类型：办公建筑
建筑年代：1992-1996

弗吕日佩萨克居住区

项目业主是波尔多地区一家大工厂厂主，设计的目标是标准化、低造价的试验性住宅，供工厂工人居住。如今住宅区的大部分住宅都已被毁或被改造，当地政府和人民正在努力恢复这处柯布西耶的设计遗产。

法国电力公司地区总部

作为能源供应商，法国电力公司在其新地区总部设计中坚持了一贯的促进社会融合、创造舒适工作环境和可持续的设计策略。通透的表皮暗示了其社会属性，同时，在采光、通风、保温等方面的处理使得细部设计得到重视。

Note Zone

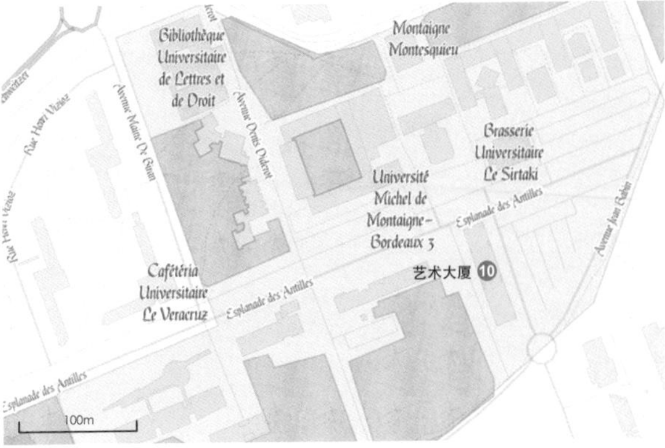

Bibliothèque Universitaire de Lettres et de Droit
Montaigne Montesquieu
Brasserie Universitaire Le Sirtaki
Université Michel de Montaigne-Bordeaux 3
Cafétéria Universitaire Le Veracruz
艺术大厦 ⑩
Esplanade des Antilles
Avenue Maine De Biran
Avenue Denis Diderot
Avenue Jean Babin
Rue Henri Vizioz
100m

Restaurant de l'Abbaye
Rue Saint-Jean
Rue de l'Abbaye
⑫ 拉索夫修道院废墟
100m

⑪ 艺术大厦
Maison des Arts

建筑师：Massimiliano Fuksas
地址：Maison des Arts,Montesquieu University - Bordeaux IV, Université Bordeaux Montaigne,33600 Pessac, France
建筑类型：文化建筑
建筑年代：1994-1995

艺术大厦

大厦内包含剧院、音乐室、雕塑室、影院等多项功能。设计以尽量简化形体为出发点，采取了一个中间被切断的长方形的形态，使建筑成为活动的容器并在某些位置以透明表皮展现内部活动。

⑫ 拉索夫修道院废墟
Abbaye de la Sauvé-Majeure

地址：14 Rue de l'Abbaye,33670 La Sauve
建筑类型：宗教建筑
建筑年代：1079
开放时间：6月至9月 10:00-13:15、14:00-18:00，10月至次年5月除周一外 10:30-13:00、14:00-17:30，1月1日、5月1日、12月25日关闭。
票价：全价7.5欧元，折扣价4.5欧元，团体6欧元（20人以上），18岁以下免票。

拉索夫修道院废墟

拉索夫修道院曾是十二三世纪阿基坦地区最有权势的教堂，十七世纪被废弃为修道院，后经历风灾、地震最终崩坏，现在只留下广阔的庭院和残缺的穹顶和柱础。如今修道院作为圣地亚哥——德孔波斯特拉朝圣之路的一部分被列为世界文化遗产。

37
上卢瓦尔省
Haute-Loire

建筑数量 -03

01 圣朱利安大教堂
02 艾古力圣弥额尔礼拜堂
03 勒皮主教座堂

Chaise-Dieu
Jullianges
Tiranges
Monistrol-sur-Loire
adel-Bourg
Saint-André-de-Chalencon
Beauzac
Sainte-Sigolène
Dunières
Allègre
Retournac
Vorey
Lapte
Montfaucon-en-Velay
Vernassal
Saint-Paulien
Yssingeaux
Rosières
Tence
Saint-Jeures
Arraules
02
03
Le Puy-en-Velay
rnet
Saint-Ji
Bains
Coubon
Lantriac
vat-d'Allier
Saint-Front
Laussonne
Le Monastier-sur-Gazeille
Le Brignon
Cayres
Ouides
Les Estables
Arrrlempdes

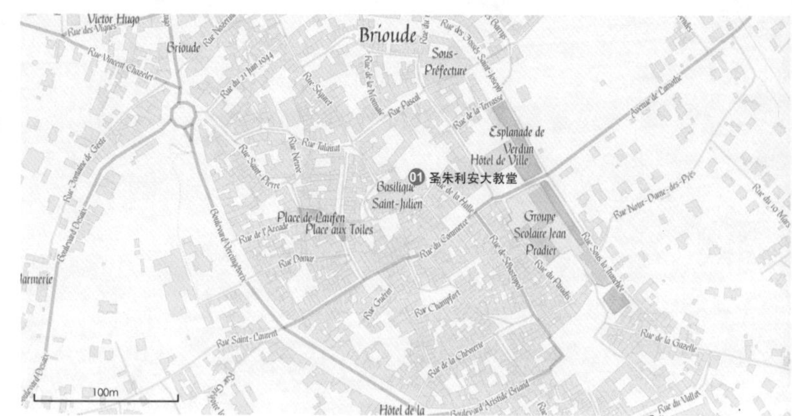

Note Zone

01 圣朱利安大教堂
Basilique Saint-Julien de Brioude

地址：Rue Notre Dame,43100 Brioude
建筑类型：宗教建筑
建筑年代：11-12 世纪
开放时间：每天 9:00-12:00、14:00-17:30，其中 7、8 月每天 9:00-19:00 对散客提供讲解；全年对团体提供讲解，需预约，电话 +33(4)71749749，邮箱 info@ot-brioude.fr。
票价：免费，讲解将收取一定费用。

02 艾古力圣弥额尔礼拜堂
Église Saint-Michel Aiguilhe

地址：Rue du Rocher,43000 Aiguilhe
建筑类型：宗教建筑
建筑年代：10-12 世纪
开放时间：2 月 1 日至 3 月 14 日 14:00-17:00，3 月 15 日至 4 月 30 日 9:30-12:00、14:00-17:30（其中节假日和周末 9:30-17:30），5 月 1 日至 7 月 9 日 9:00-18:30，7 月 10 日至 8 月 25 日 9:00-19:00，8 月 26 日至 9 月 30 日 9:00-18:30，10 月 1 日至 11 月 15 日 9:30-12:00、14:00-17:30，圣诞假期 14:00-17:00，12 月 25 日、1 月 1 日关闭。
票价：全价 3.5 欧元，6 岁至 18 岁及学生 2 欧元，团体 3 欧元（10 人以上）。

圣朱利安大教堂

教堂用于埋葬罗马战士以及朝圣者，内部有大量壁画，在灰暗阴郁的周边环境衬托下显得温暖亲切。

艾古力圣弥额尔礼拜堂

礼拜堂于公元 962 年建于一座 85 米高的火山岩顶部，是为庆祝从圣地亚哥—德孔波斯特拉朝圣归来而建，需要攀登 268 级台阶才能到达。

Super U
Aiguilhe
Chapel Saint-Michel 02 艾古力圣弥额尔礼拜堂
Avenue de Bonneville
Pont de Roderie
Avenue de Roderie
Rue Bernard
Rue du Rocher
Rue Saint-Michel
Rue Gouthevron
Chemin de la Pinède
Cimetière du Puy
Technobike
Quick
Boulevard de Cluny
Chemin de Saint-Sébastien
Relais Du P
Guichet
Le Puy-en-Velay
Cathédrale Notre- 03 勒皮主教座堂 du Puy
Aline & H
Avenue de la Cathédrale
Rue de Vienne
Rue Henri Pourrat
Coiffeur Etoile
Rue du Cardinal de Polignac
Rue Anne-Marie Martel
Rue des Tanges
Collège privé Saint-Régis
L'Oklahoma
Rue Chevaliers Saint-Jean
Rue du Faubourg Saint-Jean
Boulevard de la République
Rue André Laplace
Rue Jean Solvain
Rue Raphaël
Rue du Consulat
Rue Grangevieille
Rue Villeneuve
Rue Pannessac
Rue Philibert
Le 14
Spar
Rue du Bouillon
Rue Saint-Jacques
Église Saint-Georges
Rue de Verdun
Rue Droite
Caisse d'Epargne
Cave Marcon
Mairie du Puy-En-Velay
Gohan
Casino
Saint Louis
Rue Chenebouterie
Bar du Theron
Singer
Rue Chaussade
Rue du Collège
Rue de la Gazelle
Ibis budget
Gare de Le Puy-en-Velay
La Mappemonde
Jnac
Rue des Carmes
Avenue Charles Dupuy
Boulevard Saint-Louis
Place du Breuil
Rue Pierret
Église des Carmes
Boulevard Bertrand de Doue
100m

勒皮主教座堂

作为圣地亚哥—德孔波斯特拉朝圣之路的一部分被列为世界文化遗产。主教座堂位于城市的最高点，包括从5世纪到15世纪的各种建筑风格，但是大部分建筑建于12世纪上半叶。

03 勒皮主教座堂
Cloître de la Cathédrale du Puy-en-Velay

地址：3 Rue du Cloitre,43000 Puy en Velay (Le)
建筑类型：宗教建筑
建筑年代：11世纪末-13世纪
开放时间：5月20日至9月22日9:00-12:00、14:00-18:30（7、8月12:00-14:00仍开放），9月23日至5月19日9:00-12:00、14:00-17:00，1月1日、5月1日、11月1日、11月11日、12月25日关闭。
票价：全价5.5欧元，折扣价4欧元，团体4.5欧元（20人以上），18岁以下免费。

38
上阿尔卑斯省
Hautes-Alpes

建筑数量 - 02

01 沃邦堡垒（布里扬松城堡、要塞和阿斯菲尔德桥）
沃邦 / Sébastien Le Prestre de Vauban
02 沃邦堡垒（蒙多凡城堡）
沃邦 / Sébastien Le Prestre de Vauban

La Grave
Névache
Le Monêtier-les-Bains
La Salle-les-Alpes
01
Cervières
Saint-Marrrtin-de-Queyrières
Parc national
des Écrins
Chapelle-en-Valgaudémarrr
L'Arrrgentière-la-Bessée
Aiguilles
Arrrvieux
La Roche-de-Rame
Saint-Véran
Orcières
02
Guillestre
Ceillac
Ancelle
Châteauroux-les-Alpes
Varrs
Embrun
Saint-Apollinaire
Chorges
Savines-le-Lac
Les Orres

Note Zone

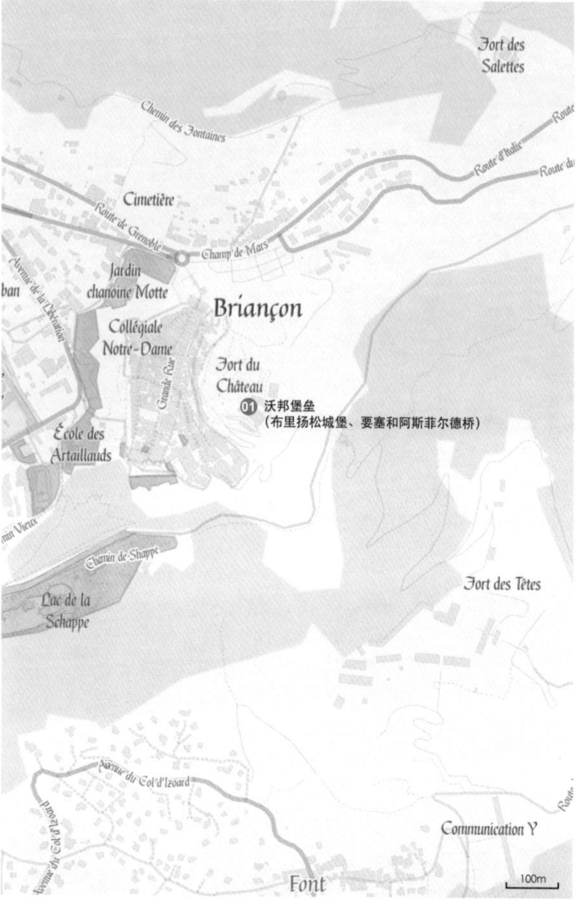

Fort des Salettes
Chemin des Fontaines
Route d'Italie
Route du
Cimetière
Route de Grenoble
Champ de Mars
Jardin chanoine Motte
Avenue de la Libération
Briançon
Collégiale Notre-Dame
Grande Rue
Fort du Château
01 沃邦堡垒（布里扬松城堡、要塞和阿斯菲尔德桥）
École des Artaillauds
Chemin de Schappe
Lac de la Schappe
Fort des Têtes
Avenue du Col d'Izoard
Communication Y
Font
100m

01 沃邦堡垒（布里扬松城堡、要塞和阿斯菲尔德桥）
Fortifications de Vauban (Briançon)

建筑师：沃邦 /Sébastien Le Prestre de Vauban
地址：05100 Briançon
建筑类型：其他建筑
建筑年代：1713-1734
开放时间：城墙全年开放，其他建筑需在导引下参观。

沃邦堡垒（布里扬松城堡、要塞和阿斯菲尔德桥）

这处气势宏伟、震撼人心的要塞建于路易十四时期。充分体现了沃邦将设计与地形相结合的天赋，沃邦的设计方案意图用垂直分布的城墙将城镇包围，并在其上加设堡垒，使其固若金汤。城墙延伸将近3公里，高坡上布满了堡垒与防御工事，包括Randouillet堡垒、Trois-Têtes堡垒、Dauphin堡垒、Salettes堡垒等。

Eygliers
Rue du Rail
Eygliers Gare
Station Marché
Eygliers Dépannage
Chemin de la Laiterie
Chemin de Milaure
Route des Marmottes
Sentier des Marmottes
Ancienne École
Place Vauban
Rue de l'Arsenal
Rue Catinat
Rue Rempart de l'Isle
Place Marquis de Carry
Église Saint-Louis
Mont-Dauphin
02 沃邦堡垒（蒙多凡城堡）
Allée Massillon
Chapelle Saint-Guillaume
Route d'Embrun
100m

沃邦堡垒（蒙多凡城堡）

为抵御来自意大利的攻击，1693年沃邦决定在一座荒凉的高原上将一座新的据点平地而起，是为蒙多凡城堡。城堡海拔1050米，镇守于Guil河和Durance河交汇处。在当时，蒙多凡可以算作是一处"现代"的军事驻地，规划人口为2000名士兵和一些平民。堡垒至今保存完好，是一处优秀的建筑群，也是山地堡垒的建筑原型，包括一座武器库、两座火药库、城墙上的兵营，以及一座未完成的教堂。

02 沃邦堡垒（蒙多凡城堡）
Fortifications de Vauban (Mont-Dauphin)

建筑师：沃邦 /Sébastien Le Prestre de Vauban
地址：05600 Mont-Dauphin
建筑类型：其他建筑
建筑年代：1693-1704
开放时间：提供讲解，6月至9月每天10:00、15:00，7、8月每天10:00、15:00、16:00，10月至次年5月每天15:00（周一除外），1月1日、5月1日、11月1日、11月11日、12月25日关闭。
票价：全价7.5欧元，18岁至25岁4.5欧元，团体6欧元(20人以上)，家庭参观18岁以下成员免票。

39
加尔省
Gard

建筑数量 - 05

01 加德桥
02 尼姆社会住宅
　让 · 努韦尔 / Jean Nouvel
03 尼姆竞技场
04 方形神殿
05 “艺术方屋”
　诺曼 · 福斯特 / Norman Foster (Foster + Partners)

Barrrjac
Saint-Julien-de-Peyr
Pont-Sain
Saint-Ambroix
Bessèges
Aujac
Chamborigaud
La Grand-Combe
Rousson
Allègre-les-Fumades
Goudarrrgues
Verfeuil
Lussan
Bagnols-sur-Cèze
Saint-Marrrtin-de-Valgalgues
Alès
Mons
Cavillarrrgues
Laudun
Saint-Christol-lès-Alès
Saint-Victor-la-Coste
Anduze
Vézénobres
Saint-Quentin-la-Poterie
Lézan
Uzès
Saint-Chaptes
Blauzac
Saint-
Rochefort-du-C
Saint-Geniès-de-Malgoirès
01
Remoulins
Saze
Quissac
Poulx
Sernhac
Saint-Mamert-du-Garrrd
Sarrrdan
Montfrin
Marrrguerittes
Combas
Nîmes
02-05
Redessan
Caveirac
Beauca
Bouillarrrgues
Sommières
Calvisson
Milhaud
Garrons
Bellegarrrde
Vergèze
Générac
Vauvert
Saint-Gilles
rent-d'Aigouze

Note Zone

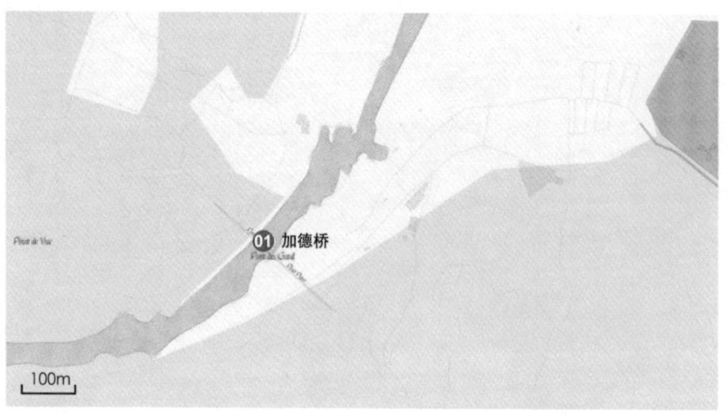

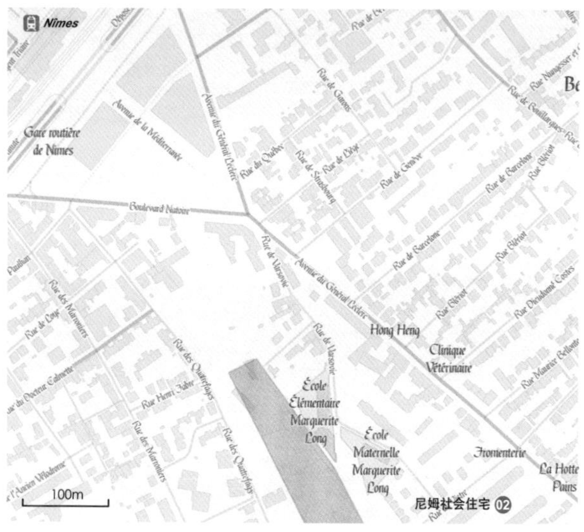

01 **加德桥**
Pont du Gard

地址：400 Route du Pont du Gard，30210 Vers-Pont-du-Gard
建筑类型：交通建筑
建筑年代：公元1世纪
开放时间：全年开放。
票价：步行或自行车10欧元，团体15欧元（5人及5人以下），摩托车12欧元，机动车18欧元，学生票及团体需咨询。

02 **尼姆社会住宅**
Nemasus

建筑师：让·努韦尔/Jean Nouvel
地址：66 Avenue du Général Leclerc，30000 Nîmes
建筑类型：居住建筑
建筑年代：1987

加德桥

加德桥是尼姆城输水渠工程的一部分，建于古罗马时期，是为了将50公里外的泉水输送至尼姆城而建。这座桥共3层，桥身高49米，最长的桥段为275米，雄伟卓著，是古罗马时期最高的桥梁。有近千名工人投入这项工程，仅仅5年便告完成，被列为世界文化遗产。

尼姆社会住宅

项目大量使用金属等工业材料，这在当时较为少见。大胆的设计引来了很多负面评论，但其中的居民则对其予以了好评。

Note Zone

⓪③ 尼姆竞技场
Arènes de Nîmes

地址：Boulevard des Arènes,30000 Nîmes
建筑类型：其他建筑
建筑年代：公元 90-120 年
开放时间：1、2、11、12 月 9:30-17:00，3、10 月 9:00-18:00，4、5、9 月 9:00-18:30，6 月 9:00-19:00,7、8 月 9:00-20:00,关闭前 1 小时停止售票，逢节庆和表演关闭。
票价：全价 8.5 欧元，7 岁至 17 岁、学生、教师及记者 6.5 欧元，7 岁以下免费；与 Maison Carrée 和 Tour Magne 通票 11 欧元。

竞技场为罗马风格，平面呈椭圆形，长 133 米，宽 101 米，设有 34 排座位，可容纳 16300 名观众。竞技场兴建于奥古斯都时期，1863 年改建为斗牛场，每年举行两次斗牛，也用于其他公共活动。

04 方形神殿
Maison Carrée

地址：Maison Carrée，Avenue du Général Perrier，30000 Nîmes
建筑类型：宗教建筑
建筑年代：1 世纪
开放时间：1、2、11、12 月 9:30-13:00、14:00-16:30，3、10 月 10:00-18:00（10 月每天 13:00-14:00 关闭），4、5、9 月 10:00-18:30，6 月 10:00-19:00，7、8 月 10:00-20:00，关闭前 30 分钟停止售票。
票价：全价 4.8 欧元，7 岁至 17 岁、学生、教师及记者 3.9 欧元，7 岁以下免费。

方形神殿高 17 米，深 26 米，建于公元前 1 世纪的奥古斯都时期，以科林斯式的圆柱为特色，完全体现了罗马时期的神殿形式。后来神殿曾作为市政府和教堂，现在是一座古代博物馆。

尼姆竞技场

⑮ “艺术方屋” Carré d'Art

建筑师：诺曼 · 福斯特 / Norman Foster (Foster + Partners)
地址：Le Carré d'Art - Musée d'Art Contemporain,16 Place de la Maison Carrée,30000 Nîmes
建筑类型：文化建筑
建筑年代：1984-1993
开放时间：周二至周日 10:00-18:00，1 月 1 日、5 月 1 日、11 月 1 日、12 月 25 日关闭。
票价：全价 6 欧元，团体 3.7 欧元。

艺术媒体中心在法国城镇中非常普遍，但该项目的不同之处在于，其展品除了书籍、杂志、音乐、视频资料之外还包括绘画和雕塑，形成了视觉艺术和信息技术的丰富组合。项目的用地非常特殊，正对着一座建于公元 3 世纪的、保存完好的罗马神庙，设计在考虑神庙周围景观的同时体现项目本身的时代特征。

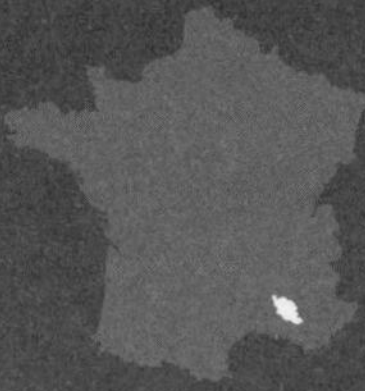

40
沃克吕兹省
Vaucluse

建筑数量 - 03

01 奥朗日古罗马剧场
02 阿维尼翁历史中心：教皇宫、主教圣堂和阿维尼翁桥（又名“圣贝内泽桥”）
03 阿维尼翁教皇宫
Pierre Poisson + Jean de Louvres

Valréas
Visan
Bollène
Vaison-la-Romaine
Séguret
Brantes
Piolenc
Camarrret-sur-Aigues
Malaucène
Orange
Vacqueyras
Zone tampon de la réserve de biosphère du Mont Ventoux
Bédoin
Jonquières
Flassan
Aubignan
Courthézon
Carrrpentras
Villes-sur-Auzon
Monteux
Sorgues
Méthamis
Pernes-les-Fontaines
Saint-Sat
L'Isle-sur-la-Sorgue
Gordes
Goult

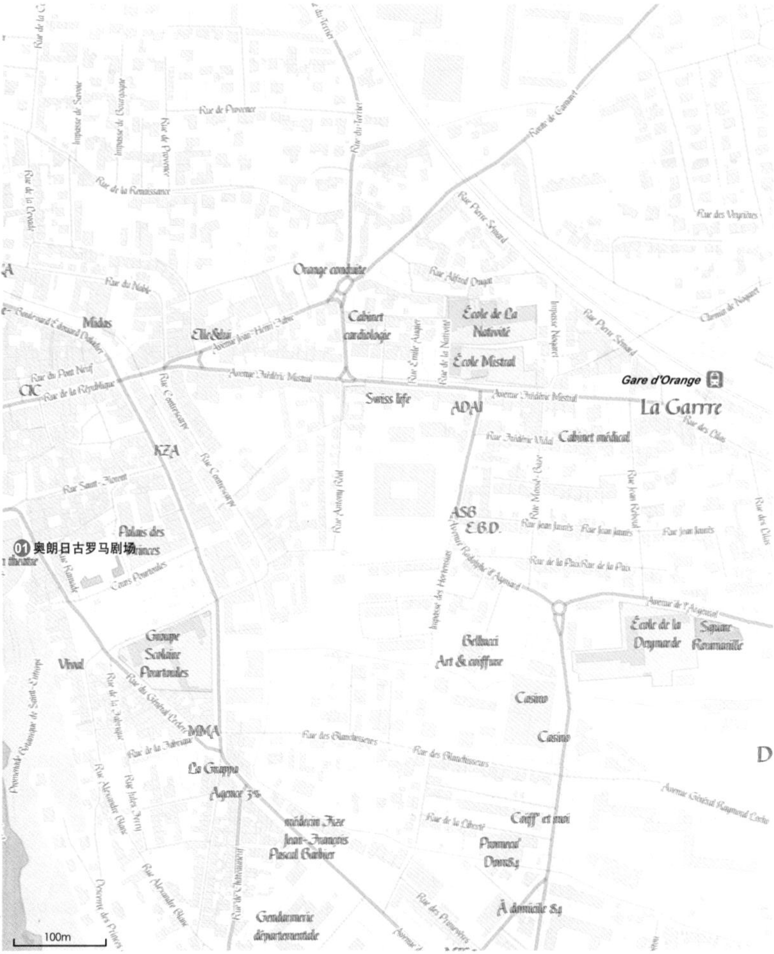

Orange conduite
Cabinet cardiologie
École de La Nativité
École Mistral
Gare d'Orange
La Garrre
Swiss life
ADAI
Cabinet médical
Midas
Elle&lui
CIC
KZA
ASB
EBD.
Palais des Princes
01 奥朗日古罗马剧场
Groupe Scolaire Pourtoules
Bellucci Art & coiffure
École de la Deymarde
Sapeur Roumanille
Vival
Casino
Casino
MMA
La Grappa
Agence 3%
médecin Fize Jean-François Pascal Barbier
Coiff' et moi
Gendarmerie départementale
À domicile 84
D
Rue de Provence
Rue du Terrier
Route de Camaret
Rue de la Renaissance
Rue Pierre Sémard
Rue des Veyrières
Rue Alfred Dugat
Avenue Frédéric Mistral
Rue de la République
Rue du Pont Neuf
Rue Contrescarpe
Rue Saint-Florent
Rue Antony Réal
Rue Jean Jaurès
Rue de la Paix
Avenue de l'Argensol
Rue des Blanchisseurs
Rue de la Liberté
Rue des Princes
Avenue Général Raymond Loche
Rue Alexandre Blanc
Rue Jules Ferry
Rue Jean Reboul
Rue des Lilas
Impasse Noguret
Chemin de Noguret
Rue du Nord
Boulevard Édouard Daladier
Cours Pourtoules
Impasse des Hortensias
Avenue Rodolphe d'Aymard
Rue Frédéric Vidal
Rue du Général Leclerc
Rue de la Fabrique
Promenade Botanique de Saint-Eutrope
100m

奥朗日古罗马剧场

奥朗日古剧场坐落在罗讷河谷（Rhone valley），正面长103米，是所有古罗马剧场中保存最完好的剧场之一。与其相邻的凯旋门是奥古斯都统治时期保存下来的外省凯旋门中最精美的之一，凯旋门上刻有纪念罗马帝国和平与繁荣的浅浮雕。

01 奥朗日古罗马剧场
Théâtre Antique et ses Abords et "Arc de Triomphe" d'Orange

地址：Rue Madeleine Roch,84100 Orange
建筑类型：其他建筑
建筑年代：公元10至25年
开放时间：1、2、11、12月9:30-16:30，3、10月9:30-17:30,4、5、9月9:15-18:00,6、7、8月9:15-19:00。
票价：全价13欧元，7岁至17岁11.5欧元，7岁以下免费，家庭团体中第二个7岁至17岁儿童免票。

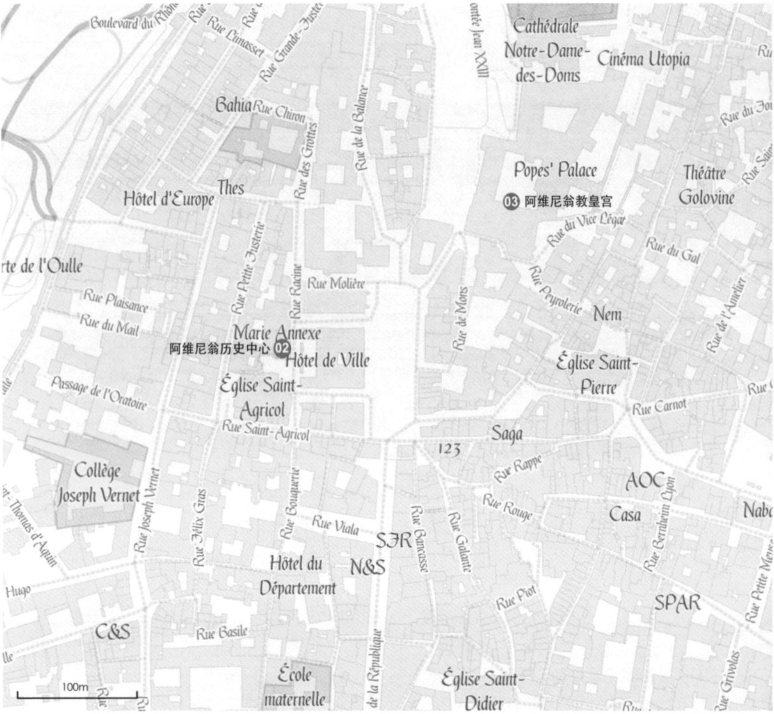

02 阿维尼翁历史中心：教皇宫、主教圣堂和阿维尼翁桥（又名“圣贝内泽桥”）
Centre Historique d'Avignon : Palais des Papes, Ensemble Épiscopal et Pont d'Avignon (Pont Saint-Bénezet)

地址：Avignon
建筑类型：特色片区
建筑年代：主教圣堂：12 世纪，圣贝内泽桥：1177-1185)
备注：主教圣堂与圣贝内泽桥均免票价

阿维尼翁是 14 世纪罗马教皇的居所，立面朴素的教皇宫在城市景观中占据了主导地位，周围是厚重的城墙和罗讷河上建于 12 世纪的阿维尼翁桥遗迹。这座卓越的哥特式建筑与“小宫”和罗曼式的阿维尼翁主教座堂一起构成的纪念性建筑群彰显了阿维尼翁在 14 世纪基督教盛行的欧洲发挥的领导作用。

Note Zone

⑬ 阿维尼翁教皇宫
Palais des Papes

建筑师：Pierre Poisson + Jean de Louvres
地址：Place du Palais,84000 Avignon
建筑类型：其他建筑
建筑年代：13-14 世纪
开放时间：9 月 1 日至 11 月 1 日 9:00-19:00，11 月 2 日至 2 月 29 日 9:30-17:45，3 月 9:00-18:30，4 月至 6 月 9:00-19:00，7 月 9:00-20:00，8 月 9:00-20:30，关闭前 1 小时停止售票。
票价：全价 10.5 欧元，8 岁至 17 岁 8.5 欧元，团体 6.5 欧元（20 人以上），8 岁以下免费，9 月至次年 6 月每周日免费。

阿维尼翁教皇宫是欧洲最大、最重要的中世纪哥特式建筑，它具有教皇宫和军事要塞的双重功能。教皇宫由内外两部分构成，分别是本笃十二世时期建造的要塞式的旧宫，以及克莱孟六世时期在旧宫基础上扩建的新宫。教皇宫集中了当时顶尖建筑和绘画大师的成就，包括十四世纪法国著名建筑师皮埃尔·裴松（Pierre Poisson）和让·德鲁夫（Jean de Louvres），以及锡耶纳学派的壁画大师西蒙涅·马尔蒂尼（Simone Martini）和马提欧·吉奥凡尼提（Matteo Giovanetti）等。

41
滨海阿尔卑斯省
Alpes-Maritimes

建筑数量 - 08

01 格拉斯高等法院
克利斯蒂安·德·鲍赞巴克 / Christian de Portzamparc
02 费尔南•莱热国家博物馆
Andreï Svetchine
03 梅格基金会
Josep Lluís Sert
04 亚洲艺术博物馆
丹下健三 / Kenzō Tange
05 拉特里尼泰儿童日托中心
Jean-Patrice Calori + Bita Azimi
+ Marc Botineau (CAB Architectes)
06 Costa Plana 度假村
让·努韦尔 / Jean Nouvel
07 勒•柯布西耶的小屋
勒·柯布西耶 / Le Corbusier
08 露营公寓
勒·柯布西耶 / Le Corbusier

Selvage
-Étienne-de-Tinée
Aire d'adhésion du Parc national du Mercantour
Isola
Parc national du Mercantour
Péone
Beuil
Saint-Sauveur-sur-Tinée
Saint-Marrrtin-Vésubie
Tende
Roquebillière
Clans
Rigaud
Saorge
-Théniers
Moulinet
Breil-sur-Roya
Villarrrs-sur-Varrr
Utelle
Lucéram
Sospel
Roquestéron
Pierrefeu
Gilette
Levens
Contes
Peille
Gréolières
Coursegoules
Carrrros
Men
07
08
05 La Trinité
B
06
aussols
Vence
Gourdon
03
Nice
04
01 Grasse
Cagnes-sur-Mer
02
Mougins
Antibes
Cannes

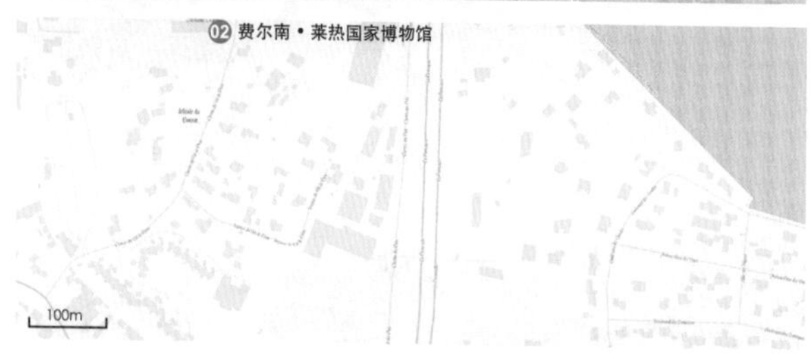

Note Zone

01 格拉斯高等法院
Tribunal de Grande Instance

建筑师：克利斯蒂安·德·鲍赞巴克 /Christian de Portzamparc
地址：37 Avenue Pierre Semard
建筑类型：办公建筑
建筑年代：1993-1999

02 费尔南·莱热国家博物馆
Musée National Fernand-Léger

建筑师：Andreï Svetchine
地址：255 Chemin du Val de Pôme,06410 Biot
建筑类型：文化建筑
建筑年代：1960
开放时间：5 月至 10 月除周二每天 10：00-18：00，11 月至次年 4 月除周二每天 10：00-17：00，1 月 1 日、5 月 1 日、12 月 25 日关闭。
票价：全价 5.5 欧元，折扣价 4 欧元，成人团体 5 欧元。

格拉斯高等法院

项目位于一个被坡道环绕的地段，在这样的基地条件下，鲍赞巴克设计出了不同于通常法律机构的建筑形象，也成为了地区的地标。

费尔南·莱热国家博物馆

该博物馆收藏了世界上法国艺术家费尔南·莱热最多的作品，曾为私人博物馆，现转变为国家博物馆。建筑南立面的马赛克拼贴图案源于莱热在汉诺威一个体育场的马赛克艺术创作。

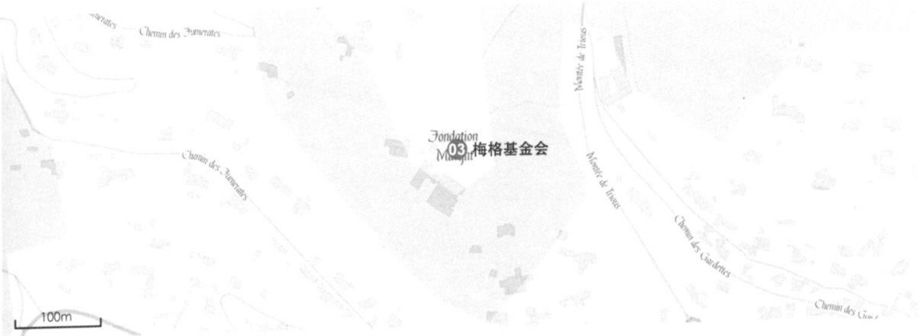

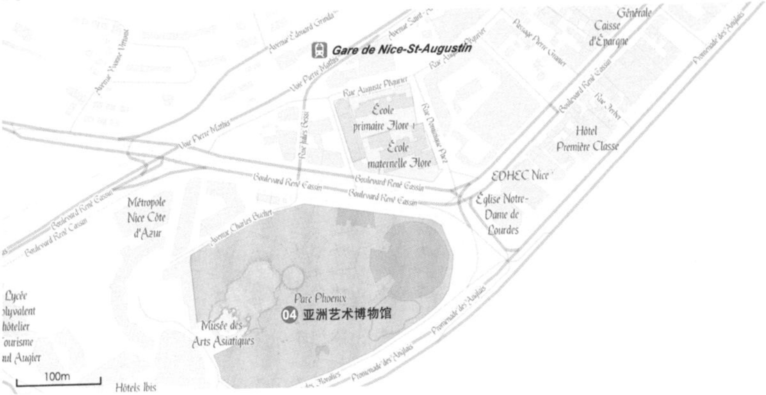

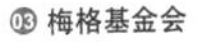

03 梅格基金会
Fondation Maeght

建筑师：Josep Lluís Sert
地址：623 Chemin des Gardettes,06570 Saint-Paul-de-Vence
建筑类型：文化建筑
建筑年代：1964
开放时间：10 月至次年 6 月 10：00-18：00，7 月至 9 月 10:00-19:00，12 月 24 日、31 日 16：00 关闭，关闭前 30 分钟停止售票。
票价：全价 15 欧元，18 岁以下及学生 10 欧元，10 岁以下免费。

04 亚洲艺术博物馆
Musée des Arts Asiatiques

建筑师：丹下健三 /Kenzō Tange
地址：405 Promenade des Anglais,06200 Nice
建筑类型：文化建筑
建筑年代：1998
开放时间：5 月 2 日至 10 月 15 日 10:00-18:00，10 月 16 日至 4 月 30 日 10:00-17:00，1 月 1 日、5 月 1 日、12 月 25 日关闭，周二关闭。
票价：免费，讲解及部分活动将收取一定费用。

梅格基金会

梅格基金会现代艺术馆展出着米罗、布拉克、夏加尔、马蒂斯、卡尔达等人的现代作品。大量的画家和雕塑家也在建筑内和建筑周边创作了纪念碑式的作品。

亚洲艺术博物馆

项目位于公园湖畔，好像漂浮在水面上一般，白色大理石墙面和玻璃幕墙形成了强烈的虚实对比，虚实体量之间由线性开口划分，体现出清晰的逻辑。

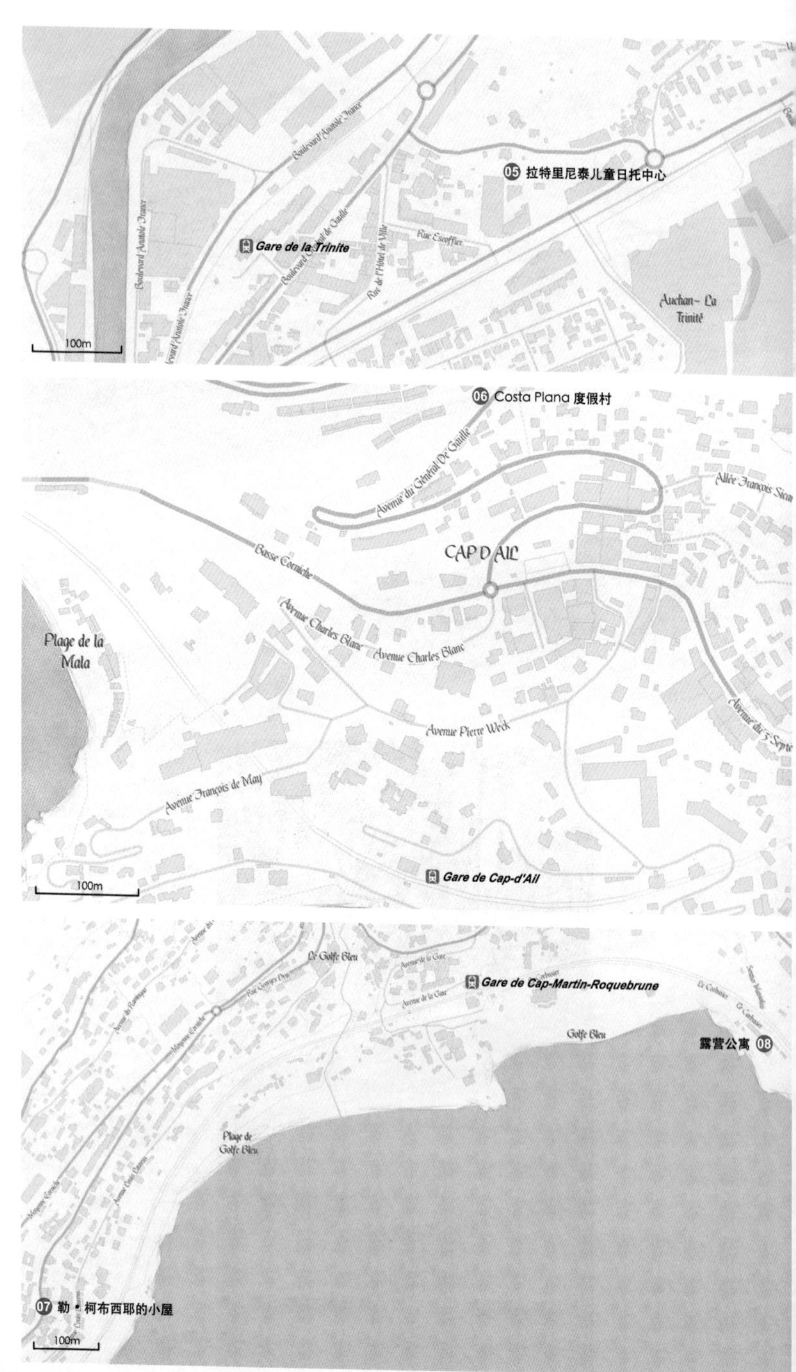

05 拉特里尼泰儿童日托中心
Gare de la Trinite
Boulevard Anatole France
Rue Escoffier
Auchan- La Trinité
100m
06 Costa Plana 度假村
Avenue du Général De Gaulle
Allée François Sicard
CAP D'AIL
Basse Corniche
Avenue Charles Blanc
Plage de la Mala
Avenue Pierre Weck
Avenue François de May
Gare de Cap-d'Ail
100m
Le Golfe Bleu
Avenue de la Gare
Gare de Cap-Martin-Roquebrune
Golfe Bleu
露营公寓 08
Plage de Golfe Bleu
07 勒·柯布西耶的小屋
100m

Note Zone

05 拉特里尼泰儿童日托中心
Pôle Petite Enfance

建筑师:Jean-Patrice Calori + Bita Azimi + Marc Botineau (CAB Architectes)
地址:18 Chemin de l'Olivaie,06340 La Trinité
建筑类型:科教建筑
建筑年代:2007

06 Costa Plana 度假村
Pierre et Vacances Résidence Costa Plana

建筑师:让 · 努韦尔 /Jean Nouvel
地址:33 Avenue du Général de Gaulle,06320 Cap-d'Ail
建筑类型:商业建筑
建筑年代:1991

07 勒 · 柯布西耶的小屋
Cabanon Le Corbusier

建筑师:勒 · 柯布西耶 /Le Corbusier
地址:Sentier du Bord de Mer,06190 Roquebrune-Cap-Martin
建筑类型:居住建筑
建筑年代:1951
备注:参观须预约，电话 +33(4)93356287，邮箱 otroquebrunecm@live.fr

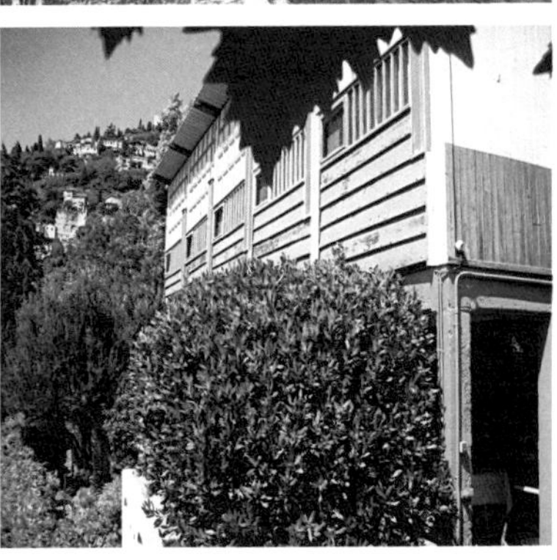

08 露营公寓
Unités de Camping

建筑师:勒 · 柯布西耶 /Le Corbusier
地址:Sentier Massolin,06190 Roquebrune-Cap-Martin
建筑类型:居住建筑
建筑年代:1956
备注:参观需预约，电话 +33(4)93356287，邮箱 otroquebrunecm@live.fr

拉特里尼泰儿童日托中心

项目位于两条道路之间的倾斜地段上，建筑体量与地形密切配合，顺坡而下并提供一条连结斜坡两端的步道。停车场位于建筑顶层，既为了降低造价也为了访客在下行进入建筑时对斜坡有更强烈的体验。建筑内部采用暖色调的木地板和家具，以营造温馨的幼儿园内部环境，与立面冷峻的混凝土形成对比。

Costa Plana 度假村

项目地段周边原有一座采石场，遗留了许多峭壁，为呼应地段的材质与色彩，建筑外立面采用了抛光石材。努维尔称这个项目为“最小化的（minimal）、矿物质感的（mineral）建筑”。

勒 · 柯布西耶的小屋

这座建筑被作为柯布西耶的度假小屋，虽然面积很小，但也被柯布西耶称为“海滨城堡”，具有“奢侈的舒适”。

露营公寓

该公寓以3.66米见方为建筑基本模数，采用预制方法建造，内部采用木制薄板装饰。立面色彩采用柯布的经典现代性配色。木质材料的室内给人以温暖之感，装饰色彩仍带有构成特点。

42
塔恩省
Tarn

建筑数量 - 04

01 阿尔比主教座堂
02 贝尔比宫
03 阿尔比市的主教旧城
04 阿尔比大剧院
多米尼克 · 佩罗 / Dominique Perrault

Mirandol-Bourg
Le Ségur
Tanus
Sainte-Gemme
Cordes-sur-Ciel
Carrrmaux
Valence-d'Albigeois
Valderiès
Cagnac-les-Mines
Cahuzac-sur-Vère
Cadix
Sérénac
Curvalle
01-04
Marrrssac-sur-Tarrrn
Gaillac
Puygouzon
Florentin
Alban
Paulinet
Fauch
Raysaac
Labessière-Candeil
Réalmont
Saint-Pierre-de-Trivisy
Graulhet
Briatexte
Montredon-Labessonnié
Lautrec
Vabre
Berlats
Fiac
Roquecourbe
Burlats
Saint-Paul-Cap-de-Joux
Brassac
Prades
Vielmur-sur-Agout
Castres
Lavaur
Saïx
Boissezon
Puylaurens
Anglès
Cuq-Toulza
Soual
Labruguière
Escoussens
Mazamet
Dourgne
Saint-Amans-Soult
Sorèze
Arrfons

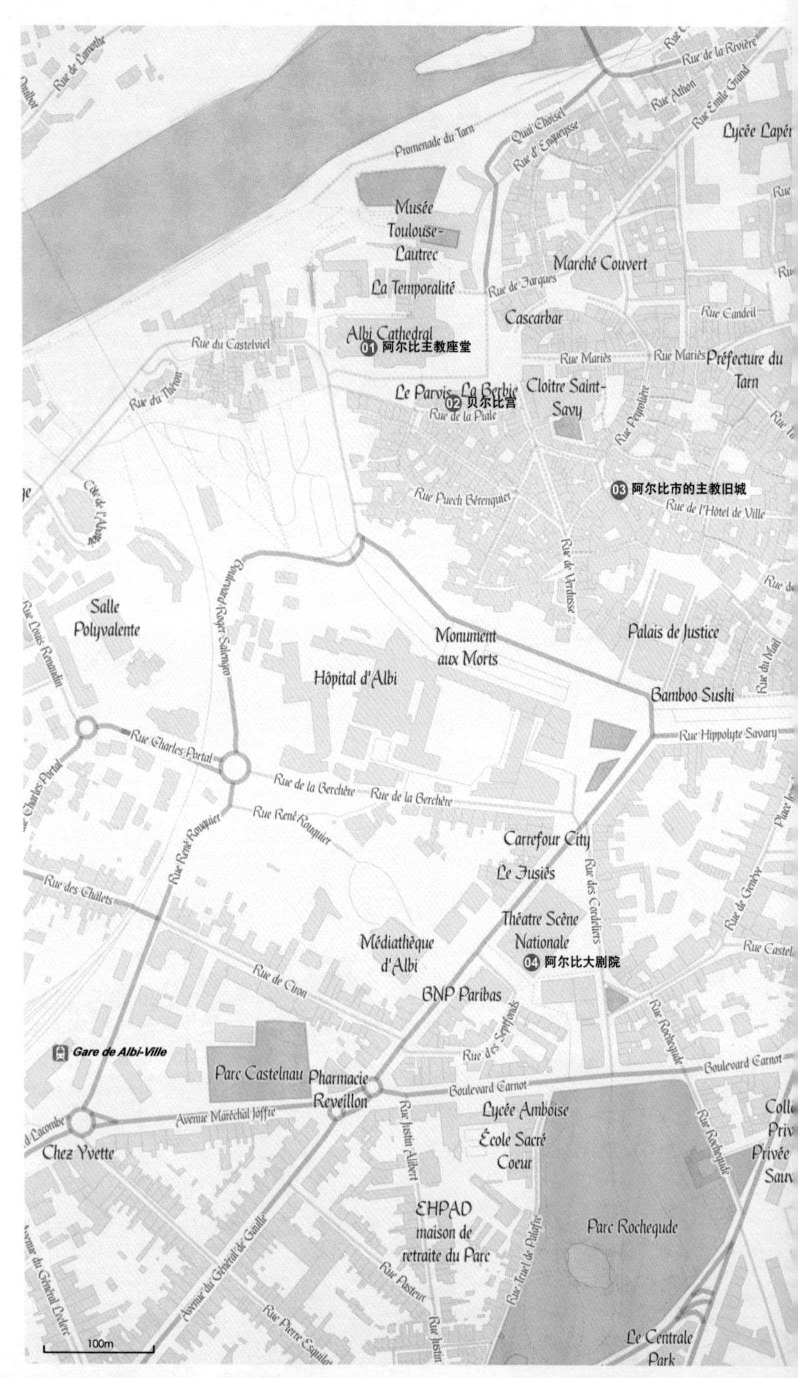

Musée Toulouse-Lautrec
La Temporalité
Albi Cathedral
01 阿尔比主教座堂
Le Parvis
La Berbie
02 贝尔比宫
Cloître Saint-Savy
Marché Couvert
Cascarbar
Préfecture du Tarn
Lycée Lapér
03 阿尔比市的主教旧城
Salle Polyvalente
Hôpital d'Albi
Monument aux Morts
Palais de Justice
Bamboo Sushi
Carrefour City
Le Jusiès
Théatre Scène Nationale
04 阿尔比大剧院
Médiathèque d'Albi
BNP Paribas
Gare de Albi-Ville
Parc Castelnau
Pharmacie Reveillon
Chez Yvette
Lycée Amboise
École Sacré Coeur
EHPAD maison de retraite du Parc
Parc Rochegude
Le Centrale Park
Promenade du Tarn
Quai Choiseul
Rue d'Engueysse
Rue de la Rivière
Rue Athon
Rue Emile Grand
Rue de Lamothe
Rue de Jarques
Rue Candeil
Rue Mariès
Rue du Castelviel
Rue du Tiéron
Rue de la Piale
Rue Peyrolière
Rue Puech Bérenguier
Rue de l'Hôtel de Ville
Rue de Verdusse
Boulevard Roger Salengro
Rue Louis Rémaudin
Rue du Mail
Rue Hippolyte Savary
Rue Charles Portal
Rue de la Berchère
Rue René Rouquier
Rue des Chalets
Rue des Cordeliers
Rue de Genève
Rue Castel
Rue de Ciron
Rue des Sept fonds
Rue Rochegude
Boulevard Carnot
Avenue Maréchal Joffre
Rue Justin Alibert
Rue Pasteur
Rue Pierre Esquilat
Avenue du Général de Gaulle
Avenue du Général Leclerc
Rue Justin
Rue Truel de Palafre
100m

Note Zone

01 阿尔比主教座堂
Cathédrale Sainte-Cécile

地址：5 Boulevard Général Sibille,81000 Albi
建筑类型：宗教建筑
建筑年代：1282-1480
开放时间：6月至9月9:00-18:00，10月至次年5月9：00-12:00、14:00-18:00。
票价：免费，但进入祭坛内部将收取一定费用。

02 贝尔比宫
Palais de la Berbie

地址：Place Sainte-Cécile,81000 Albi
建筑类型：其他建筑
建筑年代：13世纪
开放时间：10月至次年3月每周二及1月1日、5月1日、11月1日、12月25日关闭。

03 阿尔比市的主教旧城
Cité Épiscopale d'Albi

地址：Albi
建筑类型：特色片区
建筑年代：中世纪

04 阿尔比大剧院
Grand Théâtre d'Albi

建筑师：多米尼克·佩罗 / Dominique Perrault
地址：Place Amitié entre les Peuples,81000 Albi
建筑类型：观演建筑
建筑年代：2009-2014

阿尔比主教座堂

阿尔比主教座堂长113米、宽35米，是现今世界上最大的砖砌教堂，建筑材料全部采用本地生产的红砖与黄砖。教堂内部有大量壁画及装饰，均是宗教艺术的杰出作品，主要包括“最后的审判”壁画、教坛屏、教堂中殿、管风琴等。

贝尔比宫

贝尔比宫是法国最古老且保存最好的堡垒式宫殿之一，在作为主教住宅的同时兼具防御功能。继任主教的改造使其环境更为怡人，如今可以参观到一个俯瞰塔恩河景（Tarn River）的观景平台和出自园艺大师之手且被法国文化部授予“法国著名花园”称号的古典花园，

阿尔比市的主教旧城

主教城包括四个城区（Castelviel、Castelnau、Saint-Salvi、Lices and Vigan），形成于中世纪，由于整体建筑风貌得以完好地保存，成为了欧洲由宗教势力兴起的城市的独特代表。城内主要建筑包括圣塞西勒主教座堂、贝尔比宫、圣萨尔维教堂和回廊、旧桥等。由于统一采用红砖砌成，整座城市呈现为泛红的色调，阿尔比因此被称为“苍红之城”（Ville Rouge）。

阿尔比大剧院

大剧院位于阿尔比历史中心区边缘，为增加厚重感与历史区相呼应，剧院内外包括楼梯和天花都采用了混凝土结构并铺砌砖石，使大剧院成为一个独特的标志性建筑。

43
埃罗省
Hérault

建筑数量 - 06

01 Pierres Vives 办公楼
扎哈 · 哈迪德 / Zaha Hadid
02 Espace Pitôt 住宅
理查德 · 迈耶 / Richard Meier
03 RBC 设计中心
让 · 努韦尔 / Jean Nouvel+ Nicolas Crégut + Laurent Duport (C+D architecture)
04 Lironde 公园
克利斯蒂安 · 德 · 鲍赞巴克 / Christian de Portzamparc
05 蒙彼利埃新市政厅
让 · 努韦尔 / Jean Nouvel+ François Fontès
06 Georges Frêche 酒店管理学校
Massimiliano and Doriana Fuksas

Ganges
Sorbs
Gorniès
Saint-Bauzille-de-Putois
Caylarrr
Saint-Maurice-Navac
Valflaunès
La Vacquerie-et-Saint-Marrrtin-de-Castries
Saint
Saint-Mathieu-de-Tréviers
Viols-le-Fort
Lodève
Saint-
Puéchabon
Sussarrrgues
Le Bosc
Saint-Gély-du-Fesc
Baillarrrgues
Gignac
Montarrrnaud
Le Crès
Clermont-l'Hérault
01
02
Montpellier
03-06
Mauguio
Salasc
Le Pouget
Lieuran-Cabrières
Pignan
Lattes
Paulhan
Villeneuve-lès-
Roujan
Gigean
Pézenas
s-Bains
Mèze
Montblanc
Pomérols
Étang de Thau
Bessan
Marrrseillan
Vias
Agde

Note Zone

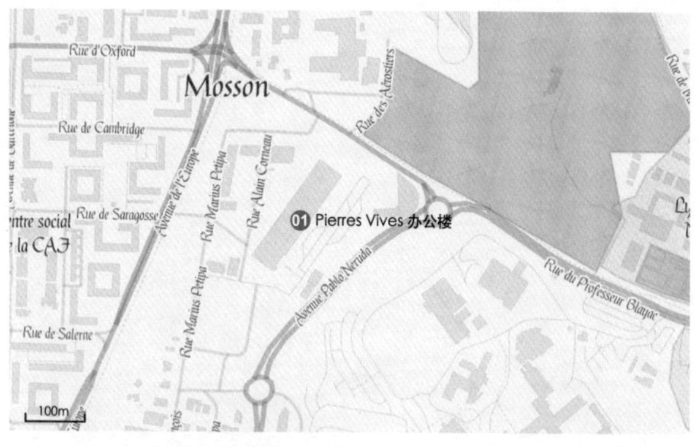

01 Pierres Vives 办公楼
Pierres Vives

建筑师：扎哈・哈迪德 /Zaha Hadid
地址：907 Rue du Professeur Blayac,34080 Montpellier
建筑类型：办公建筑
建筑年代：2012

02 Espace Pitôt 住宅
Espace Pitôt

建筑师：理查德・迈耶 / Richard Meier
地址：15 Place Jacques Mirouze,34000 Montpellier
建筑类型：居住建筑
建筑年代：1988-1995

Pierres Vives 办公楼

项目包含三个政府机构，包括多媒体图书馆、公共档案、及体育部门。建筑外立面呈现出流线形的混凝土和玻璃结构，一面内嵌的绿色玻璃在整个表皮延伸。

Espace Pitôt 住宅

迈耶是现代建筑“白色派”的代表人物，这个项目也秉承了其一贯风格。项目注重立体主义构图和光影的变化，强调面的穿插和体量的纯净。

Georges Frêche 酒店管理学校 /Massimiliano and Doriana Fuksas

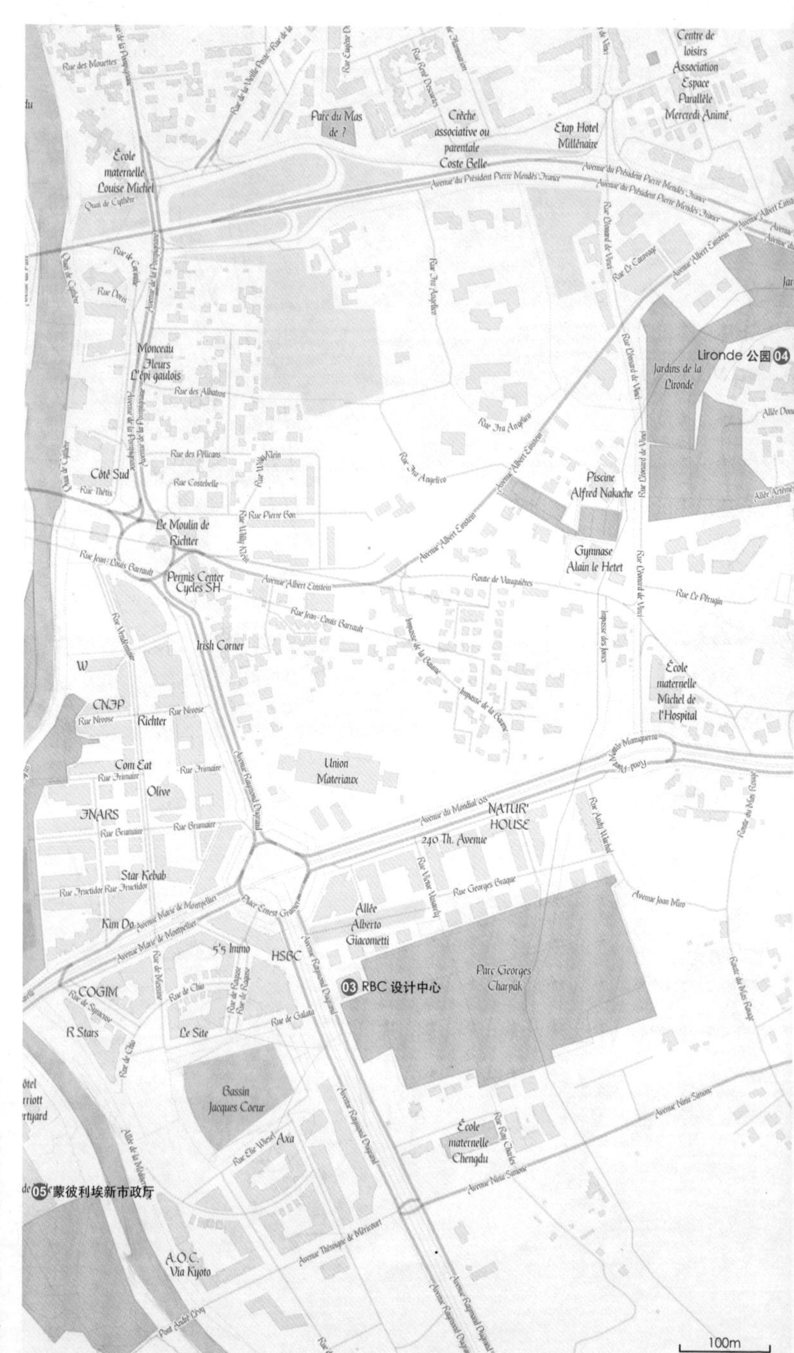
Lironde 公园 04
Jardins de la Lironde
03 RBC 设计中心
Parc Georges Charpak
05 蒙彼利埃新市政厅
Centre de loisirs Association Espace Parallèle Mercredi Animé
Parc du Mas de ?
Crèche associative ou parentale Coste Belle
Etap Hotel Millénaire
École maternelle Louise Michel
Monceau Fleurs L'épi gaulois
Côté Sud
Le Moulin de Richter
Permis Center Cycles SH
Irish Corner
Piscine Alfred Nakache
Gymnase Alain le Hetet
École maternelle Michel de l'Hospital
Union Materiaux
NATUR' HOUSE
240 Th. Avenue
Allée Alberto Giacometti
HSBC
5'5 Immo
Star Kebab
Kun Do
COGIM
R Stars
Le Site
Bassin Jacques Coeur
Axa
École maternelle Chengdu
A.O.C. Via Kyoto
CNFP
Richter
Com Eat
Olive
FNARS
Avenue du Président Pierre Mendès France
Avenue Albert Einstein
Avenue Raymond Dugrand
Avenue du Mondial 98
Avenue Nina Simone
Avenue Joan Miro
Route de Vauguières
Rue Léonard de Vinci
Rue Jean-Louis Barrault
Avenue Marie de Montpellier
Avenue de la Pompignane
Place Ernest Granier
Avenue Théroigne de Méricourt
Pont André Levy
100m

Note Zone

03 RBC 设计中心
RBC Design center

建筑师：让·努韦尔 /Jean Nouvel+ Nicolas Crégut + Laurent Duport (C+D architecture)
地址：Port Marianne,609 Avenue de la Mer-Raymond Dugrand,34000 Montpellier
建筑类型：办公建筑
建筑年代：2011

04 Lironde 公园
Jardins de la Lironde

建筑师：克利斯蒂安·德·鲍赞巴克 /Christian de Portzamparc
地址：721 Avenue Pierre Mendes France,34000 Montpellie
建筑类型：特色片区
建筑年代：1991-2012

05 蒙彼利埃新市政厅
Hôtel de Ville

建筑师：让·努韦尔 /Jean Nouvel + François Fontès
地址：1 Place Georges Frêche,34000 Montpellier
建筑类型：办公建筑
建筑年代：2011

RBC 设计中心

这栋建筑外观简易、以灰色调为主，同时立面上的白色字体如“创意”、“梦想”、“书籍”、“美食”等又非常醒目。大楼内部视野清晰透明，与不透明感的外墙形成鲜明对比。

Lironde 公园

该项目延续了鲍赞巴克的城市思考，协调了建筑与街道的关系。建筑尺度和风格与周边环境的和谐以及公共性功能的引入，都使其更加舒适。

蒙彼利埃新市政厅

建筑形体为一个巨大的长方体，长 90 米，宽 50 米，高 41 米，共 12 层，27000 平方米。立面采用铝板和玻璃。

Note Zone

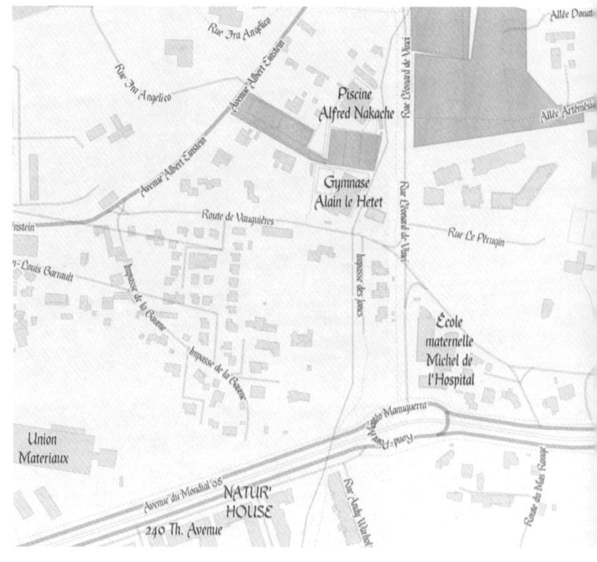

⑥ Georges Frêche 酒店管理学校
Lycée Georges Frêche

建筑师：Massimiliano and Doriana Fuksas
地址：401 Rue Le Titien,34000 Montpellier
建筑类型：科教建筑
建筑年代：2007-2012

该项目以紧凑的、具有雕塑感的体形和铝制表皮赋予建筑以独特的身份。体形的复杂性在建筑内部也有所体现，每个房间的空间感受都不尽相同，表皮由5000多个三角块拼成，每块的形状也都不完全相同。

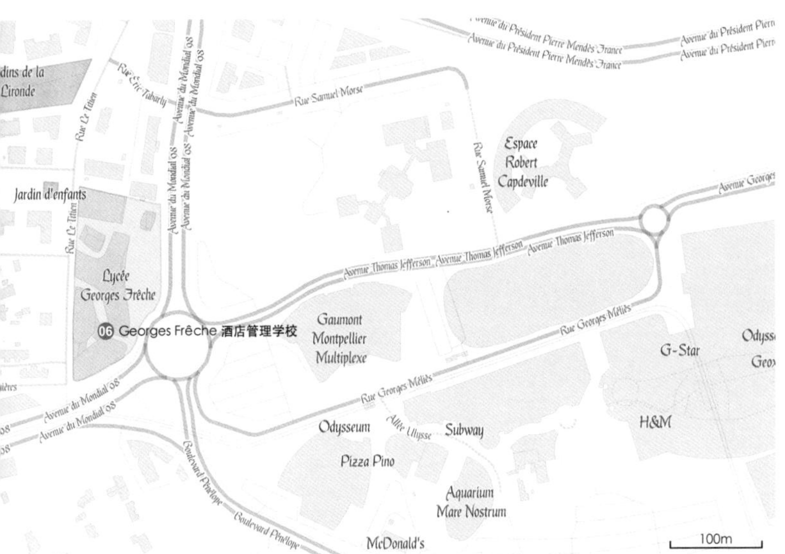
Avenue du Président Pierre Mendès France
Avenue du Président Pierre Mendès France
Avenue du Président Pierre
Avenue du Président Pierre
Rue Éric Tabarly
Avenue du Mondial '08
Rue Samuel Morse
Rue Le Titien
Espace
Robert
Capdeville
Jardin d'enfants
Avenue Georges
Avenue Thomas Jefferson
Lycée
Georges Frêche
06 Georges Frêche 酒店管理学校
Gaumont
Montpellier
Multiplexe
Rue Georges Méliès
G-Star
Odyssee
Odysseum
Allée Ulysse
Subway
H&M
Pizza Pino
Boulevard Pénélope
Aquarium
Mare Nostrum
McDonald's
100m

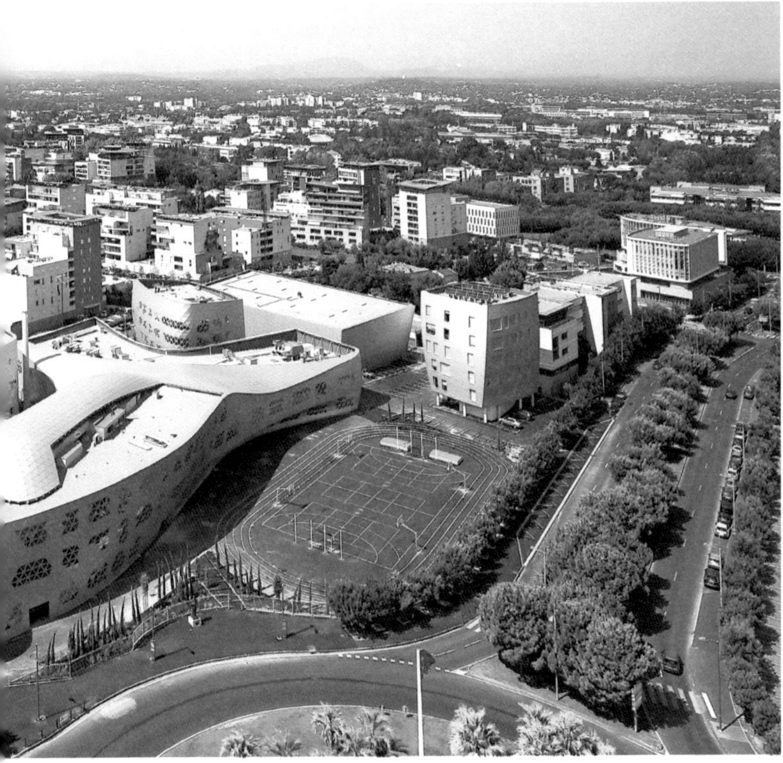

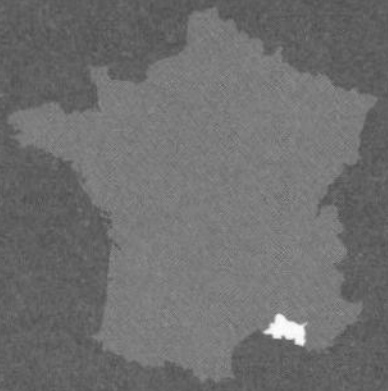

44
罗讷河口省
Bouches-du-Rhône

建筑数量 - 15

01 普罗旺斯地区的莱博
02 阿尔勒竞技场
03 阿尔勒城的古罗马建筑
04 阿尔勒斯历史博物馆
亨利·奇里安尼 / Henri Ciriani
05 Coste 酒庄游客中心
安藤忠雄 / Tadao Ando
06 Coste 酒庄
07 黑旗剧院
Rudy Ricciotti
08 马赛国际机场扩建
理查德·罗杰斯 / Richard Rogers + Graham Stirk + Ivan Harbour (Rogers Stirk Harbour+Partners)
09 CMA-CGM 总部
扎哈·哈迪德 / Zaha Hadid
10 “篓筐”老城
11 马赛市政厅扩建
Franck Hammoutène
12 马赛圣维克多修道院
13 马赛老港
诺曼·福斯特 / Norman Foster (Foster + Partners)
14 马赛公寓
勒·柯布西耶 / Le Corbusier
15 地中海神经生物学研究所
Craig Dykers + Kjetil Thorsen (Snøhetta)

Fontvie
02-04
Étang de Vaccarrès
Le Saml
Zone tampon de la réserve de biosphère de Camargue

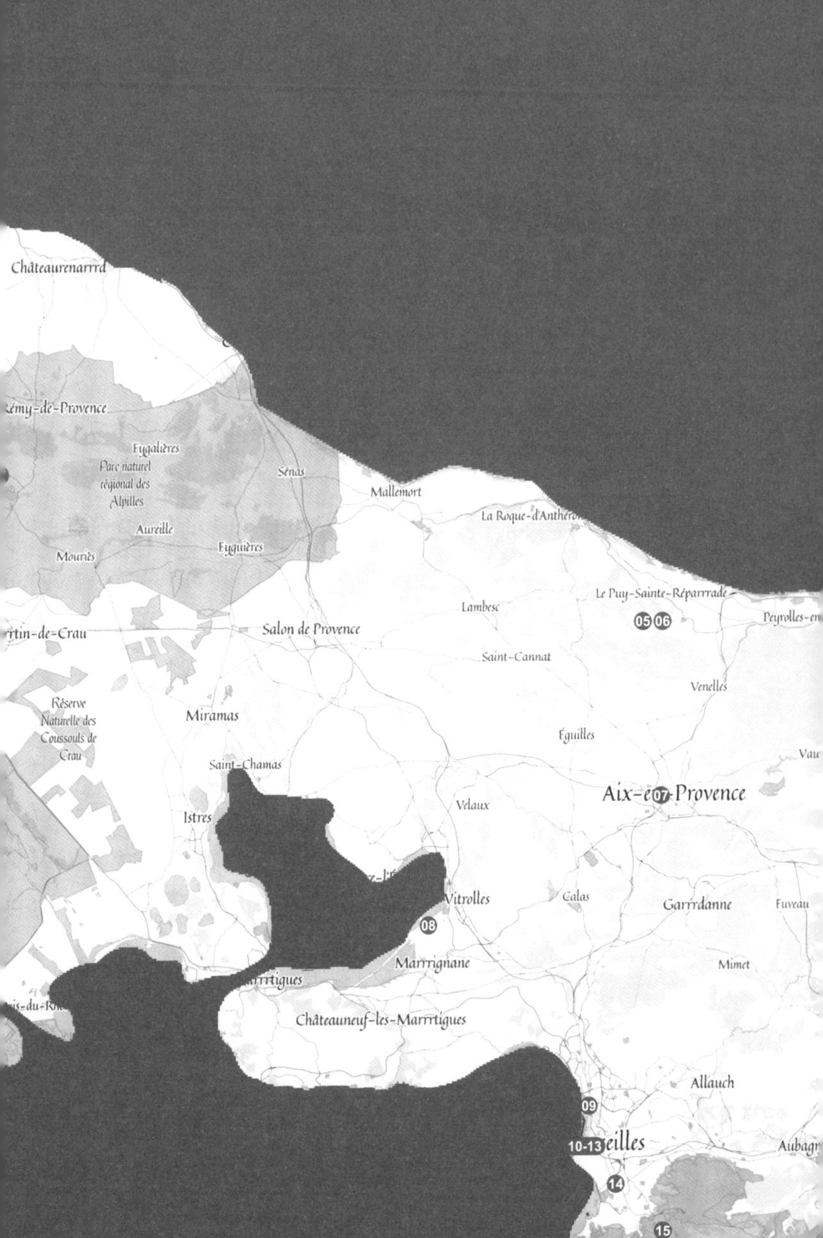
Châteaurenarrrd
Rémy-de-Provence
Eygalières
Parc naturel
régional des
Alpilles
Sénas
Mallemort
La Roque-d'Anthéron
Aureille
Eyguières
Mouriès
Le Puy-Sainte-Réparrrade
Lambesc
05 06
Peyrolles-en
rtin-de-Crau
Salon de Provence
Saint-Cannat
Venelles
Réserve
Naturelle des
Coussouls de
Crau
Miramas
Éguilles
Vau
Saint-Chamas
Aix-en-Provence
07
Velaux
Istres
Vitrolles
Calas
Garrrdanne
Fuveau
08
Marrrignane
Mimet
Marrrtigues
Châteauneuf-les-Marrrtigues
Allauch
09
10-13
eilles
Aubagn
14
15
Cassis

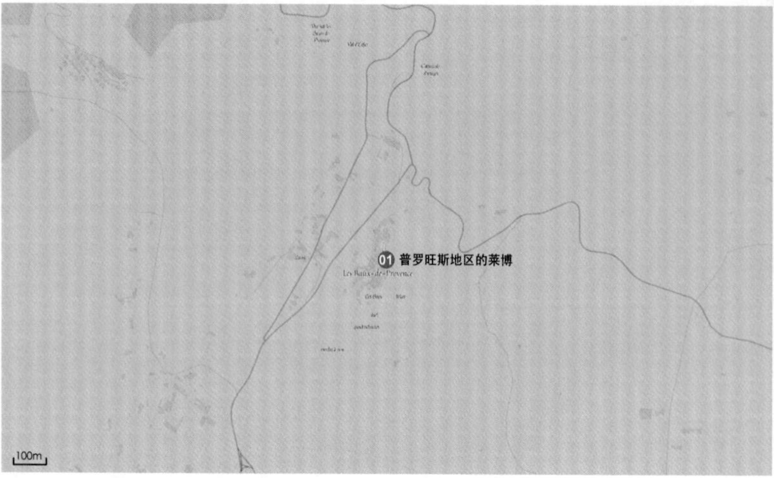

01 普罗旺斯地区的莱博

Les Baux-de-Provence

100m

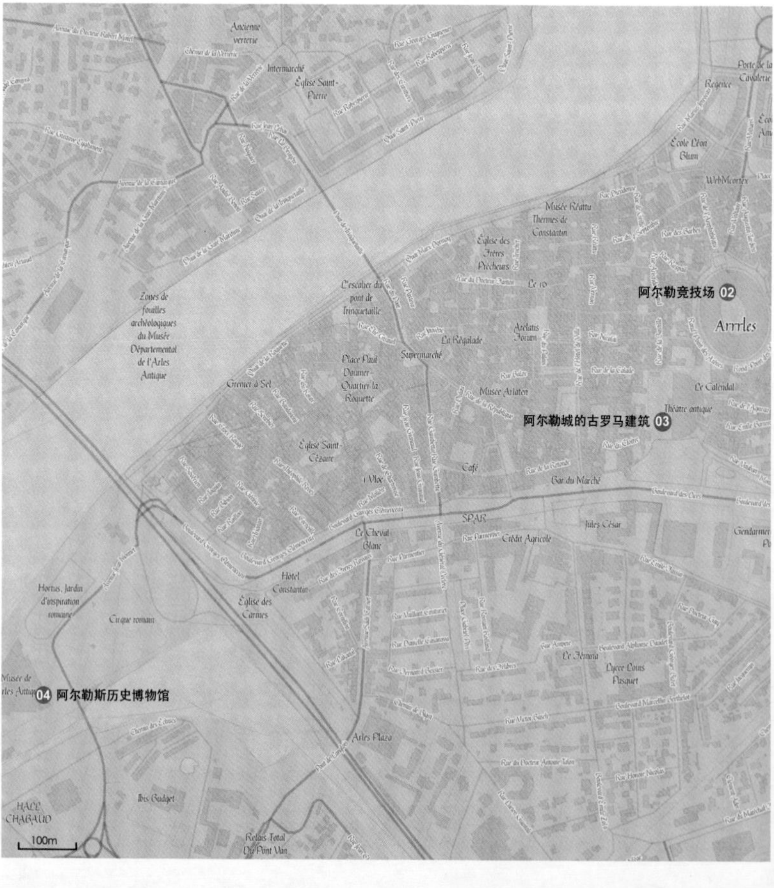

Ancienne verrerie

Intermarché

Église Saint-Pierre

École Léon Blum

Regence

Porte de la Cavalerie

Musée Réattu

Thermes de Constantin

Église des Frères Prêcheurs

L'escalier du pont de Trinquetaille

Zones de fouilles archéologiques du Musée Départemental de l'Arles Antique

阿尔勒竞技场 02

Arrrles

Arelatis Forum

La Régalade

Supermarché

Place Paul Doumer-Quartier la Roquette

Grenier à Sel

Musée Arlaten

Le Calendal

Théâtre antique

阿尔勒城的古罗马建筑 03

Église Saint-Césaire

Café

Bar du Marché

SPAR

Jules César

Crédit Agricole

Le Cheval Blanc

Hotel Constantin

Église des Carmes

Hortus, Jardin d'inspiration romaine

Cirque romain

Le Jérusa

Lycée Louis Pasquet

Musée de l'Arles Antique

04 阿尔勒斯历史博物馆

Arles Plaza

Ibis Budget

HALL CHABAUD

Relais Total Du Pont Van

100m

Note Zone

01 **普罗旺斯地区的莱博**
Les Baux de Provence

地址：Maison du Roy,Rue Porte Mage,13520 Les Baux-de-Provence
建筑类型：特色片区
建筑年代：公元前 600 年
备注：免费开放，莱博城堡、电影院、博物馆将收取一定费用。

02 **阿尔勒竞技场**
Arènes d'Arles

地址：1 Rond-point des Arènes,13200 Arles
建筑类型：其他建筑
建筑年代：公元 80-90 年（14-16 世纪有重大修缮）
开放时间：2 月 11 日至 2 月 28 日 10:00-17:00，3 月 1 日至 4 月 30 日 9:00-18:00，5 月 2 日至 9 月 30 日 9:00-19:00，10 月 1 日至 10 月 31 日 9:00-18:00。
票价：全价 6 欧元，折扣价 4.5 欧元。

03 **阿尔勒城的古罗马建筑**
Monuments Romains et Romans d'Arles

建筑类型：其他建筑
建筑年代：1 世纪、4 世纪

04 **阿尔勒斯历史博物馆**
Musée de l'Arles Antique

建筑师：亨利 · 奇里安尼 / Henri Ciriani
地址：Presqu'île du Cirque Romain,Avenue 1ère Div Français Libre,13200 Arles
建筑类型：文化建筑
建筑年代：1983-1995

普罗旺斯地区的莱博

这里是法国最美的小镇之一，小镇的法文名字意思为“普罗旺斯的陡峭岩石”。站在城堡顶端，可将亚耳古城周边风光尽收眼底。

阿尔勒竞技场

这座古罗马圆形竞技场长 136 米、宽 109 米、共 120 个拱门，可容纳观众 2 万多人，用于观赏战车比赛和血腥的徒手格斗。如今夏季在这里会举办戏剧和音乐会，被列为世界文化遗产。

阿尔勒城的古罗马建筑

包括古罗马剧院、古罗马商场、君士坦丁浴场、罗马圆形剧场、圣托菲姆教堂和公墓等，一起被列为世界文化遗产。

阿尔勒斯历史博物馆

博物馆运用了三角形平面，以完善城市的整体结构。这个纯粹的三角形形体在博物馆与古罗马竞技场之间建立了联系，且易于被公众认知。

Note Zone

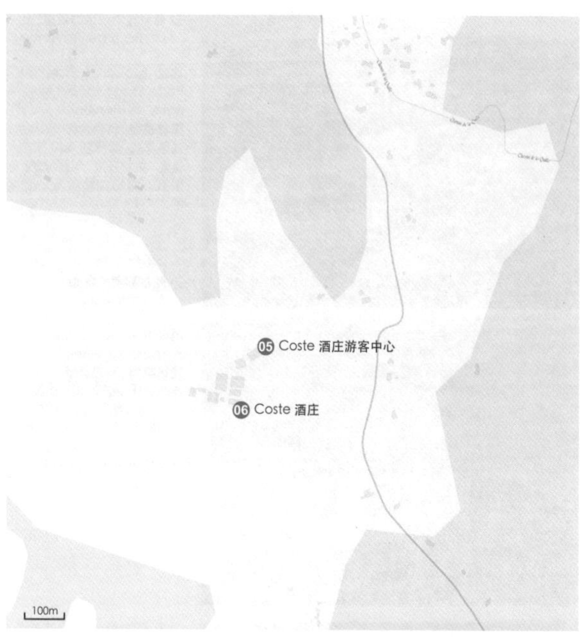

05 **Coste 酒庄游客中心**
Château La Coste
Centre d'Accueil

建筑师：安藤忠雄 /Tadao Ando
地址：Château La Coste,2750 Route De La Cride,13610 Le Puy-Sainte-Réparade
建筑类型：商业建筑
建筑年代：2009
开放时间：每天 10:00-19:00。
票价：全价 15 欧元，学生及 10 岁至 18 岁 12 欧元，10 岁以下免费。

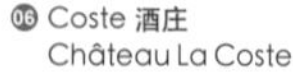

06 **Coste 酒庄**
Château La Coste

地址：Château La Coste,2750 Route De La Cride,13610 Le Puy-Sainte-Réparade
建筑类型：特色片区
建筑年代：2009

Coste 酒庄游客中心

游客中心改建自一座 16 世纪的修道院，安藤忠雄采用钢材、水泥和玻璃，设计出一座简约透明的盒子状建筑，散发出宁静的气息。

Coste 酒庄

片区的策划和设计体现了酒庄主人对葡萄酒和现代艺术的热爱，他邀请世界一流的建筑师和艺术家在酒庄中进行创作，自由选择建材和创作方式，毫不干涉。

Note Zone

07 黑旗剧院

08 马赛国际机场扩建

07 黑旗剧院
Pavillon Noir

建筑师：Rudy Ricciotti
地址：530 Avenue Wolfgang Amadeus Mozart,13627 Aix-en-Provence
建筑类型：观演建筑
建筑年代：1999-2006

黑旗剧院

剧院为 Ballet Preljocaj 公司的排练与表演而建。剧院主要采用钢与混凝土建造，功能包括四个排练室与一个 378 座的表演厅。独特的立面形式在室内外获得了特别的视觉体验。

马赛国际机场扩建

机场具有鲜明的、易识别的形象，同时在设计中也考虑了功能的清晰性，以及日后扩建的灵活性。

08 马赛国际机场扩建
Aéroport International Marseille Provence

建筑师：理查德·罗杰斯 / Richard Rogers + Graham Stirk + Ivan Harbour (Rogers Stirk Harbour+Partners)
地址：Marseille Provence Airport,13727 Marignane
建筑类型：交通建筑
建筑年代：1989 - 1992

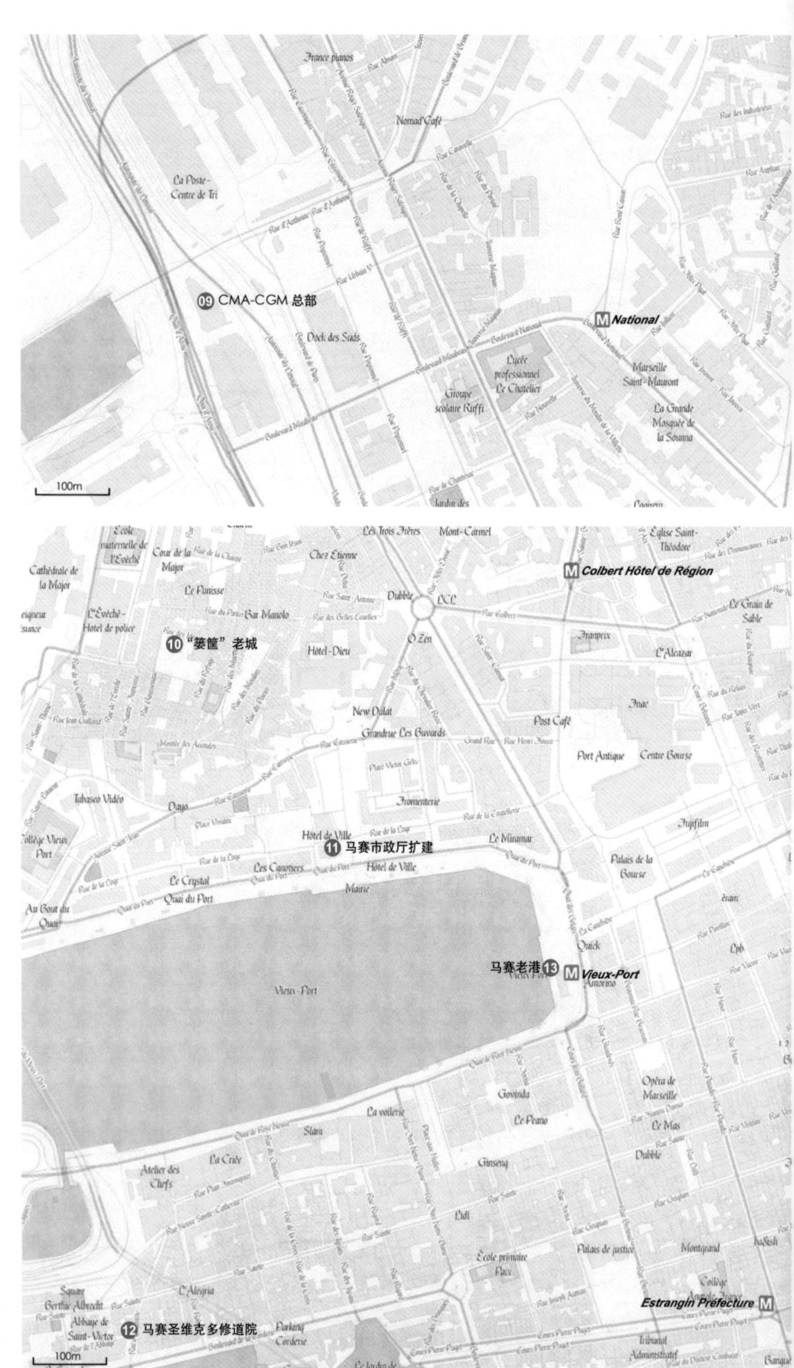
09 CMA-CGM 总部
National
10 “篓筐”老城
11 马赛市政厅扩建
马赛老港 13
Vieux-Port
Colbert Hôtel de Région
12 马赛圣维克多修道院
Estrangin Préfecture
100m
100m

CMA–CGM 总部

建筑造型包含了两条从地面升起的弧线，在立面约 1/3 的高度聚拢然后再弯曲分开，形成一条优雅的“金属曲线”。扎哈认为，“这种钢架结构的动感效果，在某种意义上创造了塔式建筑的一种新的类型”。

“篓筐”老城

“篓筐”老城是马赛最古老的一片城区，是古希腊殖民地的遗迹。其狭窄的街道，丰富多彩的建筑立面，颇具地中海风格。“篓筐”老城的位置三面环海，南面是马赛老港，西北面从圣让堡沿若利耶特滨海路延伸。从公元前 6 世纪直到 17 世纪路易十四下令扩建城市之前，马赛市区主要局限于此区。“二战”后，原来已破败的篓筐老城，逐渐聚集了艺术家，并有高档化趋势。

马赛市政厅扩建

马赛市政厅经过不同历史时期的改建及扩建，现由前楼和后楼两部分共同组成，两楼之间有长廊相连。扩建部分在原有建筑内部增加了 8300 平方米的空间，包括一个新的餐厅和市民委员会。

马赛圣维克多修道院

修道院修建于古代旧城遗址之上，在历史中几经毁坏，于 14 世纪在教皇乌尔班五世统治下得到加固。修道院地下藏有公元五世纪的重要文物以及许多基督教徒和异教徒的石棺。

马赛老港

该项目是为马赛成为 2013 年欧洲文化首都所做的筹备工作之一，旨在改变马赛老港地区与城市割裂的状态，使它成为安全、充满活力的市民活动空间。

⑨ CMA-CGM 总部
Tour CMA-CGM

建筑师：扎哈 · 哈迪德 /Zaha Hadid
地址：4 Quai d'Arenc, 13002 Marseille
建筑类型：办公建筑
建筑年代：2009

⑩ “篓筐”老城
Le Panier

地址：13 Rue du Panier,13002 Marseille
建筑类型：特色片区
建筑年代：公元前 600-
票价：全价 12.5 欧元，折扣价 9 欧元，12 岁以下免费。
备注：提供讲解，需预约，电话：0826500500。

⑪ 马赛市政厅扩建
Extension de l'Hôtel de Ville de Marseille

建筑师：Franck Hammoutène
地址：Quai du Port,13002 Marseille
建筑类型：办公建筑
建筑年代：1999-2006

⑫ 马赛圣维克多修道院
Abbaye Saint-Victor de Marseille

地址：3 Rue Abbaye, 13007 Marseille
建筑类型：宗教建筑
建筑年代：5 世纪 -1365 年
开放时间：每天 9:00-19:00。
票价：免费。

⑬ 马赛老港
Marseille Vieux Port

建筑师：诺曼 · 福斯特 / Norman Foster (Foster + Partners)
地址：Vieux-Port de Marseille,13002 Marseille
建筑类型：特色片区
建筑年代：2011

Note Zone

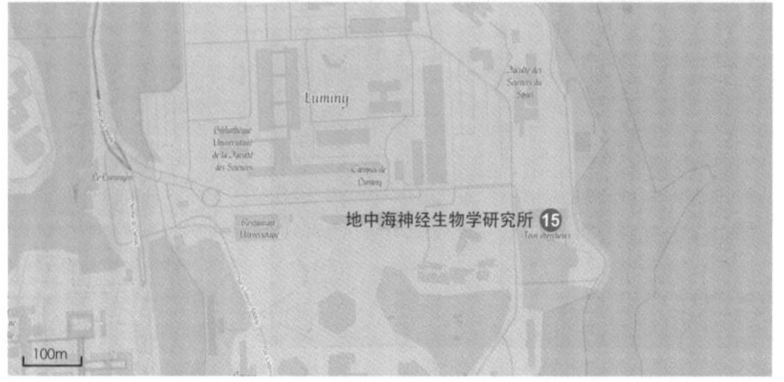

14 马赛公寓
Unité d'Habitation de Marseille

建筑师：勒 · 柯布西耶 /Le Corbusier
地址：280 Boulevard Michelet,13008 Marseille
建筑类型：居住建筑
建筑年代：1945
备注：现为勒 · 柯布西耶酒店，电话 +33(4)91167800，邮箱 hotelcorbusier@wanadoo.fr。

15 地中海神经生物学研究所
Institut de Neurobiologie de la Méditerranée

建筑师：Craig Dykers + Kjetil Thorsen (Snøhetta)
地址：Institut de Neurobiologie de la Méditerranée,Université d'Aix-Marseille,13009 Marseille
建筑类型：科教建筑
建筑年代：2004

马赛公寓

公寓长 165 米，宽 24 米，高 56 米，地面层以上共 17 层，其中 1–6 层和 9–17 层是居住层，7、8 层是商店和公用设施，共可住 337 户，有 23 种适合各种类型住户的单元，大部分单元为上下两层，有小楼梯上下连接，每三层只需设一条公共走道。立面的混凝土表面不做粉刷，可看到木模板的木纹和接缝。

地中海神经生物学研究所

项目地段朝向大海，在设计中谨慎地融合了建筑和景观。

马赛公寓 / 勒·柯布西耶

45 瓦尔省 Var

建筑数量 - 02

01 阿尔贝 · 加缪公立中学
诺曼 · 福斯特 / Norman Foster (Foster + Partners)
02 格里莫港
François Spoerry

Note Zone

01 阿尔贝 · 加缪公立中学

100m

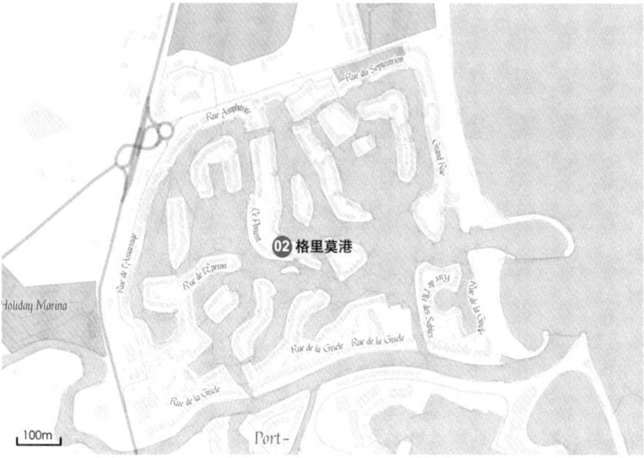

02 格里莫港

Holiday Marina

100m

01 阿尔贝 · 加缪公立中学
Lycée Albert Camus

建筑师：诺曼 · 福斯特 / Norman Foster (Foster + Partners)
地址：Avenue Henri Giraud,83600 Fréjus
建筑类型：科教建筑
建筑年代：1991-1993

02 格里莫港
Port Grimaud

建筑师：François Spoerry
地址：83310 Grimaud
建筑类型：特色片区
建筑年代：1963-1980

阿尔贝 · 加缪公立中学

项目位于蔚蓝海岸边快速发展的弗雷瑞斯小镇。作为法国教育系统的一部分，它为年轻人提供学业生涯最后三年的半职业教育。这所学校的设计挑战了教学楼建筑的既有概念，创造了一个灵活开放的建筑。

格里莫港

建筑师在 1960 年代进行规划时将它设想为“普罗旺斯式威尼斯”，格里莫港保留着意大利的运河和海岛，以及异域风情。它现在是世界上游艇爱好者的天堂。

46
大西洋岸比利牛斯省
Pyrénées-Atlantiques

建筑数量 - 02

01 “海洋与冲浪之城” 博物馆
斯蒂文 · 霍尔 / Steven Holl
02 皮埃蒙特 · 奥洛龙媒体图书馆
Pascale Guédot

Bonnut
Sault-de-Navailles
Garrlin
Arrzacq-Arrraziguet
Garros
Vialer
Orthez
Salies-de-Béarrn
Thèze
Arrthez-de-Béarrn
Mazerolles
Sévignacq
Loubieng
Sauvagnon
uveterre-de-Béarrn
Mourenx
Denguin
Arraujuzon
Morlaàs
Sedzère
Lescarr
Arroue-Ithorots-Oll
Navarrrenx
Monein
Pau
Idron
Lucq-de-Béarrn
Espès-Undurein
Nousty
Geüs-d'Oloron
Bordes
Gan
Mauléon-Licharrre
Lasseube
Ordiarrp
Barrcus
Oloron-Sainte-Marrie
Nay
Agnos
Rébénacq
Ogeu-les-Bains
Bruges-Capbis-Mifaget
Asasp-Arrros
Tarrdets-Sorholus
Arrudy
Arrette
Licq-Athérey
Sarrrance
Bielle
Sainte-Engrâce
Bedous
Larruns
Lescun

Note Zone

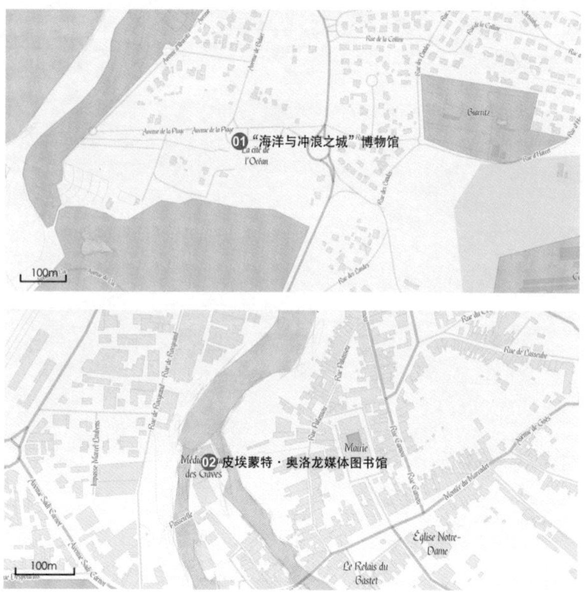
01“海洋与冲浪之城”博物馆
La cité de l'Océan
Avenue de la Plage
Rue de la Colline
100m
02皮埃蒙特·奥洛龙媒体图书馆
des Gaves
Mairie
Rue de Lasseube
Église Notre-Dame
Le Relais du Bastet
100m

“海洋与冲浪之城”博物馆

博物馆以“天之下与海之下”作为设计概念。所谓“天之下”是指向天空和大海展开的建筑形态，人们从建筑形成的广场上可看见舒展的海平面；广场下，凸起的屋顶塑造了“海之下”的空间形态，由渐变的曲面屋顶构成独特的展览空间。这个设计概念创造了一个独特的建筑形态，并与周边环境无缝衔接。

皮埃蒙特·奥洛龙媒体图书馆

项目是工业废弃用地复兴计划的重要部分。设计以场地上过去存在的工厂为基础，建筑造型简洁，是三层弯曲形体的叠加。包含阅览室和办公空间的主要体块被木质表皮所覆盖，通过中间的玻璃体块创造出一种漂浮的感觉，整个建筑与周边环境浑然一体。

01 “海洋与冲浪之城”博物馆
Cité de l'Ocean et du Surf Méditerranée

建筑师：斯蒂文·霍尔 / Steven Holl
地址：1 Avenue de la Plage,Biarritz 64200
建筑类型：文化建筑
建筑年代：2005-2011
开放时间：变化较多，详情参见 http://www.citedelocean.com/en/opening-hours.html。
票价：全价 11 欧元，学生及 6 岁至 16 岁 7.3 欧元。

02 皮埃蒙特·奥洛龙媒体图书馆
Médiathèque Intercommunale du Piémont Oloronais

建筑师：Pascale Guédot
地址：Rue des Gaves,64400 Oloron-Sainte-Marie
建筑类型：文化建筑
建筑年代：2009
开放时间：周二 12:00-19:00，周三、五 10:00-13:00、14:00-18:00，周六 10：00-13:00、14:00-17:00。

“海洋与冲浪之城”博物馆 / 斯蒂文·霍尔

47

上加龙省

Haute-Garonne

建筑数量 - 02

01 **图卢兹市政厅**
Guillaume Cammas

02 **上加龙省议会大厦**
罗伯特·文丘里 / Robert Venturi (VSBA)

Brignemont
Grenade
Saint-Jory
Pelleport
Launac
Cadours
Merville
Montastruc-la-Conseillère
Aussonne
Lévignac
Cornebarrrrieu
L'Union
Verfeil
Forêt
Domaniale de
Bouconne
Colomiers
Toulouse
02
01
Léguevin
Drémil-Lafage
Plaisance-du-Touch
Fontenilles
Ramonville-Saint-Agne
Cugnaux
Saint-Thomas
Saint-Lys
Tarrabel
Seysses
Lacroix-Falgarrrde
Muret
Baziège
Lherm
Eaunes
Venerque
Rieumes
Saint-Léon
Villefranche-de-Lauragais
Lavernose-Lacasse
Bérat
Avignonet
Longages
Labastide-Clermont
Auterive
Nailloux
Cintegabelle
Carrrbonne
Calmont
Le Fousseret
Latrape
Cazères
Montesquieu-Volvestre
Boussens
Le Plan

Note Zone

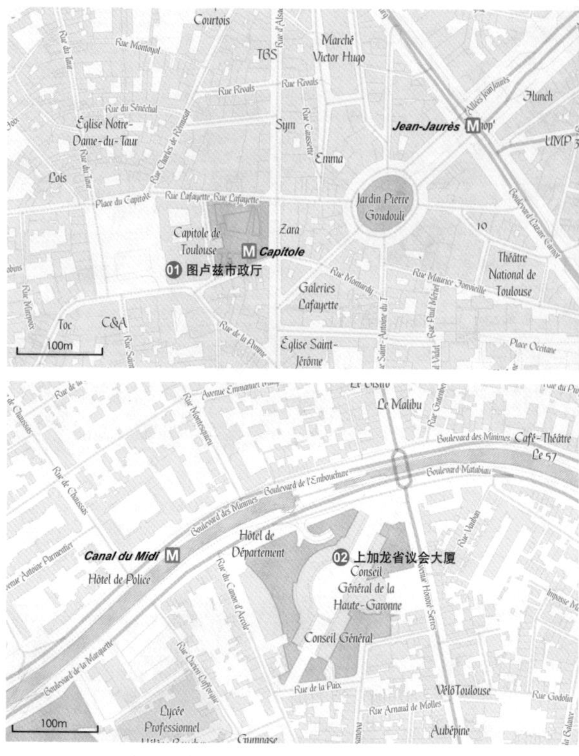

01 图卢兹市政厅
Place du Capitole de Toulouse

建筑师：Guillaume Cammas
地址：Place du Capitole,31000 Toulouse
建筑类型：办公建筑
建筑年代：17-18 世纪

市政厅是不同年代设计的集合，内部一些地方可以追溯到16世纪，共135米长。粉红色砖建造的立面是新古典主义建筑风格，瞭望塔顶部法国北部风格的钟楼建于1873年，市政厅前面积达2公顷的卡比托利欧(Capitole)广场在20世纪经过重新设计。

02 上加龙省议会大厦
Hôtel du Département de Haute-Garonne

建筑师：罗伯特 · 文丘里 /Robert Venturi (VSBA)
地址：1 Boulevard de la Marquette,31090 Toulouse
建筑类型：办公建筑
建筑年代：1992-1999

建筑功能主要为行政和办事机构，也包含了儿童护理中心等额外功能需求。文丘里设置了沿对角线横穿场地的步行道，并沿其两侧布置建筑，步道连接了不同城市区域，使得建筑对于行人来说具有高度可达性。

48
奥德省
Aude

建筑数量 - 01

01 卡尔卡松要塞

Les Marrtys
Pradelles-Cabarrrdès
Cabrespine
Villarrrdonnel
Caunes-Minervois
Rieux-Minervois
Conques-sur-Orbiel
La Redorte
Sallèles-d'Aude
Badens
Puichéric
Carrrcassonne
01
Trèbes
Lézignan-Corbières
Capendu
Palaja
Bizanet
Fabrezan
Villefloure
Pomas
Bages
Saint-André-de-Roquelongue
Serviès-en-Val
Saint-Laurent-de-la-Cabrerisse
Parc Naturel
Régional de
la Narbonnaise
en Méditerranée
Talairan
Fontjoncouse
Villarrrdebelle
Vignevieille
Durban-Corbières
La Palme
Arrques
Larrroque-de-Fa
Embres-et-Castelmaure
Rennes-les-Bains
Fourtou
Tuchan
Bugarrrach
Soulatgé
Paziols
Cucugnan
Puilaurens

Note Zone

⓪① 卡尔卡松要塞
Ville Fortifiée Historique de Carcassonne

地址：1 Rue Viollet le Duc,11000 Carcassonne
建筑类型：其他建筑
建筑年代：11-13 世纪（其中圣纳泽尔大教堂始建于 1069-1130 年）
开放时间：4 月至 9 月 9:30-18:30，关闭前 30 分钟停止售票；10 月至次年 3 月 9:30-17:00，关闭前 45 分钟停止售票；1 月 1 日、5 月 1 日、7 月 14 日、11 月 1 日、11 月 11 日、12 月 25 日关闭。
票价：全价 8.5 欧元，18 岁至 25 岁 5.5 欧元，团体 6.5 欧元（20 人以上）。

卡尔卡松要塞是欧洲保存最完好、最大的中世纪要塞，被列为世界文化遗产。要塞包括内外双层城墙、52 座塔楼、圣纳泽尔大教堂等建筑。从公元前 6 世纪起，卡尔卡松现在所在的山上就出现了防御性聚落，城堡历经变迁而形态不改，是中世纪要塞城市的杰出典范。卡尔卡松的重要性还在于它较早采用了“修旧如旧”的保护方法，于 19 世纪由法国建筑师维欧勒 · 杜克（Viollet-le-Duc）负责开展。

Rue Jean Racine
Victor Massé
Rue Théophile
Impasse Anna de Noailles
Rue Hector Berlio
du Général Leclerc
Avenue du Général Leclerc
Notre-Dame de l'Abbaye
Caisse d'Épargne
Rue de la Concorde
Rue Trivalle
Vival
Crédit Agricole
Rue Trivalle
Gustave Nadaud
Rue Gustave Nadaud
Montée Gaston Colombiéram
École primaire annexe de l'IUFM Les Troubadours
Carcassonne ESPE/UM2/IDE
Avenue du Général Leclerc
Avenue du
Rue Prosper Esteu
Cerise
Inter Hotel
Hôtel Monmorency
卡尔卡松要塞
Hôtel du Château
Hôtel Mercure Porte de la Cité
Rue Camille Saint-Saens
Rue Louise Miche
Chemin des Anglais
Chemin des Anglais
Chemin des Anglais
Chemin des Anglais
Chemi
Chemin des Anglais

49 东比利牛斯省 Pyrénées-Orientales

建筑数量 - 03

01 佩皮尼昂地中海城市联合体办公楼
多米尼克·佩罗 / Dominique Perrault

02 群岛剧院
让·努韦尔 / Jean Nouvel

03 沃邦堡垒（蒙路易城堡）
沃邦 / Sebastien Prestre Vauban

Opoul-Périllos
Salses-le-Châtea
Tautavel
Lesquerde
Le Vivier
Rasiguères
Estagel
Rivesaltes
Claira
Sournia
Trévillach
Perpignan
02
01
Canet-
Millas
Ille-sur-Têt
Vinça
Thuir
Prades
Bages
Elne
Montauriol
La Bastide
Oms
Le Boulou
Céret
Les Cluses
Amélie-
ur-Tech
Serralongue

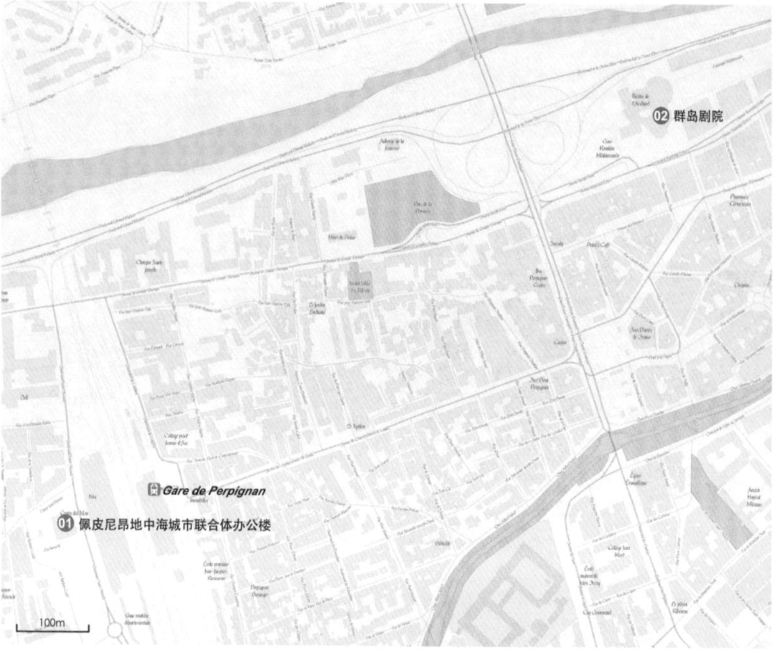

02 群岛剧院

Gare de Perpignan

01 佩皮尼昂地中海城市联合体办公楼

100m

01 佩皮尼昂地中海城市联合体办公楼

Hôtel d'Agglomération Perpignan Méditerranée

建筑师：多米尼克 · 佩罗 / Dominique Perrault
地址：11 Boulevard Saint-Assiscle,66000 Perpignan
建筑类型：办公建筑
建筑年代：2008

02 群岛剧院

Théâtre de l'Archipel

建筑师：让 · 努韦尔 /Jean Nouvel
地址：Avenue du Général Leclerc,66000 Perpignan
建筑类型：观演建筑
建筑年代：2011
备注：演出信息参见 http://www.theatredelarchipel.org/

佩皮尼昂地中海城市联合体办公楼

项目希望容纳佩皮尼昂政府部门的所有工作人员，由于所在片区将建设高速铁路站点，因此建筑形体采用了非常简洁的长方体，以开放通透的形态为人们提供了一处易识别且实用的场地，与地段特征相适应。

群岛剧院

该项目运用戏剧性的色彩体验和不同方向多变的面孔，表达了对传统与流行的态度，并应对了历史问题。建筑 总面积 8200 ㎡，主厅座位可变（600 ～ 1100），次厅 400 座。

Note Zone

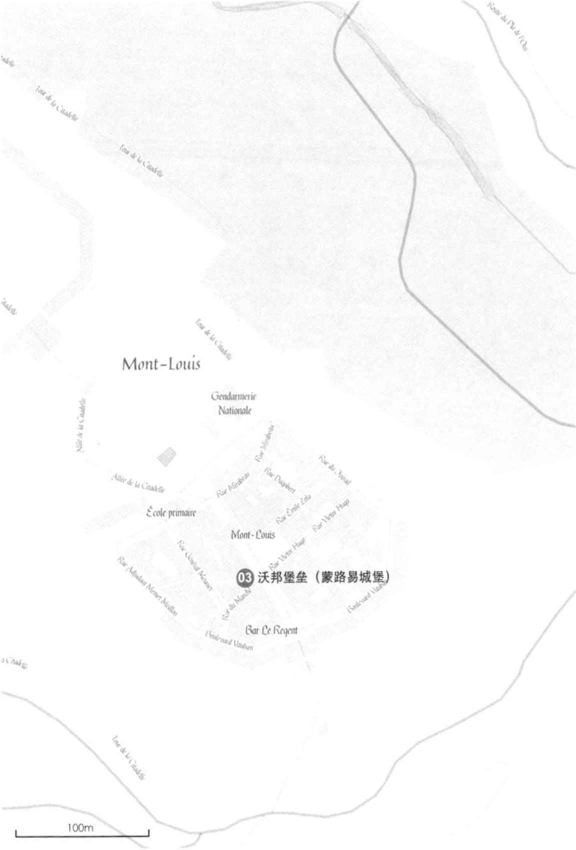

Tour de la Citadelle
Mont-Louis
Gendarmerie Nationale
Allée de la Citadelle
École primaire
Rue Mirabeau
Rue Dagobert
Rue Émile Zola
Rue Victor Hugo
Mont-Louis
03 沃邦堡垒（蒙路易城堡）
Rue du Marché
Boulevard Vauban
Bar Le Regent
100m

沃邦堡垒（蒙路易城堡）

蒙路易城堡坐落于比利牛斯山东部，海拔 1600 米，在花岗岩山石上平地而起，完美地适应了山脉地形。这座城堡作为孔夫朗自由城（Villefranche-de-Conflent）的有力补充，被用于防守比利牛斯山沿线。这座建筑组合体由两座方形构筑物组成，分列在高低不同的山坡台地上，一是一座由耳形堡垒和半月堡组成的城堡，二是一座由城墙包围的新镇。整座城堡的构筑物（包括所有瞭望塔、城门吊桥、教堂、水井）都完好地保存至今，现在仍具有军事意义。

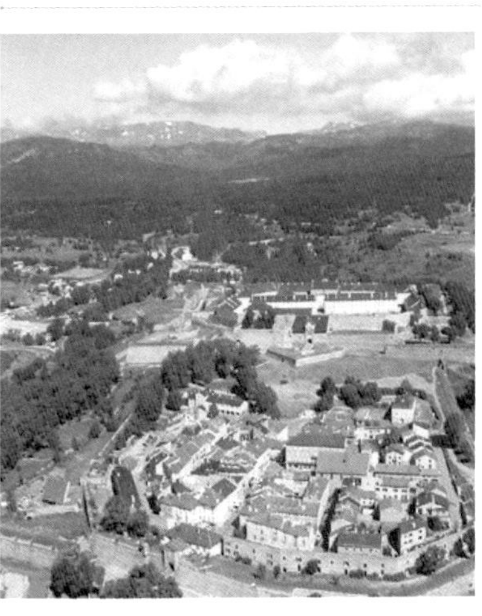

03 沃邦堡垒（蒙路易城堡）
L'enceinte et la citadelle de Mont-Louis

建筑师：沃邦 /Sebastien Prestre Vauban
地址：66210 Mont-Louis
建筑类型：其他建筑
建筑年代：1679-1681

索引·附录 Index \ Appendix

按建筑师索引 Index by Architects

注：建筑师姓名顺序按照法文字母顺序排列。

A

■ Adolf Loos
特里斯唐·查拉住宅 93

■ Adrien Fainsilber
科学与工业城 95
巴黎第十三大学 157

■ Albert Louvet
巴黎大皇宫 109

■ Albert Thomas
巴黎大皇宫 109

■ Aldo Rossi
住宅与邮局 95

■ Alexandre-Gustave Eiffel
埃菲尔铁塔 112

■ Alexandre Maistrasse
蒙马特艺术家之城 93

■ Anatole de Baudot
圣让德蒙马特教堂 93

■ André Le Nôtre
凡尔赛宫及其园林 66
丢勒里花园 115

■ André Lurçat
卡尔·马克思学院 166

■ André Wogenscky
内克尔医院医学院 137

■ Andreï Svetchine
费尔南·莱热国家博物馆 284

■ Anne-Françoise Jumeau
巴黎第六大学朱西厄校区扩建 135

■ Anne Lacaton
Bois-le-Prêtre 大厦改建 90
巴黎东京宫当代艺术中心改建 112

■ Antoinette Robain
国家舞蹈中心(原庞坦市行政中心) 159

■ Armand-Claude Mollet
爱丽舍宫 115

■ Atelier de Montrouge
圆形小图书馆 83

■ Auguste Perret
佩雷大厦 27
勒阿弗尔，奥古斯特·佩雷重建之城 30
勒阿弗尔市政府 30
圣约瑟夫教堂 31
科尔托音乐乐厅 89
香榭丽舍剧院 109
经济社会理事会 112
住宅 117
国立家具博物馆 143
兰西圣母教堂 161

B

■ Bernard Dufournet
巴黎第八大学艺术系 157

■ Bernard Huet
贝西公园 149

■ Bernard Leroy
贝西公园 149

■ Bernard Tschumi
国立当代艺术工作室 18
拉维莱特公园 95

■ Bernard Valéro (Valéro Gadan Architectes)
遗传病研究所 137

■ Bernard Zehrfuss
国家工业与技术中心 75
联合国教科文组织总部 135

■ Bita Azimi
拉特里尼泰儿童日托中心 287

■ Borja Huidobro
法国财政部 148

■ Brendan MacFarlane
码头时尚设计城 148

■ Brunet Saunier
眼科临床研究所 147

■ Bruno Gaudin
夏雷蒂体育场 145

■ Bruno Legrand
希望教会圣母教堂 147

C

■ Carlos Ott
巴士底歌剧院 147

■ Charles Girault
巴黎小皇宫 109
巴黎大皇宫 109

■ Cassien Bernard
亚历山大三世桥 113

■ Christian de Portzamparc
里昂信贷银行 20
巴黎歌剧院舞蹈学院 73
Canal+ 电视台办公楼 81
布依格房地产公司总部 81
音乐城（西区，巴黎音乐与舞蹈学院）......98
音乐城（东区）......98
巴黎会议中心扩建 103
凯旋门万丽酒店 108
埃里克 · 萨蒂音乐学院 113
波布咖啡馆 127
布尔代勒美术馆扩建 138
高层住宅 151
Verte 水塔 177
Les Champs Libres 文化综合体 191
罗讷 - 阿尔卑斯大区政府 254
格拉斯高等法院 284
Lironde 花园 297

■ Christian Hauvette
路易 · 卢米埃尔国立高等学校 179
布列塔尼地区审计法院 189

■ Christine Schnitzler
大西洋花园 139

■ Christophe Lab (Atelier Lab)
Atelier Lab 建筑事务所 98

■ Claire Guieysse
国家舞蹈中心（原庞坦市行政中心）......159

■ Clara Halter
和平墙 112

■ Claude Mollet
丢勒里花园 115

■ Claude-Nicolas Ledoux
阿尔克 - 塞南皇家盐场 241

■ Claude Parent
Drusch 住宅 64
巴黎国际大学城阿维森纳基金会（前伊朗公寓）......144

■ Colin Biart
布卢瓦城堡 225

■ Craig Dykers
地中海神经生物学研究所 308

D

■ Daniel Buren
巴黎皇家宫殿 126

■ David Chipperfield
巴黎高等商业研修学院扩建 68

■ David Trottin
巴黎第六大学朱西厄校区扩建 135

■ Denis Valode
贝西商业中心 153

■ Dietmar Feichtinger
波伏娃步行桥 149

■ Domenico da Cortona
香堡 225

■ Dominique Alba
Esplanade 中心 41

■ Dominique de Cortona
布卢瓦城堡 225

■ Dominique Jakob
码头时尚设计城 148

■ Dominique Perrault
里尔综合体 20
欧尼士办公楼 20
鲁昂体育馆 33
北方钢铁联合公司会议中心 61
凡尔赛宫杜福尔馆改建 66
路易斯·卢米埃尔住宅 69
办公楼 80
科学与工业城大温室 95
法国国家图书馆 149
让 - 巴蒂斯特·伯林纳工业旅馆 153
SAGEP 水处理厂......165
电气及电子工程大学 179
高等教育图书技术中心 179
阿普克利斯工厂......207
Caps Horniers 住宅 209
露西·奥布拉克媒体图书馆 255
阿尔比大剧院 291
佩皮尼昂地中海城市联合体办公楼 326

■ Doriana Fuksas
里昂岛住宅综合体 254
Georges Frêche 酒店管理学校 298

E

■ Édouard Albert
巴黎第六大学朱西厄校区科学系馆 135
巴黎第六大学朱西厄校区扩建 135

■ Edouard François
索叙尔花园 89
富凯酒店 109

■ Édouard-Jean Niermans
皮托市政府 77

■ Emile Aillaud
库尔蒂利耶住宅 159

■ Emmanuel Héré de Corny
斯坦尼斯拉斯广场 50
卡里埃勒广场 51
阿莱昂斯广场 51

■ Emmanuelle Marin

■ Eugène Beaudouin
人民之家商场 73
蒙帕纳斯大厦 138

F

■ Finn Geipel
巴黎建筑与城市博物馆 133

■ Florence Lipsky
科学图书馆 195

■ Francois Jullien
阿海珐大厦 73
道达尔大厦 75

■ Francis Soler
法国文化与通讯部 126

■ Franck Hammoutène
五旬节圣母教堂 75
古腾堡图书馆 121
马赛市政厅扩建 307

■ Franck Michigan
市政厅百货公司男士馆 133

■ Frank Gehry
路易·威登创意基金会 103
法国电影中心 149
迪士尼乐园综合体 176

■ Frantz Jourdain
莎玛丽丹百货公司 127

■ François Brun
大西洋花园 139

■ François Christiane Deslaugiers
蒙马特缆车站 93

■ François Fontès
蒙彼利埃新市政厅 297

■ François Mansart
布卢瓦城堡 225

■ François Spoerry

格里莫港 311

■ Françoise-Hélène Jourda
里昂建筑学校 251

■ Frédéric Borel
幼儿园 98
社会住宅 101

■ Frédéric Druot
Bois-le-Prêtre 大厦改建 90

■ Frédéric Gadan (Valéro Gadan Architectes)
遗传病研究所 137

G

■ Gae Aulenti
奥赛博物馆 115

■ Gaston Cousin
亚历山大三世桥 113

■ Georges Chedanne
"巴黎人"住宅 126

■ Georges-Henri Pingusson
犹太人纪念馆 133

■ Gilles Perraudin
里昂建筑学校 251

■ Giulia Andi (LIN)
巴黎建筑与城市博物馆 133

■ Graham Stirk
圣埃尔布兰商业中心 207
马赛国际机场扩建 305

■ Guillaume Cammas
图卢兹市政厅 318

■ Guillaume Gillet
鲁瓦扬圣母教堂 247

■ Gustave Perret
科尔托音乐厅 89
住宅 117

■ Guy Lagneau
马尔罗博物馆 31

H

■ Hector Guimard
贝朗榭公寓 118

■ Henri Ciriani
第一次世界大战博物馆 27
Cour d'Angle 住宅 157
婴儿护理中心 179
阿尔勒斯历史博物馆 303

■ Henri Deglane
巴黎大皇宫 109

■ Henri Gaudin
夏雷蒂体育场 145

■ Henri Sauvage
莎玛丽丹百货公司 127
Sportive 住宅 141

■ Henry Bernard
法国广播电台大楼 119

■ Henry Provensal
蒙马特艺术家之城 93

■ Henry van de Velde
香榭丽舍剧院 109

I

■ Ian Le Caisne
贝西公园 149

■ I.M.Pei(贝律铭)
卢浮宫新馆 126

■ Imrey Culbert
卢浮宫朗斯分馆 14

■ Ivan Harbour
圣埃尔布兰商业中心 207
马赛国际机场扩建 305

J

■ Jacques Depussé
创新大厦 77

■ Jacques Dubois
法国国际香料香精化妆品高等学院扩建 65

■ Jacques-Germain Soufflot
先贤祠 131

■ Jacques Herzog (Herzog & de Meuron)
社会住宅 137
利口乐欧洲工厂......203
Rudin 住宅 203
Antipodes 学生公寓 229

■ Jacques Kalisz
国家舞蹈中心（原庞坦市行政中心）......159

■ Jacques Lemercier
巴黎皇家宫殿 126

■ Jacques Moussafir
巴黎第八大学艺术系 157

■ Jacques Sourdeau
布卢瓦城堡 225

■ Jean-Baptiste Rondelet
先贤祠 131

■ Jean de Chelles
巴黎圣母院 131

■ Jean de Gastines
蓬皮杜中心梅斯分馆 54

■ Jean de Louvres
阿维尼翁教皇宫 281

■ Jean de Mailly
国家工业与技术中心 75
创新大厦 77

■ Jean Dimitrijevic
马尔罗博物馆 31

■ Jean-François-Thérèse Chalgrin
巴黎凯旋门 108

■ Jean-Marc Ibos
里尔美术馆扩建 21

■ Jean-Marie Charpentier
圣拉扎雷地铁站 117

■ Jean-Michel Wilmotte
和平墙 112

■ Jean Nouvel
“自然之城”博物馆 14
里尔购物中心 20
莱班德码头水上运动中心 31
Esplanade 中心 41
国家科学与信息技术研究院 51
地平线大厦 80
达尔凯办公楼 82
布朗利河岸博物馆 112
广告博物馆（室内）......126
克劳德・贝黎空间改造 133
阿拉伯世界研究中心 135
遗传病研究所 137
卡地亚基金会 141
ONYX 文化中心 207
南特司法大厦 209
Vinci 会议中心 218
里昂歌剧院 253
Contre Plongée 住宅 258
松林住宅 260
圣詹姆斯酒店 261
尼姆社会住宅 274
Costa Plana 度假村 287
RBC 设计中心 297
蒙彼利埃新市政厅 297
群岛剧院 326

■ Jean-Patrice Calori
拉特里尼泰儿童日托中心 287

■ Jean-Paul Morel
天顶音乐厅 95
国立路桥学院和国立地理科学学院 179

■ Jean Perrottet
国家舞蹈中心（原庞坦市行政中心）......159

■ Jean-Philippe Vassal
Bois-le-Prêtre 大厦改建 90
巴黎东京宫当代艺术中心改建 112

■ Jean-Pierre Buffi
"北山"办公楼 75

■ Jean-Pierre Feugas
贝西公园 149

■ Jean Pistre
贝西商业中心 153

■ Jean Ravy
巴黎圣母院 131

■ Jean Renaudie
公园城集合住宅 165
爱因斯坦学校 165
集合住宅 255

■ Jean Résal
亚历山大三世桥 113

■ Jean Willerval
里尔法院 19

■ Johann Otto von Spreckelsen
拉德芳斯新凯旋门 73

■ Josep Lluís Sert
梅格基金会 285

■ Jules Hardouin-Mansart
塔乌宫 47
凡尔赛宫及其园林 66
荣誉军人院 113

■ Jules La Morandière
布卢瓦城堡 225

■ Jules Lavirotte
151 号住宅 113

K

■ Kazuyo Sejima
罗浮宫朗斯分馆 14

■ Kenzō Tange/ 丹下健三
Grand Écran Italie 综合体 143
亚洲艺术博物馆 285

■ Kevin Roche
布依格集团总部 67
布依格 SA 公司办公楼 108

■ Kisho Kurokawa / 黑川纪章
日本桥 74
太平洋大厦 74

■ Kjetil Thorsen (Snøhetta)
地中海神经生物学研究所 308

L

■ Laurent Duport (C+D architecture)
RBC 设计中心 297

■ Le Corbusier
萨伏依别墅 60
圣库鲁的周末住宅 64
乔尔乌住宅 76
斯坦恩 • 杜蒙齐住宅（加歇别墅）......77
贝司纽住宅 78
库克住宅 79
里普希茨 - 米斯查尼诺夫住宅 79
拉罗歇 - 让纳雷住宅 118
出租公寓 123
画家奥赞方住宅 141
巴黎救世军人民宫宿舍 143
巴黎大学城瑞士馆 144
巴黎大学城巴西馆 145
普兰纳库斯住宅 151
南特布里埃森林公寓 209
朗香教堂 232
赛科斯住宅 247
拉图雷特修道院 250
弗吕日佩萨克居住区 262
勒 • 柯布西耶的小屋 287
露营公寓 287
马赛公寓 308

■ Léon Besnard
蒙马特艺术家之城 93

■ Liberal Bruant
荣誉军人院 113

■ Louis-Gabriel de Hoÿm de Marien

蒙帕纳斯大厦 138

■ Louis Le Vau
凡尔赛宫及其园林 66

M

■ Madeleine Ferrand
贝西公园 149

■ Manuelle Gautrand
雪铁龙空间 109

■ Manuel Núñez Yanowsky
毕加索集合住宅 161

■ Marc Botineau
拉特里尼泰儿童日托中心 287

■ Marc Mimram
利奥波德·塞达·桑戈尔行人桥 115

■ Marcel Breuer
联合国教科文组织总部 135

■ Marcel Lods
人民之家商场 73

■ Marianne Buffi
"北山"办公楼 75

■ Mario Botta
埃夫里复活大教堂 173

■ Martin Duplantier
巴黎高等商业研修学院扩建 68

■ Massimiliano Fuksas
里昂岛住宅综合体 254
艺术大厦 263
Georges Frêche 酒店管理学校 298

■ Mia Hägg
Contre Plongée 住宅 258
松林住宅 260

■ Michel Andrault
法国兴业银行大厦 74
Totem 大厦 119
巴黎贝西综合体育馆 149

皮埃尔·孟戴斯 - 弗朗斯学生公寓 151

■ Michel Kagan
艺术家之城 121

■ Michel Pena
大西洋花园 139

■ Michel Weill (Atelier LWD)
马尔罗博物馆 31

■ Michele Saee
碧丽熙购物中心 108

■ Myrto Vitart
里尔美术馆扩建 21

N

■ Nathalie Franck
Groupe Scolaire Nuyens 学校改扩建 259

■ Nicolas Crégut (C+D architecture)
RBC 设计中心 297

■ Nicolas Michelin
新国防部大楼 121

■ Norman Foster (Foster + Partners)
法兰西大道办公楼 153
法国电力公司地区总部 262
"艺术方屋" 277
马赛老港 307
阿尔贝·加缪公立中学 311

O

■ Olivier Saguez
市政厅百货公司男士馆 133

■ OMA
皮拉内西空间 19
里尔文化中心 21
达尔雅瓦别墅 78
Lemoine 住宅 261

■ Oscar Niemeyer
勒阿弗尔文化中心 31
共产党总部 103

P

■ Pascal Rollet
科学图书馆 195

■ Pascale Guédot
皮埃蒙特 · 奥洛龙媒体图书馆 315

■ Patrick Berger
雪铁龙公园 121
大温室 121
艺术桥商业长廊 147
布列塔尼建筑学校 189

■ Paul Abadie
圣心堂 93

■ Paul Andreu
戴高乐机场 57
拉德芳斯新凯旋门 73

■ Paul Chemetov
法国财政部 148

■ Philippe Ameller
法国国际香料香精化妆品高等学院扩建 65

■ Philippe Chaix
天顶音乐厅 95
国立路桥学院和国立地理科学学院 179

■ Philippe Gazeau
Léon Biancotto 体育馆扩建 89

■ Philippe Raguin
贝西公园 149

■ Philippe Roux
Esplanade 中心 41

■ Pier-Luigi Nervi
联合国教科文组织总部 135

■ Pierre Bossan
富维耶圣母院 253

■ Pierre Chican
UGC 贝西电影城 153

■ Pierre de Meuron (Herzog & de Meuron)
社会住宅 137
利口乐欧洲工厂......203
Rudin 住宅 203
Antipodes 学生公寓 229

■ Pierre de Montreuil
巴黎圣母院 131

■ Pierre Dufau
巴黎体育馆 122
克雷泰伊市政厅 167

■ Pierre Parat
法国兴业银行大厦 74
Totem 大厦 119
巴黎贝西综合体育馆 149
皮埃尔·孟戴斯 - 弗朗斯学生公寓 151

■ Pierre Poisson
阿维尼翁教皇宫 281

■ Pierre Puccinelli
住宅 101

■ Pierre Riboulet
罗伯特 · 德勃雷医院 101

R

■ Renaud de la Noue
爱尔莎 · 特奥莱学院 157

■ Renzo Piano (Renzo Piano Building Workshop)
汤姆森光学仪器厂......69
斯伦贝谢厂区改造 82
百代唱片法国总部 90
缪克斯路住宅 98
布朗库西工作室重建 127
蓬皮杜艺术中心 127
声乐研究所 127
贝西第二购物中心 165
朗香圣克莱尔修道院 232
里昂国际城 251

■ Ricardo Bofill
巴洛克风格社会住宅 139

■ Ricardo Porro
爱尔莎·特奥莱学院 157

■ Richard Meier
Canal+ 电视台前总部 121
法国电信公司办公楼 159
Espace Pitôt 住宅 294

■ Richard Rogers
蓬皮杜艺术中心 127
声乐研究所 127
欧洲人权法院 185
波尔多司法大厦 259
圣埃尔布兰商业中心 207
马赛国际机场扩建 305

■ Robert Camelot
国家工业与技术中心 75

■ Robert de Cotte
塔乌宫 47

■ Robert Venturi（VSBA）
上加龙省议会大厦 319

■ Roger Anger
住宅 101

■ Roger Bouvard
香榭丽舍剧院 109

■ Roger Saubot
阿海珐大厦 73
道达尔大厦 75

■ Roger Taillibert
王子公园体育场 123

■ Roland Simounet
北部省现代艺术馆 22
毕加索博物馆 133
内穆尔史前文明博物馆 181

■ Rudy Ricciotti
黑旗剧院 305

■ Ryue Nishizawa / 西泽立卫（SANAA）
罗浮宫朗斯分馆 14

S

■ Sandrine Forais
Contre Plongée 住宅 258
松林住宅 260

■ Sébastien Le Prestre de Vauban
沃邦堡垒（贝桑松城堡） 241
沃邦堡垒（布里扬松城堡、要塞和阿斯菲尔德桥） 270
沃邦堡垒（蒙多凡城堡） 271

■ Sebastien Prestre Vauban
沃邦堡垒（圣马丹德雷城堡） 246
沃邦堡垒（蒙路易城堡） 327

■ Shigeru Ban/ 坂茂
卢森堡博物馆加建 131
Mul(ti)House 住宅 202
勃艮第运河博物馆 228
蓬皮杜中心梅斯分馆 54

■ Steven Holl
“海洋与冲浪之城”博物馆 315

T

■ Tadao Ando / 安藤忠雄
UNESCO 总部冥想空间 135
Coste 酒庄游客中心 304

■ Toyo Ito / 伊东丰雄
哥纳克·珍医院 122

U

■ Urbain Cassan
蒙帕纳斯大厦 138

V

■ Victor Laloux
奥赛博物馆 115

■ Victor Louis
巴黎皇家宫殿 126

■ Viollet-le-Duc
巴黎圣母院 131

W

■ WZMH Architects
阿海珐大厦 73
道达尔大厦 75

Y

■ Yves Ballot
Groupe Scolaire Nuyens 学校改扩建 259

Z

■ Zaha Hadid
奥内姆北站 185
Pierres Vives 办公楼 294
CMA-CGM 总部 307

其他

里尔旧城 21
亚眠大教堂 26
鲁昂老城区 33
鲁昂主教座堂 33
圣米歇尔山及其海湾 37
翁夫勒 40
法莱斯城堡 42
兰斯圣母大教堂 47
兰斯圣雷米修道院 47
现代艺术与技术国际博览会旧址 117
卢浮宫 126
巴黎塞纳河畔 131
沙特尔主教座堂 170
普罗万城 181
枫丹白露宫 181
斯特拉斯堡大岛 185
斯特拉斯堡主教座堂 185
圣马洛城墙 188
富热尔城堡 188
卢瓦河畔苏利城堡 195
韦兹莱教堂和山丘 198
科尔马旧城 202
布列塔尼公爵城堡 209
昂热城堡 212
布里萨克城堡 213
索米尔城堡 213
布雷泽城堡 215
丰特莱修道院 215
昂布瓦斯城堡 218
维朗德里城堡和花园 219
朗热城堡 219
阿泽勒丽多城堡 221
希侬城堡 221
洛什王家旧城 221
雪瓦尼领地 225
丰特莱的西多会修道院 228
第戎旧城 229
瓦朗塞城堡 235
布尔日大教堂 237
圣塞文 - 梭尔 - 加尔坦佩教堂 243
拉罗歇尔旧港 246
里昂老城 253
里昂主教座堂 253
佩贝朗塔 258
波尔多月亮港 260
拉索夫修道院废墟 263
圣朱利安大教堂 266
艾古力圣弥额尔礼拜堂 266
勒皮主教座堂 267
加德桥 274
尼姆竞技场 275
方形神殿 276
奥朗日古罗马剧场 279
阿维尼翁历史中心：教皇宫、主教圣堂和阿维尼翁桥（又名“圣贝内泽桥”）......280
阿尔比主教座堂 291
贝尔比宫 291
阿尔比市的主教旧城 291
普罗旺斯地区的莱博 303
阿尔勒竞技场 303
阿尔勒城的古罗马建筑 303
Coste 酒店 304
“篓筐”老城 307
马赛圣维克多修道院 307
卡尔卡松要塞 322

按建筑功能索引 Index by Function

注：根据建筑的不同性质，本书收录的建筑被分成文化建筑、体育建筑、商业建筑、科教建筑、居住建筑、办公建筑、宗教建筑、交通建筑、观演建筑、市政建筑、宾馆建筑、医疗建筑、工业建筑、其他建筑、特色片区等 15 种类型

文化建筑

卢浮宫朗斯分馆 14
“自然之城”博物馆 14
国立当代艺术工作室 18
里尔美术馆扩建 21
里尔文化中心 21
北部省现代艺术馆 22
第一次世界大战博物馆 27
勒阿弗尔文化中心 31
马尔罗博物馆 31
蓬皮杜中心梅斯分馆 54
凡尔赛宫杜福尔馆改建 66
圆形小图书馆 83
科学与工业城大温室 95
音乐城（东区） 98
路易 · 威登创意基金会 103
巴黎大皇宫 109
巴黎小皇宫 109
巴黎东京宫当代艺术中心改建 112
布朗利河岸博物馆 112
埃里克 · 萨蒂音乐学院 113
奥赛博物馆 115
圣拉扎雷地铁站 117
古腾堡图书馆 121
广告博物馆（室内） 126
卢浮宫新馆 126
卢浮宫 126
布朗库西工作室重建 127
蓬皮杜艺术中心 127
卢森堡博物馆加建 131
克劳德 · 贝黎空间改造 133
毕加索博物馆 133
犹太人纪念馆 133
巴黎建筑与城市博物馆 133
阿拉伯世界研究中心 135
布尔代勒美术馆扩建 138
卡地亚基金会 141
国立家具博物馆 143
艺术桥商业长廊 147
码头时尚设计城 148
法国电影中心 149
法国国家图书馆 149
国家舞蹈中心（原庞坦市行政中心） 159
高等教育图书技术中心 179
内穆尔史前文明博物馆 181
科学图书馆 195
ONYX 文化中心 207
勃艮第运河博物馆 228
露西 · 奥布拉克媒体图书馆 262
艺术大厦 263
“艺术方屋” 277
费尔南 • 莱热国家博物馆 284
梅格基金会 285
亚洲艺术博物馆 285
阿尔勒斯历史博物馆 303
“海洋与冲浪之城”博物馆 315
皮埃蒙特 · 奥洛龙媒体图书馆 314

体育建筑

莱班德码头水上运动中心 31
鲁昂体育馆 33
Léon Biancotto 体育馆扩建 89
巴黎体育馆 122
王子公园体育场 123
夏雷蒂体育场 145
巴黎贝西综合体育馆 149

商业建筑

里尔综合体 20
里尔购物中心 20
人民之家商场 73
碧丽熙购物中心 108

雪铁龙空间 109
莎玛丽丹百货公司 127
波布咖啡馆 127
市政厅百货公司男士馆 133
Grand Écran Italie 综合体 143
贝西商业中心 153
UGC 贝西电影城 153
贝西第二购物中心 165
迪士尼乐园综合体 176
Les Champs Libres 文化综合体 191
圣埃尔布兰商业中心 207
Costa Plana 度假村 287
Coste 酒庄游客中心 304

科教建筑

法国国际香料香精化妆品高等学院扩建 65
巴黎高等商业研修学院扩建 68
汤姆森光学仪器厂......69
巴黎歌剧院舞蹈学院 73
斯伦贝谢厂区改造 82
科学与工业城 95
音乐城（西区，巴黎音乐与舞蹈学院）......98
幼儿园 98
声乐研究所 127
巴黎第六大学朱西厄校区科学系馆 135
巴黎第六大学朱西厄校区扩建 135
内克尔医院医学院 137
巴黎塞纳河谷国立高等建筑学校 153
巴黎第十三大学 157
巴黎第八大学艺术系 157
爱尔莎 · 特奥莱学院 157
爱因斯坦学校 165
卡尔 · 马克思学院 166
路易 · 卢米埃尔国立高等学校 179
电气及电子工程大学 179
国立路桥学院和国立地理科学学院 179
布列塔尼建筑学校 189
里昂建筑学校 251
Groupe Scolaire Nuyens 学校改扩建 259
拉特里尼泰儿童日托中心 287
Georges Frêche 酒店管理学校 298
地中海神经生物学研究所 308
阿尔贝 · 加缪公立中学 311

居住建筑

萨伏依别墅 60
圣库鲁的周末住宅 64
Drusch 住宅 64
路易斯 · 卢米埃尔住宅 69
乔尔乌住宅 76
斯坦恩 • 杜蒙齐住宅（加歇别墅）......77
贝司纽住宅 78
达尔雅瓦别墅 78
库克住宅 79
里普希茨 - 米斯查尼诺夫住宅 79
索叙尔花园 89
Bois-le-Prêtre 大厦改建 90
蒙马特艺术家之城 93
特里斯唐 · 查拉住宅 93
住宅与邮局 95
缪克斯路住宅 98
社会住宅 101
住宅 101
151 号住宅 113
住宅 117
拉罗歇 - 让纳雷住宅 118
贝朗榭公寓 118
Totem 大厦 119

艺术家之城 121
出租公寓 123
“巴黎人”住宅 126
社会住宅 137
巴洛克风格社会住宅 139
Sportive 住宅 141
画家奥赞方住宅 141
巴黎救世军人“民宫”宿舍 143
巴黎国际大学城阿维森纳基金会（前伊朗公寓）......144
巴黎大学城瑞士馆 144
巴黎大学城巴西馆 145
高层住宅 151
皮埃尔·孟戴斯 - 弗朗斯学生公寓 151
普兰纳库斯住宅 151
Cour d'Angle 住宅 157
库尔蒂利耶住宅 159
毕加索集合住宅 161
公园城集合住宅 165
Mul(ti)House 住宅 202
Rudin 住宅 203
Caps Horniers 住宅 209
南特布里埃森林公寓 209
Antipodes 学生公寓 229
赛科斯住宅 247
里昂岛住宅综合体 254
集合住宅 255
Contre Plongée 住宅 258
松林住宅 260
Lemoine 住宅 261
弗吕日佩萨克居住区 262
尼姆社会住宅 274
勒·柯布西耶的小屋 287
露营公寓 287
Espace Pitôt 住宅 294
马赛公寓 308

办公建筑

里尔法院 19
里昂信贷银行 20
欧尼士办公楼 20
佩雷大厦 27
勒阿弗尔市政厅 30
Esplanade 中心 41
国家科学与信息技术研究院 51
北方钢铁联合公司会议中心 61
布依格集团总部 67
拉德芳斯新凯旋门 73
阿海珐大厦 73
法国兴业银行大厦 74
太平洋大厦 74
“北山”办公楼 75
国家工业与技术中心 75
道达尔大厦 75
创新大厦 77
皮托市政府 77
办公楼 80
地平线大厦 80
Canal+ 电视台办公楼 81
布依格房地产公司总部 81
达尔凯办公楼 82
百代唱片法国总部 90
Atelier Lab 建筑事务所 98
共产党总部 103
巴黎会议中心扩建 103
布依格 SA 公司办公楼 108
经济社会理事会 112
爱丽舍宫 115
法国广播电台大楼 119
Canal+ 电视台前总部 121
新国防部大楼 121
法国文化与通讯部 126
联合国教科文组织总部 135
遗传病研究所 137

蒙帕纳斯大厦 138
眼科临床研究所 147
法国财政部 148
法兰西大道办公楼 153
让 - 巴蒂斯特 · 伯林纳工业旅馆 153
法国电信公司办公楼 159
克雷泰伊市政厅 167
欧洲人权法院 185
布列塔尼地区审计法院 189
南特司法大厦 209
Vinci 会议中心 218
罗讷 - 阿尔卑斯大区政府 254
波尔多司法大厦 259
法国电力公司地区总部 262
格拉斯高等法院 284
Pierres Vives 办公楼 294
RBC 设计中心 297
蒙彼利埃新市政厅 297
CMA-CGM 总部 307
马赛市政厅扩建 307
图卢兹市政厅 318
上加龙省议会大厦 319
佩皮尼昂地中海城市联合体办公楼 326

宗教建筑

亚眠大教堂 26
圣约瑟夫教堂 31
鲁昂主教座堂 33
圣米歇尔山及其海湾 37
兰斯圣母大教堂 47
兰斯圣雷米修道院 47
五旬节圣母教堂 75
圣让德蒙马特教堂 93
圣心堂 93
巴黎圣母院 131
希望教会圣母教堂 147
兰西圣母教堂 161
沙特尔主教座堂 170
埃夫里复活大教堂 173
斯特拉斯堡主教座堂 185
韦兹莱教堂和山丘 198
丰特莱修道院 215
丰特莱的西多会修道院 228
朗香教堂 232
朗香圣克莱尔修道院 232
布尔日大教堂 237
圣塞文 - 梭尔 - 加尔坦佩教堂 243
鲁瓦扬圣母教堂 247
拉图雷特修道院 250
富维耶圣母院 253
里昂主教座堂 253
拉索夫修道院废墟 263
圣朱利安大教堂 266
艾古力圣弥额尔礼拜堂 266
勒皮主教座堂 267
方形神殿 276
阿尔比主教座堂 291
马赛圣维克多修道院 307

交通建筑

皮拉内西空间 19
戴高乐机场 57
日本桥 74
蒙马特缆车站 93
亚历山大三世桥 113
利奥波德 · 塞达 · 桑戈尔行人桥 115
波伏娃步行桥 149
奥内姆北站 185
加德桥 274
马赛国际机场扩建 305

观演建筑

科尔托音乐厅 89
天顶音乐厅 95
香榭丽舍剧院 109
巴士底歌剧院 147
里昂歌剧院 253
阿尔比大剧院 291
黑旗剧院 305
群岛剧院 326

市政建筑

SAGEP 水处理厂......165
Verte 水塔 177

宾馆建筑

凯旋门万丽酒店 108
富凯酒店 109
圣詹姆斯酒店 261

医疗建筑

罗伯特·德勃雷医院 101
哥纳克·珍医院 122
婴儿护理中心 179

工业建筑

利口乐欧洲工厂......203
阿普克利斯工厂......207

其他建筑

法莱斯城堡 42
塔乌宫 47
凡尔赛宫及其园林 66
巴黎凯旋门 108
埃菲尔铁塔 112
和平墙 112
荣誉军人院 113
大温室 121
巴黎皇家宫殿 126
先贤祠 131
UNESCO 总部冥想空间 135
枫丹白露宫 181
圣马洛城墙 188
富热尔城堡 188
卢瓦河畔苏利城堡 195
布列塔尼公爵城堡 209
昂热城堡 212
布里萨克城堡 213
索米尔城堡 213
布雷泽城堡 215
昂布瓦斯城堡 218
维朗德里城堡和花园 219
朗热城堡 219
阿泽勒丽多城堡 221
希侬城堡 221
香堡 225
布卢瓦城堡 225
雪瓦尼领地 225
瓦朗塞城堡 235
沃邦堡垒（贝桑松城堡）......241
阿尔克 - 塞南皇家盐场 241
沃邦堡垒（圣马丹德雷城堡）......246
佩贝朗塔 258
沃邦堡垒（布里扬松城堡、要塞和阿斯菲尔德桥）......270
沃邦堡垒（蒙多凡城堡）......271
尼姆竞技场 275
奥朗日古罗马剧场 279
阿维尼翁教皇宫 281

贝尔比宫 291
阿尔勒竞技场 303
阿尔勒城的古罗马建筑 303
卡尔卡松要塞 322
沃邦堡垒（蒙路易城堡）......327
普罗旺斯地区的莱博 303
Coste 酒庄 304
“篓筐”老城 307
马赛老港 307
格里莫港 311

特色片区

里尔旧城 21
勒阿弗尔，奥古斯特 • 佩雷重建之城 30
鲁昂老城区 33
翁夫勒 40
斯坦尼斯拉斯广场 50
卡里埃勒广场 51
阿莱昂斯广场 51
拉维莱特公园 95
丢勒里花园 115
现代艺术与技术国际博览会旧址 117
雪铁龙公园 121
巴黎塞纳河畔 131
大西洋花园 139
贝西公园 149
普罗万城 181
斯特拉斯堡大岛 185
科尔马旧城 202
洛什王家旧城 221
第戎旧城 229
拉罗歇尔旧港 246
里昂国际城 251
里昂老城 253
波尔多月亮港 260
阿维尼翁历史中心：教皇宫、主教圣堂和阿维尼翁桥（又名“圣贝内泽桥”）......280
阿尔比市的主教旧城 291
Lironde 花园 297

图片出处 Picture Resources

注：未注明出处的图片均为作者本人及友人拍摄。所有来自维基百科的图片均遵守Creative Commons协议。

加莱海峡省 /Pas-de-Calais

01 http://www.traveleditions.co.uk/images/0/0/DT%20LOUVRE%20LILLE%2032212458%20web.jpg
02 http://imgec.trivago.com/uploadimages/35/80/3580581_l.jpeg

北部省 /Nord（需根据需要调整顺序）

01 http://fr.wikipedia.org/wiki/Le_Fresnoy#/media/File:Tourcoing_le_fresnoy.jpg
02 http://upload.wikimedia.org/wikipedia/commons/7/72/Lille_Palais_de_justice.jpg
03 http://www.worldarchitecturemap.org/buildings/espace-piranesien
04 Christian de Portzamparc 事务所提供，© Nicolas-Borel
05 http://www.businessimmo.com/system/datas/39296/original/lilleregionnordpasdecalaisbureaux.jpg?1369209780
06 http://www.building butler.com/linages/gallery/large/building-pacades-5475-22817.jpg
07 https://www.reim.bnpparibas.fr/reim/fr/actualite-presse/actualites/scpi-nouvelle-acquisition-pour-bnp-paribas-reim-france-onix-a-lille-69-p_21307
08 http://en.wikipedia.org/wiki/Lille#/media/File:Lille_vue_gd_place.JPG
09 http://www.musenor.com/Les-Musees/Lille-Palais-des-Beaux-Arts
10http://www.kizomba-connection.com/lieux-locations
11 https://myfavoritelist.wordpress.com/2012/12/30/visit-lille-lam-museum/

索姆省 /Somme

01 http://fr.wikipedia.org/wiki/Cath%C3%A9drale_Notre-Dame_d%27Amiens#/media/File:0_Amiens_-_Cath%C3%A9drale_Notre-Dame_(1).JPG
02 http://fr.wikipedia.org/wiki/Tour_Perret_%28Amiens%29#/media/File:Tour_Perret_amiens.jpg
03 http://fr.wikipedia.org/wiki/Historial_de_la_Grande_Guerre#/media/File:P%C3%A9ronne_foss%C3%A9_du_ch%C3%A2teau_avec_vue_vers_%C3%A9glise.jpg

滨海塞纳省 /Seine-Maritime

01 http://fr.wikipedia.org/wiki/Centre-ville_reconstruit_du_Havre#/media/File:LeHavre.jpg
02 http://fr.wikipedia.org/wiki/H%C3%B4tel_de_ville_du_Havre#/media/File:LehavrePlaceHoteldeVille.jpg
03 http://www.clubprescrire.com/eprescrire/102/
04 http://p4.storage.canalblog.com/44/74/330210/17958745.jpg
05 http://fr.wikipedia.org/wiki/Mus%C3%A9e_d'art_moderne_Andr%C3%A9-Malraux#/media/File:La_havre_muma.JPG
06 http://www.unebellejournee-abeautifulday.fr/villes/le-havre/a-deux-pas-du-centre/les-bains-des-docks
07 http://fr.wikipedia.org/wiki/Palais_des_sports_de_Rouen#/media/File:2013_Palais_des_sports_de_Rouen_Kindarena.JPG
08 https://fr.wikipedia.org/wiki/Rouen#/media/File:Normandie_Seine_Rouen2_tango7174.jpg
09 http://fr.wikipedia.org/wiki/Cath%C3%A9drale_Notre-Dame_de_Rouen#/media/File:Rouen_Cathedral_as_seen_from_Gros_Horloge_140215_4.jpg

芒什省 /Manche

01 https://commons.wikimedia.org/wiki/File:Mont_St_Michel_3,_Brittany,_France_-_July_2011.jpg

卡尔瓦多斯省 /Calvados

01 http://fr.wikipedia.org/wiki/Honfleur#/media/File:France_Calvados_Honfleur_port2.jpg
02 http://thbz.org/images/france/herouville/direction2.jpg

03 https://fr.wikipedia.org/wiki/Ch%C3%A2teau_de_Falaise#/media/File:Chateau-falaise-calvados.jpg

马恩省 /Marne

01 http://en.wikipedia.org/wiki/Reims_Cathedral#/media/File:Reims_Kathedrale.jpg
02 http://zh.wikipedia.org/wiki/%E5%A1%94%E4%B9%8C%E5%AE%AB#/media/File:Palais_du_Tau_et_cath%C3%A9drale.jpg
03 http://fr.wikipedia.org/wiki/Basilique_Saint-Remi_de_Reims#/media/File:West_Fa%C3%A7ade_of_Basilique_Saint-R%C3%A9mi,_Reims_140306_1.jpg

默尔特 - 摩泽尔省 /Meurthe-et-Moselle

01 https://fr.wikipedia.org/wiki/Place_Stanislas#/media/File:Panorama_place_stanislas_nancy_2005-06-15.jpg
02 http://fr.wikipedia.org/wiki/Place_de_la_Carri%C3%A8re#/media/File:Place_Carri%C3%A8re_%2B_Palais_du_Gouverneur.jpg
03 http://fr.wikipedia.org/wiki/Place_d%27Alliance#/media/File:Place_d%27Alliance.jpg
04 https://www.datacite.org/events/datacite-5th-annual-conference-25-26-august-2014-nancy-france.html

摩泽尔省 /Moselle

01 http://en.wikipedia.org/wiki/Centre_Pompidou-Metz#/media/File:Metz_(F)_-_Centre_Pompidou_-_Au%C3%9Fenansicht.jpg

瓦勒德–瓦兹省 /Val-d'Oise

01 https://commons.wikimedia.org/w/index.php?curid=7577431

依夫林省 /Yvelines

01 http://en.wikipedia.org/wiki/Villa_Savoye#/media/File:VillaSavoye.jpg
02 http://www.archi-guide.com/AR/perrault.htm
03 http://40.media.tumblr.com/a2b49b706893af90b696a3f7e125f423/tumblr_mwsgnpYaQF1r9xcmto4_1280.jpg
04 http://media.thethaovanhoa.vn/2010/08/17/17/03/khunglong.JPG
05 http://img.over-blog-kiwi.com/600x600/0/29/31/49/201302/ob_5298d7094c312d10b579dce02e50ae40_exterieur-isipca.jpg
07 http://www.monversailles.com/le-chateau-de-versailles-pourrait-ouvrir-7-jours-sur-7/
08 http://static.seety.pagesjaunes.fr/asset_site_7967130f-7076-4efc-84df-13900a835fbe/3173f128-0a5f-4d25-b5ec-e697f123b36c
09 http://www.hec-junior-conseil.fr/sites/default/files/hec%20batiment.jpg
10 http://www.archi-guide.com/PH/FRA/IDF/GuyanVillaLLoumPe.jpg
11 http://4.bp.blogspot.com/_S5q9lJ6uF2k/Rjl4XDXzaQI/AAAAAAAAACQ/PwQLhZYNJJg/s400/GuyanThalesPi.jpg

上塞纳省 /Haute-de-Seine

01 http://fr.wikipedia.org/wiki/Maison_du_Peuple_de_Clichy#/media/File:Prouv%C3%A9_clichy_008.jpg
02 Christian de Portzamparc 事务所提供
©Nicolas_BOREL
04 https://upload.wikimedia.org/wikipedia/fr/thumb/3/3b/Tour_areva.JPG/320px-Tour_areva.JPG
10 http://www.catho92.courbevoie.cef.fr/photos/ndpentecote.jpg
11 https://upload.wikimedia.org/wikipedia/fr/thumb/8/89/Tour-Total.jpg/800px-Tour-Total.jpg
12 http://fr.wikipedia.org/wiki/Tour_

Initiale#/media/File:Tour_initiale.jpg
13 http://fr.topic-topos.com/image-bd/france/92/hotel-de-ville-puteaux.jpg
14 http://en.wikipedia.org/wiki/Maisons_Jaoul#/media/File:Maisons_Jaoul_2010.jpg
16 http://wikiarquitectura.com/es/images/1/11/Dall%27Ava_2.jpg
19 http://3.bp.blogspot.com/_NThS_1L2ixU/S6oTuYON_SI/AAAAAAAACu8/035mAzfwpJk/s1600/IMG_0514.JPG
20 http://www.ileseguin-rivesdeseine.fr/sites/ileseguin-rivesdeseine.fr/files/styles/actu_grand/public/actualites/tpzo-a2a-aurelium-2010_03-cabbadie-03.jpg
24 http://media.paperblog.fr/i/583/5836160/visite-deco-lile-saint-germain-issy-moulineau-L-xatsL1.jpeg
25 Renzo Piano Building Workshop 提供
© Fondazione Renzo Piano (Via P. P. Rubens 30A, 16158 Genova, Italy)
拍摄者：von Schaewen, Deidi
26 http://fr.wikipedia.org/wiki/La_Petite_Bibliothèque_ronde#/media/File:Vue_ext%C3%A9rieure.jpg

巴黎 /Paris

01 http://www.archi-guide.com/PH/FRA/Par/P17GymLBianGa.jpg
04 http://betterarchitecture.files.wordpress.com/2013/02/after-copy.jpg?w=500
08 http://en.wikipedia.org/wiki/Saint-Jean-de-Montmartre#/media/File:St_Jean_de_Montmartre.jpg
10 http://zh.wikipedia.org/wiki/%E8%92%99%E9%A9%AC%E7%89%B9%E7%BC%86%E8%BD%A6#/media/File:Paris_Montmartre_Cable-Car.JPG
16 Christian de Portzamparc 事务所提供
17Christian de Portzamparc 事务所提供
19 https://www.flickr.com/photos/laurenmanning/2727550634
20 http://www.fredericborel.fr/img/projet/023-0.jpg
21 http://en.wikipedia.org/wiki/Robert_Debr%C3%A9#/media/File:Hopitrobertdebre.JPG
22 http://fr.wikipedia.org/wiki/Fichier:131,_rue_Pelleport.JPG
23 http://40.media.tumblr.com/b58016f694c55addcb9d2af59ecca547/tumblr_mxuo3oNnCS1qhrj7go1_1280.jpg
24 news.editions-des-halles.com/26487515.jpg
26 Christian de Portzamparc 事务所提供
27 Christian de Portzamparc 事务所提供
42 http://www.evous.fr/local/cache-vignettes/L300xH217/conservatoire-300-a8ceb.jpg
43 http://commons.wikimedia.org/wiki/File:P1010938_Paris_V_Rue_Saint-Jacques_Immeuble_n%C2%B0151bis_MH_reductwk.JPG
46 https://upload.wikimedia.org/wikipedia/commons/d/d9/Paris_Tuilerie_un_bassin_et_le_Louvre.jpg
47 http://en.wikipedia.org/wiki/Passerelle_L%C3%A9opold-S%C3%A9dar-Senghor#/media/File:France_Paris_Passerelle_Solferino_02.JPG
51 https://histoiredelartl2.files.wordpress.com/2014/03/perret-franklin-1.jpg?w=225&h=300
53 http://fr.wikipedia.org/wiki/Castel_Béranger#/media/File:Paris_16_-_Castel_B%C3%A9ranger_-3.JPG
54 http://fr.wikipedia.org/wiki/Maison_de_la_Radio_(France)#/media/File:Maison_de_la_Radio_Paris.jpg
55 http://fr.wikipedia.org/wiki/Tour_Totem#/media/File:Tour_Totem.JPG
56 http://i.f1g.fr/media/ext/805x453_crop/www.lefigaro.fr/medias/2013/06/09/PHOd6a1ae7e-d122-11e2-af79-dcf51f59b0c4-805x453.jpg
57 http://en.wikipedia.org/wiki/Parc_Andr%C3%A9_

Citro%C3%ABn#/media/File:Serres_Parc-Andr%C3%A9-Citro%C3%ABn-Paris.jpg
58 http://www.lesmamans.fr/wp-content/uploads/cache/2014/05/gutenberg/1677145062.jpg
59 http://fr.wikipedia.org/wiki/Patrick_Berger#/media/File:Parc-Andr%C3%A9-Citro%C3%ABn-Vue-Ensemble-Esplanade.jpg
61 https://fr.wikipedia.org/wiki/Hexagone_Balard#/media/File:Minist%C3%A8re_de_la_D%C3%A9fense_%C3%A0_Balard,_parcelle_Valin_centre_(08-2015).JPG
62 http://i17.tinypic.com/8adwgti.jpg
63 http://www.voyagediscount.fr/img/upload/0/0/387/193588_DSC01371.JPG
72 http://www.lesechos.fr/medias/2015/06/22/1053934_la-samaritaine-un-feuilleton-a-rebondissements-web-tete-0203861014948.jpg
75 Christian de Portzamparc 事务所提供
81 http://project-iles.net/projets/espace-claude-berri
83 http://www.prodimarques.com/documents/gratuit/60/img/bhv-homme-bonheur1.jpg
88 http://1.bp.blogspot.com/_2CoLFYLJ4XY/R9_2k-zk_pl/AAAAAAAAAoc/MHVKNqM3utk/s1600/Peripheriques_blog02.jpg
91 http://www.archi-guide.com/PH/FRA/Par/P14LogSuissHerDMeu.jpg
92 http://img853.imageshack.us/img853/841/63nu.jpg
93 http://10plus1.jp/archives/fieldwork/photoarchives/0410/image/3_032004_0304_133316AA.jpg
94 Christian de Portzamparc 事务所提供
95 https://en.wikipedia.org/wiki/Tour_Montparnasse#/media/File:Tour_montparnasse_view_arc.jpg
96 http://en.wikipedia.org/wiki/Jardin_Atlantique#/media/File:Jardin_Atlantique_Garden_of_Blue_and_Mauve_Paris.JPG
97 http://3.bp.blogspot.com/-0O9mtU4pw3I/UVLQIBF2IMI/AAAAAAAAJNI/I5o4k2b05dg/s1600/1s.jpg
98 http://p9.storage.canalblog.com/97/77/363481/91892048.jpg
100 http://fr.wikiarquitectura.com/index.php/Fichier:Maison_Ozenfant_4.jpg
102 https://tiresomemoi.files.wordpress.com/2013/04/p-du-p-1.jpg?w=500&h=598
119 Chnslian de Porttamparc 事务所提供
120 http://fr.wikipedia.org/wiki/Centre_Pierre-Mend%C3%A8s-France#/media/File:Universit%C3%A9_Paris_I.JPG
121 http://fr.wikipedia.org/wiki/Maison_Planeix#/media/File:Paris_maison_planeix.small.jpg
124 https://upload.wikimedia.org/wikipedia/en/6/62/Accor_HQ.jpg
125 http://arpc167.epfl.ch/alice/WP_2012_SA/nieveen/files/2012/11/Ecole-Nationale-Sup%C3%A9rieure-dArchitecture-Paris-Val-de-Seine-Fr%C3%A9d%C3%A9ric-Borel-2-300x225.jpg
126 http://i604.photobucket.com/albums/tt125/micou2/PARIS_HOTEL_BERLIER_05.jpg?t=1265983992

塞纳 - 圣丹尼省 /Seine-Saint-Denis

01 http://micefa.org/?portfolio2=paris-13-villetaneuse&lang=fr
02 http://fr.wikipedia.org/wiki/Universit%C3%A9_Paris-Est_Cr%C3%A9teil_Val-de-Marne#/media/File:FSEG_UPEC.JPG
03 http://commons.wikimedia.org/wiki/File:Coll%C3%A8ge_Elsa_Triolet.jpg
04 http://www.archi-guide.com/PH/FRA/IDF/StDenisLCourAngCi.jpg
05 http://www.archi-guide.com/AR/meier.htm
06 http://www.archiref.com/sites/

all/files/archiref/imagecache/image_archiref_700/images_archiref/244/13071b-04441-2.jpg
07 http://fr.wikipedia.org/wiki/Centre_national_de_la_danse#/media/File:Atrium_du_CND.JPG
08 http://fr.wikipedia.org/wiki/%C3%89glise_Notre-Dame_du_Raincy#/media/File:Photo_%C3%A9glise_Notre-Dame_fa%C3%A7ade_Le_Raincy_France_2006-10-16.jpg
09 https://upload.wikimedia.org/wikipedia/commons/thumb/b/b3/Arenes_Picasso_Noisy-Le-Grand.JPG/800px-Arenes_Picasso_Noisy-Le-Grand.JPG

马恩河谷省 /Val-de-Marne

01 http://blog.parisinsights.com/wp-content/uploads/2010/06/Centre-Commercial-Bercy-2.jpg
02 https://jmrenard.files.wordpress.com/2013/08/p1160820.jpg
03 http://www.archi-guide.com/PH/FRA/IDF/IvrysSEcAEinsteinReSchu.jpg
04 http://www.archi-guide.com/PH/FRA/IDF/IvrysSSagepPer.jpg
05 http://theredlist.com/media/database/architecture/simplicity/lurcat/academic_school_karl_marx/004_academic_school_karl_marx_theredlist.png
06 http://fr.wikipedia.org/wiki/H%C3%B4tel_de_ville_de_Cr%C3%A9teil#/media/File:H%C3%B4tel_de_Ville_de_Cr%C3%A9teil.jpg

埃松省 /Essonne

01 http://en.wikipedia.org/wiki/%C3%89vry_Cathedral#/media/File:Town_hall_and_cathedral_of_Evry.jpg

塞纳－马恩省 /Seine-et-Marne

01 http://en.wikipedia.org/wiki/File:Village_und_Park.JPG
02 Christian de Portzamparc 事务所提供
05 http://fr.wikipedia.org/wiki/Fichier:Cit%C3%A9_Descartes_-_ENPC-ENSG_-_2.jpg
06 http://4.bp.blogspot.com/-d3UZ7BcB8c0/TfVm841CzJI/AAAAAAAAAHE/EEjw6P1O-ZU/s1600/TO+01.jpg
07 http://www.epaurif.fr/assets/images/projets/ctles/CAM_A_01_modif_fx_knol.jpg
08 https://zh.wikipedia.org/wiki/%E6%99%AE%E7%BD%97%E4%B8%87#/media/File:Provins_from_north.jpg
09 https://fr.wikipedia.org/wiki/Fontainebleau#/media/File:Fontainebleau_-_Ch%C3%A2teau_-_Etang_aux_Carpes.jpg
10 http://fr.wikipedia.org/wiki/Mus%C3%A9e_d%C3%A9partemental_de_Pr%C3%A9histoire_d%27%C3%8Ele-de-France#/media/File:Nemours---Entr%C3%A9e-Mus%C3%A9e-de-P.gif

下莱茵省 /Bas-Rhin

01 http://fr.wikipedia.org/wiki/Gare_de_H%C5%93nheim-Tram#/media/File:Bahnhof_Hoenheim.jpg
02 http://en.wikipedia.org/wiki/European_Court_of_Human_Rights#/media/File:European_Court_of_Human_Rights.jpg
03 http://en.wikipedia.org/wiki/Grande_%C3%8Ele,_Strasbourg#/media/File:Absolute_ponts_couverts_02.jpg
04 http://zh.wikipedia.org/wiki/%E6%96%AF%E7%89%B9%E6%8B%89%E6%96%AF%E5%A0%A1%E4%B8%BB%E6%95%99%E5%BA%A7%E5%A0%82#/media/File:Strasbourg_Cathedral_Exterior_-_Diliff.jpg

伊勒－维莱讷省 /Ille-et-Vilaine

01 http://en.wikipedia.org/wiki/Saint-Malo#/media/File:Saintmalo.jpg
02 http://en.wikipedia.org/wiki/Ch%C3%A2teau_de_Foug%C3%A8res#/media/

File:Fougeres_chateau.jpg
03 http://1.bp.blogspot.com/-dp4D1H6hWWU/VYnJ3wgFxHI/AAAAAAAAMVY/J103ldTIcb0/s1600/IMG_0011.JPG
04 http://www.studizz.fr/uploadfile/school_679/679_archi_rennes.jpg
05 Christian de Portzamparc 事务所提供

卢瓦雷省 /Loiret

01 http://fr.wikipedia.org/wiki/Fichier:Campus_Orl%C3%A9ans-la-Source_biblioth%C3%A8que_universitaire_sciences.jpg
02 http://fr.wikipedia.org/wiki/Ch%C3%A2teau_de_Sully-sur-Loire#/media/File:Chateau_de_Sully_sur_Loire_DSC_0143.JPG

约讷省 /Yonne

01 http://fr.wikipedia.org/wiki/Basilique_Sainte-Marie-Madeleine_de_V%C3%A9zelay#/media/File:V%C3%A9zelay_Basilique_Fa%C3%A7ade_220608_01.jpg

上莱茵省 /Haut-Rhin

01 http://fr.wikipedia.org/wiki/Colmar#/media/File:Colmar,_straatzicht_Rue_Kleber-rue_des_T%C3%AAtes_positie2_foto1_2013-07-24_11.09.jpg
02 http://www.shigerubanarchitects.com/works/2005_multi-house/nulext.jpg
03 https://ksamedia.osu.edu/sites/default/files/originals/03_0005002_0.jpeg
04 http://wikiarquitectura.com/es/images/e/ef/Rudin_2.jpg

大西洋卢瓦尔省 /Loire-Atlantique

01 http://img.20mn.fr/K5sNFF2KRW-4YJCHEz-vWQ/648x415_20061110-nan-archijpg.jpg
02 http://www.archi-guide.com/PH/FRA/Nat/StHerblDecaRog.jpg
03 http://www.onyx-culturel.org/IMG/jpg/2-_ONYX.jpg
04 https://fr.wikipedia.org/wiki/Ch%C3%A2teau_des_ducs_de_Bretagne#/media/File:Nantes_a%C3%A9rien_ch%C3%A2teau3.jpg
05 http://p7.storage.canalblog.com/71/77/260497/87632511_p.jpg
06 http://lucmreze.blogspot.com/2012/07/les-cap-horniers-housing.html
07 http://fr.wikipedia.org/wiki/Cit%C3%A9_radieuse_de_Rez%C3%A9#/media/File:La_Cit%C3%A9_radieuse_de_Rez%C3%A9.jpg

曼恩 - 卢瓦尔省 /Maine-et-Loire

01 http://fr.wikipedia.org/wiki/Ch%C3%A2teau_d%27Angers#/media/File:Loire_Maine_Angers2_tango7174.jpg
02 http://en.wikipedia.org/wiki/Ch%C3%A2teau_de_Brissac#/media/File:Castle_Brissac_2007_01.jpg
03 http://fr.wikipedia.org/wiki/Ch%C3%A2teau_de_Saumur#/media/File:Saumur_Castle.JPG
04 http://fr.wikipedia.org/wiki/Ch%C3%A2teau_de_Br%C3%A9z%C3%A9#/media/File:Chateau_de_breze.jpg
05 http://fr.wikipedia.org/wiki/Abbaye_Notre-Dame_de_Fontevraud#/media/File:Fontevraud3.jpg

安德尔 - 卢瓦尔省 /Indre-et-Loire

01 http://en.wikipedia.org/wiki/Ch%C3%A2teau_d%27Amboise#/media/File:Ambuaz_IMG_1760.JPG
02 http://fr.wikipedia.org/wiki/Centre_international_de_congr%C3%A8s_de_Tours#/media/File:Centre_congres_vinci.jpg
03 http://fr.wikipedia.org/wiki/Ch%C3%A2teau_de_Villandry#/media/File:Chateau-Villandry-VueGenerale-Jardins.jpg
04 http://fr.wikipedia.org/wiki/Ch%C3%A2teau_de_Langeais#/

media/File:Ch%C3%A2teauDeLangeais20110830.jpg
05 http://fr.wikipedia.org/wiki/Ch%C3%A2teau_d%27Azay-le-Rideau#/media/File:Chateau-Azay-le-Rudeau-1.jpg
06 http://en.wikipedia.org/wiki/Chinon#/media/File:Ch%C3%A2teau_Chinon.JPG
07 http://en.wikipedia.org/wiki/Loches#/media/File:Loches_March%C3%A9-aux-Fleurs.jpg

卢瓦尔 - 谢尔省 /Loir-et-Cher

01 http://fr.wikipedia.org/wiki/Ch%C3%A2teau_de_Chambord#/media/File:ChateauChambordArialView01.jpg
02 https://commons.wikimedia.org/wiki/File:France_Loir-et-Cher_Blois_Chateau_04.jpg
03 http://fr.wikipedia.org/wiki/Ch%C3%A2teau_de_Cheverny#/media/File:Cheverny-Chateau-VueFrontale.jpg

科多尔省 /Côte-d'Or

01 http://fr.wikipedia.org/wiki/Abbaye_de_Fontenay#/media/File:Abbaye_de_Fontenay-EgliseBatiments.jpg
02 http://www.cotedor-tourisme.com/fics_monespacetourisme/rav/photo/original/3128_Halle-Toueur-Pouilly-en-Aux.jpg
03 http://fr.wikipedia.org/wiki/Dijon#/media/File:Tourphlebon-1.jpg
04 http://www.gazetteinfo.fr/wp-content/uploads/2013/01/r%C3%A9sidence-%C3%A9tudiante-CROUS-Dijon-Campus-2-638x430.jpg

上索恩省 /Haute-Saône

02 http://1.bp.blogspot.com/-C_MOvBZAroo/Vrw8xbIIE6I/AAAAAAAAEAA/9yqwJE1hzug/s1600/DSCF8755.JPG

安德尔省 /Indre

01 http://en.wikipedia.org/wiki/Ch%C3%A2teau_de_Valen%C3%A7ay#/media/File:Valencay-chateau-1.jpg

谢尔省 /Cher

01 http://commons.wikimedia.org/wiki/File:Bourges_-_002_-_Low_Res.jpg

杜省 /Doubs

01 http://zh.wikipedia.org/wiki/%E8%B4%9D%E6%A1%91%E6%9D%BE#/media/File:Citadelle_Besancon.JPG

维埃纳省 /Vienne

01 http://fr.wikipedia.org/wiki/Abbaye_de_Saint-Savin-sur-Gartempe#/media/File:Saint-Savin_abbaye_(1).jpg

滨海夏朗德省 /Charente-Maritime

01 http://www.vacancesvuesdublog.fr/wp-content/uploads/Citadelle-de-Saint-Martin-de-R%C3%A9.jpg
02 http://fr.wikipedia.org/wiki/Vieux-Port_de_La_Rochelle#/media/File:Panoramique_du_Vieux-Port_de_La_Rochelle.jpg
03 http://fr.wikipedia.org/wiki/Villa_Le_Sextant#/media/File:Villa_Le_Sextant.JPG
04 http://fr.wikipedia.org/wiki/Fichier:Royan_eglise_9.jpg

罗讷省 /Rhône

01 http://fr.wikipedia.org/wiki/Couvent_Sainte-Marie_de_La_Tourette#/media/File:La_tourette-_arq._Le_Corbusier.jpg
02 RPBW - Renzo Piano Building Workshop Architects，摄影师：Debré, Jean Pierre
03 https://upload.wikimedia.

org/wikipedia/commons/7/70/La_%22rue%22_int%C3%A9rieure_de_l%27ENSA_Lyon.jpg
04 http://en.wikipedia.org/wiki/Lyon#/media/File:01._Panorama_de_Lyon_pris_depuis_le_toit_de_la_Basilique_de_Fourvi%C3%A8re.jpg
05 http://fr.wikipedia.org/wiki/Basilique_Notre-Dame_de_Fourvi%C3%A8re#/media/File:Basilique_de_Fourvi%C3%A8re_from_Saone_(Lyon).jpg
06 http://fr.wikipedia.org/wiki/Op%C3%A9ra_de_Lyon#/media/File:Op%C3%A9ra_-_Lyon.JPG
07 http://en.wikipedia.org/wiki/Lyon_Cathedral#/media/File:007._Photo_prise_depuis_les_toits_de_la_Basilique_Notre-Dame_de_Fourvi%C3%A8re.JPG
08 Christian de Portzamparc 事务所提供
09 Massimiliano and Doriana Fuksas 事务所提供
© Philippe Ruault
10 http://www.expressions-venissieux.fr/cms/wp-content/uploads/2011/06/Mediatheque-nuit-e1309269644290-560x237.jpg
11 http://s1.lemde.fr/image/2013/01/23/534x0/1821000_6_5fdd_la-cite-des-etoiles-a-givors-concue-par_e6712ed5db45087a7b562fe09da015ec.jpg

吉伦特省 /Gironde

07 http://zh.wikipedia.org/wiki/%E6%B3%A2%E7%88%BE%E5%A4%9A%E4%BD%8F%E5%AE%85#/media/File:MAISON_%C3%80_BORDEAUX.jpg
08 http://www.saintjames-bouliac.com/website/var/tmp/thumb_15__1920x1080.jpeg
09 http://commons.wikimedia.org/wiki/File:Pessac_Quartiers_Modernes_Frug%C3%A8s_001.jpg
10 Massimiliano and Doriana Fuksas 事务所提供
@philipperuault
11 http://www.web130874.clarahost.co.uk/wp-content/uploads/15.jpg
12 http://fr.wikipedia.org/wiki/Abbaye_de_La_Sauve-Majeure#/media/File:25-Abbaye_La_Sauve-Majeure_(1).JPG

上卢瓦尔省 /Haute-Loire

01 http://fr.wikipedia.org/wiki/Basilique_Saint-Julien_de_Brioude#/media/File:Brioude_-_Basilique_St-Julien_-_JPG1.jpg
02 http://fr.wikipedia.org/wiki/%C3%89glise_Saint-Michel_d%27Aiguilhe#/media/File:Rocher_St_Michel_%C3%A0_Aiguilhe.JPG
03 http://fr.wikipedia.org/wiki/Cath%C3%A9drale_Notre-Dame-de-l%27Annonciation_du_Puy-en-Velay#/media/File:Le_Puy-en-Velay_Cath%C3%A9drale11.JPG

上阿尔卑斯省 /Hautes-Alpes

01 http://fr.wikipedia.org/wiki/Brian%C3%A7on#/media/File:Vauban_briancon_enceinte.JPG
02 http://en.wikipedia.org/wiki/Mont-Dauphin#/media/File:Montdauphin001.jpg

加尔省 /Gard

01 http://en.wikipedia.org/wiki/File:Pont_du_Gard_BLS.jpg
02 http://www.batimag.ch/sites/baublatt/files/nemasus-nouvel.jpg
03 https://en.wikipedia.org/wiki/Arena_of_N%C3%AEmes#/media/File:Arenes_de_Nimes_panorama.jpg
04 http://en.wikipedia.org/wiki/Maison_Carr%C3%A9e#/media/File:MaisonCarr%C3%A9e.jpeg
05 http://en.wikipedia.org/wiki/Carr%C3%A9_d%27Art#/media/File:Carr%C3%A9dArt.JPG

沃克吕兹省 /Vaucluse

01 http://fr.wikipedia.org/wiki/Th%C3%A9%C3%A2tre_antique_d%27Orange#/media/File:Le_Th%C3%A9%C3%A2tre_Antique_d%27Orange,_2007.jpg
02 http://en.wikipedia.org/wiki/Palais_des_Papes#/media/File:Avignon,_Palais_des_Papes_depuis_Tour_Philippe_le_Bel_by_JM_Rosier.jpg
03 http://fr.wikipedia.org/wiki/Palais_des_papes_d%27Avignon#/media/File:Avignon,_Palais_des_Papes_by_JM_Rosier.jpg

滨海阿尔卑斯省 /Alpes-Maritimes

01 Christian de Portzamparc 事务所提供
02 http://fr.wikipedia.org/wiki/Mus%C3%A9e_national_Fernand-L%C3%A9ger#/media/File:Mus%C3%A9e_national_Fernand_L%C3%A9ger.jpg
03 http://en.wikipedia.org/wiki/Fondation_Maeght#/media/File:Fondation_Maeght_1.jpg
04 http://cms.cotedazur-tourisme.com/userfiles/image/la-cote/diaporama-musees/Musee-Arts-Asiatiques-Nice.jpg
05 http://i0.wp.com/www.urbanews.apetite-enfance-la-trinit%C3%A9-cab-architectes-3.jpg?fit=620%2C620
06 http://exp.cdn-hotels.com/hotels/1000000/980000/974800/974721/974721_9_y.jpg
07 http://en.wikipedia.org/wiki/Cabanon_de_vacances
08 http://1.bp.blogspot.com/_sxaoz8KtUTY/TJm16vOxPWI/AAAAAAAAENo/OJKWIHgbx44/s1600/unit%C3%A9+camping+2.JPG

塔恩省 /Tarn

01 http://fr.wikipedia.org/wiki/Cath%C3%A9drale_Sainte-C%C3%A9cile_d%27Albi#/media/File:Albi_Sainte-C%C3%A9cile.JPG
02 http://fr.wikipedia.org/wiki/Palais_de_la_Berbie#/media/File:Albi_palais_berbie.JPG
03 http://fr.wikipedia.org/wiki/Cit%C3%A9_%C3%A9piscopale_d%27Albi#/media/File:Albi_-_Palais_de_la_Berbie.jpg
04http://www.albi-tourisme.fr/upload/Albi_cordeliers(1).jpg

埃罗省 /Hérault

01 http://wordlesstech.com/wp-content/uploads/2012/08/Pierres-Vives-in-Montpellier-by-Zaha-Hadid-9-310x132.jpg
02 http://static.zhulong.com/photo/small/200609/14/61909_2_0_0_560_w_0.jpg
03 http://www.rbcmobilier.com/files/processed/600x0_CCM/4fc6104b-haut.news.jpg
04 Christian de Portzamparc 事务所提供
05 https://fr.wikipedia.org/wiki/H%C3%B4tel_de_ville_de_Montpellier#/media/File:H%C3%B4tel_de_Ville_de_Montpellier_-_Place_Georges_Fr%C3%AAche.jpg
06 Massimiliano and Doriana Fuksas 事务所提供
©mydrone.fr, ©Sergio Pirrone

罗讷河口省 /Bouches-du-Rhône

01 http://fr.wikipedia.org/wiki/Les_Baux-de-Provence#/media/File:Les_Baux-de-Provence.jpg
02 http://fr.wikipedia.org/wiki/Fichier:Ar%C3%A8nes_d%27Arles_1.jpg
03 http://fr.wikipedia.org/wiki/Monuments_romains_et_romans_d%27Arles#/media/File:Arles_HDR.jpg
04 http://fr.wikipedia.org/wiki/Mus%C3%A9e_de_l%27Arles_antique#/media/File:1995_ARLES.jpg
05 http://img.over-blog.

com/500x375/4/18/62/02/0407-Chateau-Lacoste.JPG
06 http://www.joursdefetes.fr/wp-content/uploads/2015/02/art-and-architecture-1366x683.jpg
07 http://www.web-provence.com/villes/photosaix/pavillon-noir-1.jpg
08 http://en.wikipedia.org/wiki/Marseille_Provence_Airport#/media/File:Entr%C3%A9e_aeroport_Marseille.jpg
09 http://fr.wikipedia.org/wiki/Tour_CMA-CGM#/media/File:Tour_cma_cgm_1_credits_Exmagina.jpg
10 http://fr.wikipedia.org/wiki/Le_Panier#/media/File:Rue_Panier_Marseille.jpg
11 http://www.archi-guide.com/PH/FRA/Mar/MarseilleExtMairieHam.jpg
12 http://fr.wikipedia.org/wiki/Abbaye_Saint-Victor_de_Marseille#/media/File:Abbaye_Saint-Victor_(Marseille).jpg
13 http://fr.wikipedia.org/wiki/Vieux-Port_de_Marseille#/media/File:Marseille_Old_Port.jpg
15 http://www.inmed.fr/wp-content/uploads/2014/04/pl568-1600x650.jpg

瓦尔省 /Var

01 https://connaissezvouslesrides.files.wordpress.com/2008/05/lycee-albert-camus.jpg?w=300&h=184
02 http://fr.wikipedia.org/wiki/Port_Grimaud#/media/File:St-Trop_and_Port-Grimaud_from_Grimaud_2007.jpg

比利牛斯 - 大西洋省 /Pyrénées-Atlantiques

01 http://system.totem-info.mobi/uploads/clients/large/cite_ocean_biarritz-visuel-1406563326.jpg
02 http://www.architectural-review.com/Pictures/web/v/q/h/AR06_IMG_0002_ok.jpg

上加龙省 /Haute-Garonne

01 http://www.arcspace.com/media/262894/provincial_capitol_building_3.jpg
02 http://fr.wikipedia.org/wiki/Place_du_Capitole_de_Toulouse#/media/File:Toulouse_Capitole_Night_Wikimedia_Commons.jpg

奥德省 /Aude

01 http://fr.wikipedia.org/wiki/Cit%C3%A9_de_Carcassonne#/media/File:Cit%C3%A9_de_Carcassonne.jpg

东比利牛斯省 /Pyrénées-Orientales

01 http://saintfeliu-avall.com//wp-content/uploads/2013/05/hotel_agglo_pmca.zoom_-300x251.jpg
02 http://www.mairie-perpignan.fr/sites/mairie-perpignan.fr/files/styles/image_960x330/public/images/culture_teatre-larxipelag_illustration_0.jpg?itok=2j8p3lhC
03 http://fr.wikipedia.org/wiki/Mont-Louis_%28Pyr%C3%A9n%C3%A9es-Orientales%29#/media/File:Mont-Louis_vue_a%C3%A9rienne.jpg

巴黎地铁路线图

Traffic Map

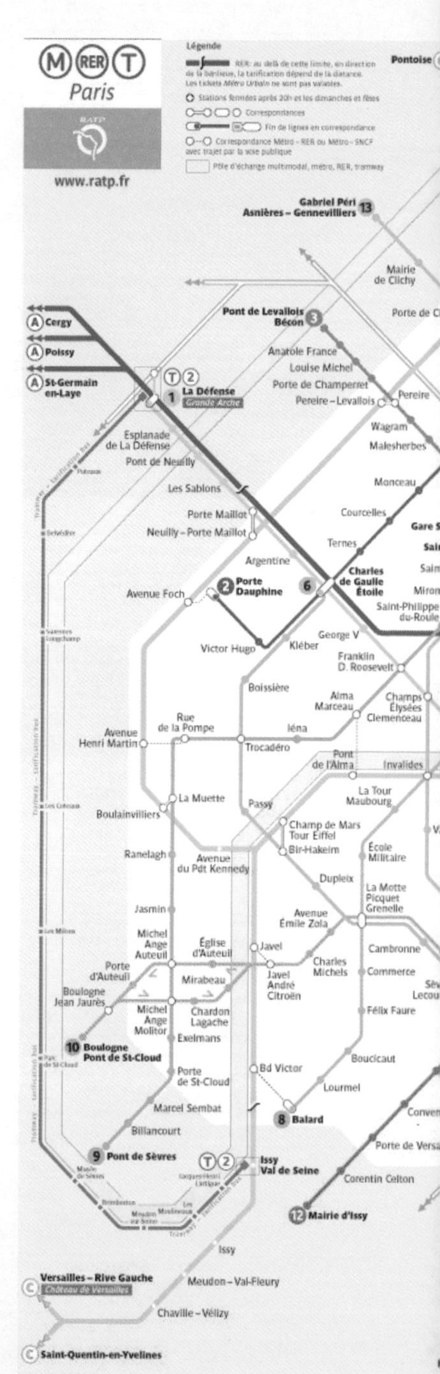

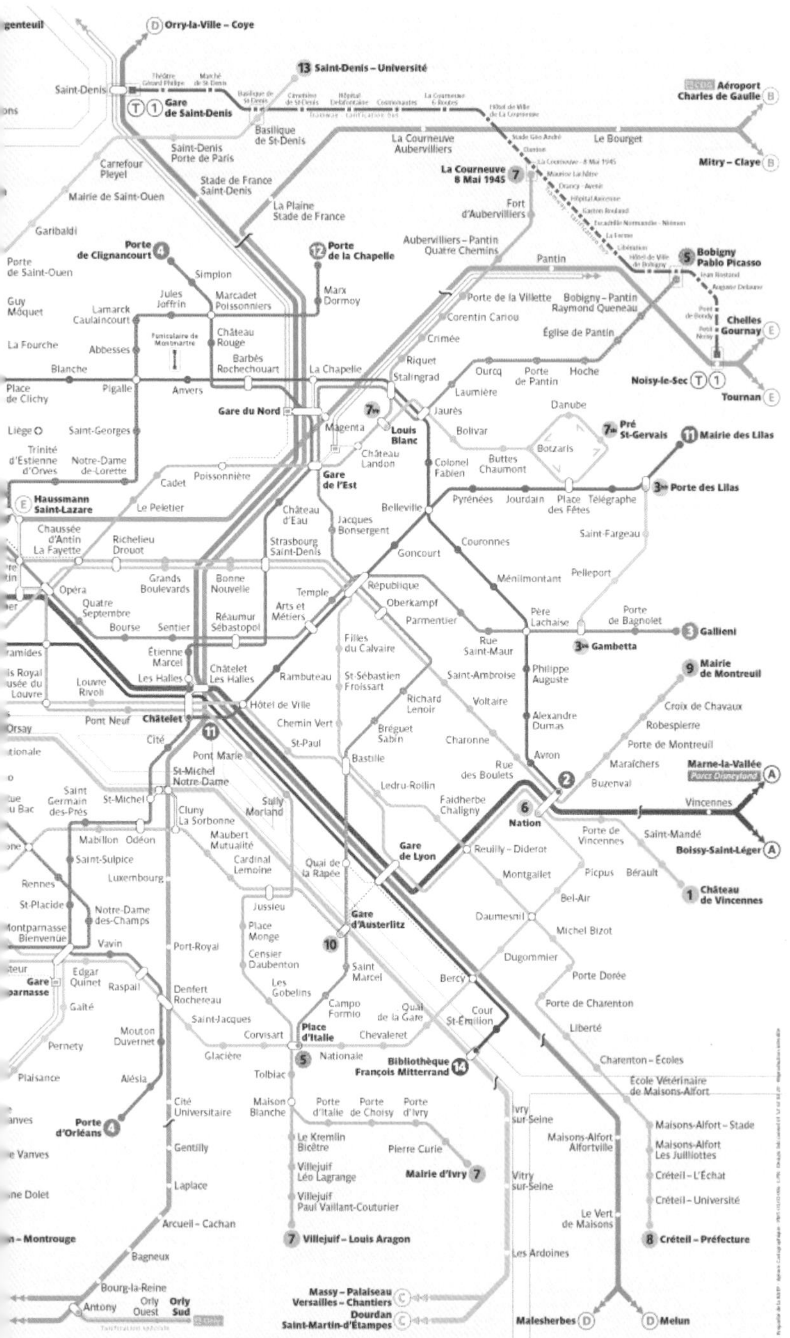
Orry-la-Ville – Coye
13 Saint-Denis – Université
Aéroport Charles de Gaulle
Saint-Denis
Gare de Saint-Denis
Basilique de St-Denis
Saint-Denis Porte de Paris
Carrefour Pleyel
Stade de France Saint-Denis
Mairie de Saint-Ouen
La Plaine Stade de France
La Courneuve Aubervilliers
Le Bourget
Mitry – Claye
La Courneuve 8 Mai 1945
Fort d'Aubervilliers
Garibaldi
Porte de Clignancourt
Porte de la Chapelle
Aubervilliers – Pantin Quatre Chemins
Bobigny Pablo Picasso
Porte de Saint-Ouen
Simplon
Pantin
Guy Môquet
Jules Joffrin
Marcadet Poissonniers
Marx Dormoy
Porte de la Villette
Bobigny – Pantin Raymond Queneau
Lamarck Caulaincourt
Corentin Cariou
Chelles Gournay
La Fourche
Abbesses
Château Rouge
Crimée
Église de Pantin
Blanche
Barbès Rochechouart
La Chapelle
Riquet
Stalingrad
Ourcq
Porte de Pantin
Hoche
Noisy-le-Sec
Place de Clichy
Pigalle
Anvers
Laumière
Tournan
Gare du Nord
Jaurès
Danube
Liège
Saint-Georges
Magenta
Louis Blanc
Bolivar
Pré St-Gervais
Mairie des Lilas
Trinité d'Estienne d'Orves
Notre-Dame de-Lorette
Château Landon
Colonel Fabien
Buttes Chaumont
Botzaris
Cadet
Poissonnière
Gare de l'Est
Porte des Lilas
Haussmann Saint-Lazare
Le Peletier
Château d'Eau
Belleville
Pyrénées
Jourdain
Place des Fêtes
Télégraphe
Chaussée d'Antin La Fayette
Richelieu Drouot
Jacques Bonsergent
Strasbourg Saint-Denis
Goncourt
Couronnes
Saint-Fargeau
Opéra
Grands Boulevards
Bonne Nouvelle
Temple
République
Ménilmontant
Pelleport
Quatre Septembre
Arts et Métiers
Oberkampf
Bourse
Sentier
Réaumur Sébastopol
Parmentier
Père Lachaise
Porte de Bagnolet
Gallieni
Gambetta
Étienne Marcel
Filles du Calvaire
Rue Saint-Maur
Châtelet Les Halles
Les Halles
Rambuteau
St-Sébastien Froissart
Saint-Ambroise
Philippe Auguste
Mairie de Montreuil
Louvre Rivoli
Hôtel de Ville
Richard Lenoir
Voltaire
Croix de Chavaux
Pont Neuf
Châtelet
Chemin Vert
Bréguet Sabin
Alexandre Dumas
Robespierre
Cité
St-Paul
Charonne
Porte de Montreuil
Pont Marie
Bastille
Avron
Maraîchers
Marne-la-Vallée
St-Michel Notre-Dame
Rue des Boulets
Buzenval
Saint Germain des-Prés
St-Michel
Cluny La Sorbonne
Sully Morland
Ledru-Rollin
Faidherbe Chaligny
Nation
Vincennes
Mabillon
Odéon
Maubert Mutualité
Porte de Vincennes
Saint-Mandé
Boissy-Saint-Léger
Saint-Sulpice
Cardinal Lemoine
Quai de la Rapée
Gare de Lyon
Reuilly – Diderot
Luxembourg
Montgallet
Picpus
Bérault
Château de Vincennes
Rennes
Jussieu
St-Placide
Notre-Dame des-Champs
Place Monge
Gare d'Austerlitz
Bel-Air
Montparnasse Bienvenüe
Vavin
Port-Royal
Censier Daubenton
Daumesnil
Michel Bizot
Dugommier
Edgar Quinet
Raspail
Les Gobelins
Saint Marcel
Bercy
Porte Dorée
Gare Montparnasse
Gaîté
Denfert Rochereau
Campo Formio
Quai de la Gare
Cour St-Émilion
Porte de Charenton
Saint-Jacques
Corvisart
Place d'Italie
Chevaleret
Liberté
Mouton Duvernet
Pernety
Glacière
Nationale
Bibliothèque François Mitterrand
Charenton – Écoles
Plaisance
Alésia
Tolbiac
École Vétérinaire de Maisons-Alfort
Cité Universitaire
Maison Blanche
Porte d'Italie
Porte de Choisy
Porte d'Ivry
Ivry sur-Seine
Maisons-Alfort – Stade
Porte d'Orléans
Le Kremlin Bicêtre
Maisons-Alfort Alfortville
Maisons-Alfort Les Juilliottes
Gentilly
Pierre Curie
Villejuif Léo Lagrange
Mairie d'Ivry
Vitry sur-Seine
Créteil – L'Échat
Laplace
Villejuif Paul Vaillant-Couturier
Créteil – Université
Arcueil – Cachan
Le Vert de Maisons
Villejuif – Louis Aragon
Créteil – Préfecture
Bagneux
Les Ardoines
Bourg-la-Reine
Antony
Orly Ouest
Orly Sud
Massy – Palaiseau
Versailles – Chantiers
Dourdan
Saint-Martin-d'Étampes
Malesherbes
Melun

后记 Postscript

本书的出版得到了很多人的帮助。首先感谢中国建筑工业出版社刘丹编辑的策划与推动，才得以使本书成形；感谢清华大学刘健老师在案例精选方面的建议；感谢法国国立路桥学校张斯宇博士、乔宇杰博士以及剑桥大学毛茅博士在照片拍摄方面的大力支持；感谢时任《建筑创作》杂志编辑的沈思以及清华大学甘旭东、周桐、杜京良、马宏涛同学在地图制作方面的帮助；感谢伦佐·皮亚诺建筑工作室 Stefania Canta 女士、克利斯蒂安·德·鲍赞巴克事务所 Anne Herjean 女士、福克萨斯工作室 Guilia Milza 女士提供的官方照片；此外还要感谢沈景玲、刘廷彦、韩竹、刘劲风、韩志芬、卢东泉、姜新政、卢佳等家人、朋友的支持。